미분기하학

I+II

Differential Geometry

고성은 · 김영주 지음

KM 경문사

머리말

《미분기하학 I+II》는 수학교육과의 학부 미분기하학을 강의하며 준비한 것이다. 특별히 목표로 삼은 것은 수학교육과 학생들이 임용시험을 충분히 준비할 수 있는 얇고 쉬운 책이다. '미분기하학'을 제목으로 하는 책은 국내에 번역서를 포함해서 많이 있다. 그러나 내용이 너무 많거나 선수로 요구되는 지식이 많아서 우리 과 학생들에게 꼭 맞는 적당한 책을 찾기 어려웠다.

학생들에게 미분기하학은 기본적으로 계산이 많고 개념을 이해하고도 문제가 잘 풀리지 않는 어려운 과목으로 인식되는 듯하다. 아마도 여러 가지 수학 지식을 종합해서 사용하기 때문인 것 같다. 우리는 주로 3차원 공간에 놓인 곡선과 곡면을 다루기 때문에 직관적인 그림으로 개념은 비교적 쉽게 이해할 수 있으나, 구체적으로 곡선과 곡면의 성질을 수로 계산하고 표현하려면 선형대수, 미적분학, 해석학입문, 다변수 해석학 등에서 배운 지식이 모두 필요한 것이 사실이다. 그러나 계산에 너무 천착하지 말고 그림을 그려가며 생각하기를 즐긴다면 외워야 하는 공식이 많지 않아서 자유롭게 그려나갈 수 있는 과목이기도 하다.

미분기하학은 이름 그대로 미분을 이용하여 기하를 공부하는 분야라고 할 수 있지만, 우리는 주로 선형대수학을 사용하려 한다. 선형대수학은 매우 구체적이고, 우리가 다룰 공간이 2차와 3차이므로 행렬의 크기로 말하자면 3×3을 넘어가지 않을 테니 계산도 쉬울 것이다. 선형대수학으로 계산한 결과는 우리가 이해하려는 곡선이나 곡면의 기하적 분변량을 준다. 한 수학자는 미분기하학은 접평면(벡터공간이 된다)에서 선형대수와 미적분학을 하는 것이라고 표현했다.

이 책은 열한 개의 장과 부록으로 되어 있다. 1~2장에서는 곡선을, 3~10장은 곡면을 다루고, 11장에는 리만기하의 정의를 간단하게 추가했다. 각 장에는 내용의 흐름에 따라 생각해 볼 문제가 들어있고, 연습문제는 장의 마지막 절에 모아 놓았다. 부록에는 학생들의 이해를 돕고자 선형공간과 내적공간에 대한 내용과 연습문제의 풀이를 넣었다.

이 책이 나오기까지 많은 사람에게 빚을 졌다. 특히 그림도 없던 초기 원고를 상상으로 채워가며 읽고 오탈자를 찾아 준 학생들에게 감사의 마음을 전한다. 오탈자가 많은 책도 좋은 스승이 될 수 있다는 명제를 증명하는 즐거운 과정이었다고 말해두겠다.

"수학은 바르게 생각하고 창의적인 사고력과 판단력을 길러 주며, 남을 이해하는 마음을 키워 주는, 실용적이고 구체적인 학문으로 나라의 앞날에 커다란 영향을 끼치는 학문이다."[3] 그러므로 교사가 되길 꿈꾸는 학생들에게 가장 어울리는 전공일 것이며, 미분기하는 수학이라는 학문의 목적을 이루는 데 가장 적합한 과목일 것이다. 모두에게 도움을 주는 책이 되길 바란다.

2022년 5월 서울

고성은 · 김영주

몇 가지 기호

- $\mathbb{R}$: 실수의 집합
- $\mathbb{R}^n = \{(a_1, a_2, \ldots, a_n) \mid a_i \in \mathbb{R}\}$: n차원 유클리드 공간
- $\mathbb{R}^2_+ = \{(x, y) \in \mathbb{R}^2 \mid y > 0\}$
- A^{-1}: A의 역행렬(inverse matrix)
- $\det A = |A|$: 행렬 A의 행렬식(determinant)

$$\det \begin{pmatrix} a & b \\ c & d \end{pmatrix} = \begin{vmatrix} a & b \\ c & d \end{vmatrix} = ad - bc$$

- $\mathrm{tr} A$: 행렬 A의 대각합(trace)

$$\mathrm{tr} \begin{pmatrix} a & b \\ c & d \end{pmatrix} = a + d$$

- A^T: 행렬 A의 전치행렬(轉置行列, transpose matrix)

$$\begin{pmatrix} a & b \\ c & d \end{pmatrix}^T = \begin{pmatrix} a & c \\ b & d \end{pmatrix}$$

- $\|\mathbf{v}\|$: 벡터 $\mathbf{v}$의 크기 (norm)
- $\mathbf{v} \cdot \mathbf{w}$: $\mathbb{R}^n$의 벡터 $\mathbf{v}$와 $\mathbf{w}$의 표준내적
- $\langle \mathbf{v}, \mathbf{w} \rangle$: 벡터 $\mathbf{v}$와 $\mathbf{w}$의 일반적인 내적
- $\mathbf{v} \times \mathbf{w}$: 벡터 $\mathbf{v}$와 $\mathbf{w}$의 외적
- $\mathbf{n}_+$: 평면 곡선의 양의 방향의 단위법벡터장
- $\{\mathbf{t}, \mathbf{n}, \mathbf{b}\}$: 공간 곡선의 프레네 틀
- N: 곡면의 단위법벡터장

차례

제 1 장
곡선의 휨과 비틀림

미분기하학에서 곡선은 가장 간단한 대상이라고 할 수 있다. 여기서는 먼저 2차원 평면에서 **매끄러운 곡선**을 표현하는 법을 알아보고 이들의 휜 정도를 나타내는 법을 알아본다. 3차원 공간에서 매끄러운 곡선은 평면에 놓인 곡선과는 달리 비틀려서 또는 꼬여서 놓일 수 있는데, 곡선이 비틀린 정도를 나타내는 법도 알아본다. 매끄러운 곡선이 어느 정도로 매끄러운가(미분가능한가)는 중요한 문제지만 우리는 크게 신경 쓰지 않을 것이다. 이 책에 등장하는 모든 곡선은 특별히 다른 언급이 없는 한 원하는 만큼 매끄럽다(미분가능하다)고 가정하겠다.

1.1 평면 곡선의 표현

평면 $\mathbb{R}^2$에서 곡선을 수식으로 표현하자. 평면의 열린 부분집합 U에서 정의된 미분가능한 함수 $f : U \to \mathbb{R}$와 실수 a에 대하여

$$f^{-1}(a) = \{ (x, y) \in \mathbb{R}^2 \mid f(x, y) = a \}$$

꼴로 나타낸 집합을 **등위곡선**(level curve)이라고 부른다. 등위는 높이가 같다는 뜻이다.

예를 들어서 함수 $f(x, y) = x^2 + y^2$의 등위곡선 $f^{-1}(1)$은 중심이 원점이고 반지름이 1인 원이다.

$$f^{-1}(1) = \{ (x, y) \in \mathbb{R}^2 \mid x^2 + y^2 = 1 \} \tag{1.1}$$

함수 $g(x, y) = x^2 - y$의 등위곡선 $g^{-1}(0)$은 포물선 $y = x^2$의 그래프를 나타낸다 (그림 1.1).

$$g^{-1}(0) = \{ (x, y) \in \mathbb{R}^2 \mid x^2 - y = 0 \} \tag{1.2}$$

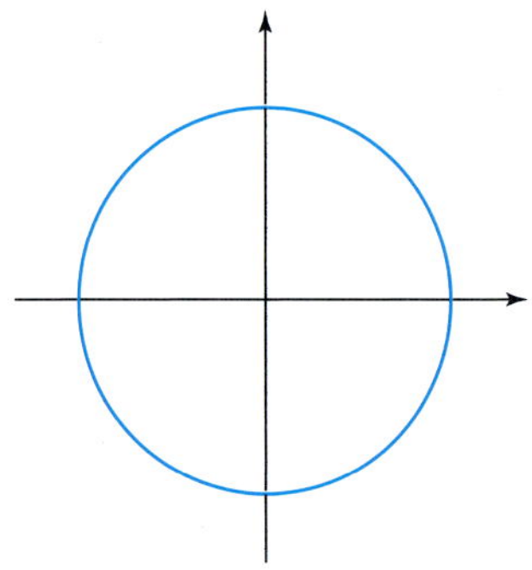

$f^{-1}(1)$

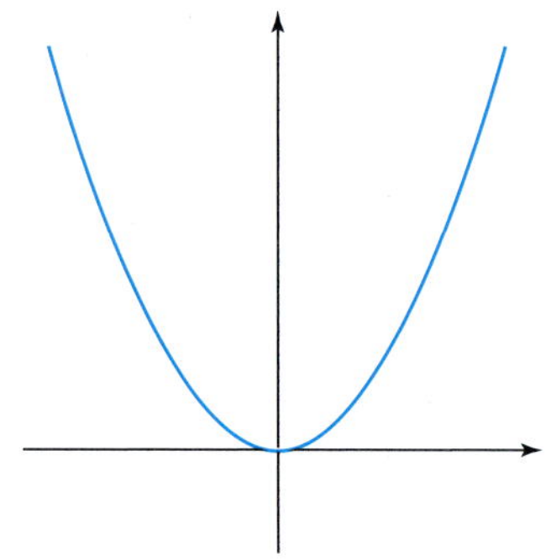

$g^{-1}(0)$

그림 1.1 등위곡선

등위곡선의 임의의 점 $p \in f^{-1}(a)$에서 **그래디언트 벡터**(gradient vector)가 영이 아닐 때

$$\nabla f(p) \neq O$$

$f^{-1}(a)$를 **정칙 등위곡선**(regular level curve)이라고 부른다. 식 (1.1)과 (1.2)의 원과 포물선은 모두 정칙 등위곡선이다. 그러나 모든 등위곡선이 항상 정칙은 아니다. 예를 들어, 함수 $h(x,y) = x^6 - y^3$의 등위곡선 $h^{-1}(0) = \{(x,y) \in \mathbb{R}^2 \mid x^6 - y^3 = 0\}$은 집합으로서 등위곡선 $g^{-1}(0)$과 같지만, 점 $(0,0)$에서 함수 $h(x,y)$의 그래디언트 벡터가 $\nabla h(0,0) = O$이므로 정칙은 아니다.

일반적으로 미분가능한 함수 $h : \mathbb{R} \to \mathbb{R}$의 **그래프** $\{(x,y) \in \mathbb{R}^2 \mid y = h(x)\}$는 2변수 함수 $f(x,y) = y - h(x)$의 등위곡선

$$f^{-1}(0) = \{(x,y) \in \mathbb{R}^2 \mid f(x,y) = y - h(x) = 0\} \tag{1.3}$$

으로 나타낼 수 있다. 이때 임의의 점 $(x,y) \in f^{-1}(0)$에서 그래디언트 벡터

$$\nabla f(x,y) = (-h'(x), 1)$$

이 영벡터가 아니므로 정칙이다.

특별히 정칙 등위곡선을 생각하는 이유는 우리는 매끄러운 곡선만 다루는데, 미분가능한 함수로 주어진 등위곡선이라고 해서 다 매끄러운 것은 아니기 때문이다.

문제 1.1

a) 함수 $f(x,y) = x^3 - |y|^3$이 미분가능함을 보여라.

b) 등위곡선 $f^{-1}(0)$을 그려라. 이 곡선은 매끄러운 곡선인가?

한편 앞에서 본 원과 포물선은 각각 사상

$$t \mapsto (\cos t, \sin t), \quad t \mapsto (t, t^2)$$

의 상으로 이해할 수 있다. 이와 같이 실수의 열린 구간 I에서 정의된 함수 $x, y : I \to \mathbb{R}$로 표현한 사상

$$\alpha : I \to \mathbb{R}^2, \quad \alpha(t) = (x(t), y(t))$$

를 평면의 **매개곡선**(parameterized curve)이라고 부르며, t를 **매개변수**(parameter)라고 부른다. 특히 함수 $x(t)$와 $y(t)$가 미분가능하면 $\alpha(t)$도 **미분가능**하다고 한다.

문제 1.2 중심이 원점이고 반지름이 1인 원을 그림 1.2의 t를 매개변수로 하는 매개곡선으로 나타내어라.

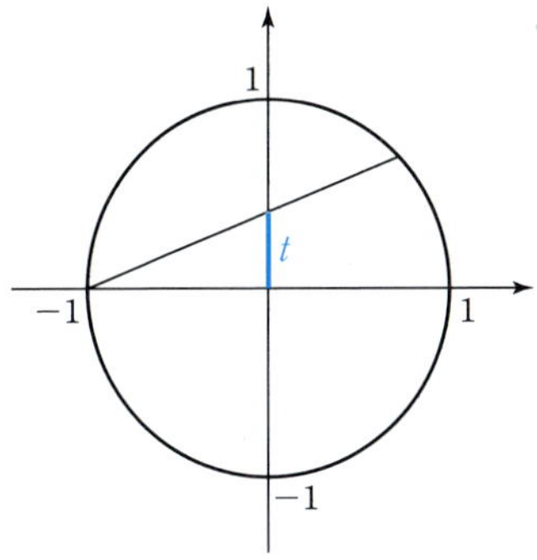

그림 1.2 원과 특별한 매개변수

정의 1.1

매개곡선 $\alpha(t) = (x(t), y(t))$에서 벡터 $\alpha'(t) = (x'(t), y'(t))$를 $\alpha(t)$에서의 **속도벡터** 혹은 **접벡터**(tangent vector)라고 부른다.

매개곡선 $\alpha(t) = (x(t), y(t))$의 모든 점에서 **속도벡터** $\alpha'(t) = (x'(t), y'(t))$가 O이 아니면 **정칙 매개곡선**(regular parameterized curve)이라고 부른다. 예를 들어서 원을 나타내는 매개

곡선 $(\cos t, \sin t)$의 속도벡터 $(-\sin t, \cos t)$는 모든 t에 대해서 O이 아니므로 정칙이다. 또한 미분가능한 함수 $y = h(x)$의 그래프는 매개곡선 $(t, h(t))$로 나타낼 수 있고, 이때 속도벡터가 $(1, h'(t)) \neq O$이므로 정칙이다. 등위곡선과 마찬가지로 정칙 매개곡선을 생각하는 까닭은 정칙이라는 조건이 없으면 매개곡선의 상(또는 자취)가 매끄러운 곡선이 아닐 수 있기 때문이다.

문제 1.3

a) 매개곡선 $\alpha(t) = (t^3, |t^3|)$이 미분가능한 곡선임을 보여라.

b) 매개곡선 $\alpha(t) = (t^3, |t^3|)$의 상을 그려라. 이 상은 매끄러운 곡선인가?

식 (1.3)에서 미분가능한 1변수 함수 $h : \mathbb{R} \to \mathbb{R}$의 그래프로 주어지는 곡선

$$f^{-1}(0), \ f(x, y) = y - h(x)$$

가 정칙 등위곡선임을 알았다. 그뿐만 아니라 이 곡선은 매개변수가 t인 매개곡선

$$t \mapsto (t, h(t))$$

로서 정칙이다. 즉 1변수 함수의 그래프는 정칙 등위곡선인 동시에 정칙 매개곡선이다. 정칙 등위곡선이란 적당한 방정식을 만족하는 점들의 집합으로 부드러운 곡선을 이해하겠다는 것이다. 그리고 정칙 매개곡선이란 열린 구간에서 정의된 1변수 함수의 자취로서 매끄러운 곡선을 이해하겠다는 것이다. 그렇다면 이 둘은 서로 다른 것일까?

> 모든 정칙 등위곡선을 정칙 매개곡선의 상으로 표현할 수 있는가? 또 정칙 매개곡선의 상은 항상 정칙 등위곡선으로 나타낼 수 있는가?

이에 대해 적어도 국소적으로 긍정적인 답을 주는 것이 음함수 정리이다. 어떤 성질이 기준이 되는 점의 근처에서만 성립할 때 **국소적**(local)이라고 한다. 이와는 달리 곡선 전체에서 성립하는 성질은 **대역적**(global)이라고 한다.

정리 1.1 음함수 정리

실숫값을 가지는 2변수 함수 $f(x, y)$가 점 (a, b)를 포함하는 열린 집합에서 미분가능하고 그 편도함수가 연속이며 $f(a, b) = 0$이라고 하자.

(1) 만일 $D_2 f(a, b) \neq 0$이면 a를 포함하는 열린 집합 $I \subset \mathbb{R}$와 I에서 정의된 미분가

능한 1변수 함수 ϕ가 존재하여

$$f(x, \phi(x)) = 0$$

을 만족시킨다.

(2) 만일 $D_1 f(a,b) \neq 0$이면 b를 포함하는 열린 집합 $J \subset \mathbb{R}$와 J에서 정의된 미분가능한 1변수 함수 ψ가 존재하여

$$f(\psi(y), y) = 0$$

을 만족시킨다.

음함수 정리에 의해 정칙 등위곡선은 국소적으로 1변수 함수의 그래프로 나타낼 수 있다. 함수의 그래프를 매개곡선으로 어떻게 표현하는지는 이미 알고 있다. 따라서 정칙 등위곡선은 국소적으로 정칙 매개곡선이다. 이번에는 매개변수가 t인 정칙 매개곡선이 주어져 있다고 하자. 예를 들어 매개곡선 $(x(t), y(t)) = (\cos t, \sin t)$를 생각하자. 잘 아는 바와 같이 이 정칙 매개곡선은 함수 $f(x,y) = x^2 + y^2$의 등위곡선 $f^{-1}(1)$로 표현할 수 있다. 일반적으로 매개곡선이 주어지면 매개변수를 적당히 소거하여 함수의 등위곡선으로 표현할 수 있다. 이런 의미에서 정칙 등위곡선과 정칙 매개곡선은 국소적으로 같고, 필요에 따라 표현을 달리 한 것으로 볼 수 있다. 앞으로는 특별한 경우가 아니면 이 둘을 구별하지 않고 단순히 **정칙 곡선**(regular curve)이라고 부르겠다.

문제 1.4 다음 매개곡선을 정칙 등위곡선으로 나타내어라. 이때 $a, b > 0$이다.

a) $(x(t), y(t)) = (t, t^2)$

b) $(x(t), y(t)) = (t^2, t+2)$

c) $(x(t), y(t)) = (a\cos t, b\sin t)$

d) $(x(t), y(t)) = (\cosh t, \sinh t)$

e) $(x(t), y(t)) = \left(\dfrac{2a}{1+t^2}, \dfrac{2at}{1+t^2}\right)$

f) $(x(t), y(t)) = \left(\dfrac{a}{2}\left(t + \dfrac{1}{t}\right), \dfrac{b}{2}\left(t - \dfrac{1}{t}\right)\right)$

재매개화

곡선 $\alpha(t) = (\cos t, \sin t)$에 대하여 새로운 매개변수 u를 사용하여 $t = 2u$로 치환하면

$$\tilde{\alpha}(u) = \alpha(2u) = (\cos 2u, \sin 2u)$$

가 된다. 새로운 매개곡선 $\tilde{\alpha}(u)$는 매개곡선 $\alpha(t)$보다 두 배로 빨리 움직이지만 두 곡선의 궤적은 같다.

매개곡선의 매개변수를 다른 매개변수로 바꾸는 것을 **재매개화**라고 한다. 일반적으로 구간 $I \subset \mathbb{R}$에서 정의된 곡선 $\alpha(t)$의 매개변수 t를 다른 매개변수(u라고 하자)로 **재매개화**한다는 것은 구간 $J \subset \mathbb{R}$에서 정의된 미분동형사상[1]

$$g : J \to I, \quad t = g(u)$$

를 이용하여 $\alpha(t)$를 u의 사상

$$\tilde{\alpha}(u) = \alpha(g(u)) = \alpha(t) \tag{1.4}$$

로 바꾼다는 의미이다. 즉 $\tilde{\alpha}(u)$가 $\alpha(t)$의 재매개화이다. 여기서 $\tilde{\alpha}$의 정의구역은 J로 바뀌었지만 $\tilde{\alpha}(J)$는 집합으로서 $\alpha(I)$와 같다. 미분동형사상을 요구하는 까닭은 우리가 미분가능한 사상만 다루기 때문이고, 또한 주어진 곡선의 궤적을 꼭 한 번씩만 따라가겠다는 뜻이다. 예를 들어서 $\alpha(t) = (\cos t^2, \sin t^2)$가 $-1 < t < 1$에서 반지름이 1인 원을 따라 어떻게 움직이는지를 살펴보면 이해가 될 것이다.

보기 1.1 곡선 $\alpha(t) = (\cos t, \sin t), -\pi < t < \pi$를 $u = \tan\frac{t}{2}$, 즉 $t = 2\arctan u$로 재매개화하면 아래와 같다.

$$\tilde{\alpha}(u) = \left(\frac{1-u^2}{1+u^2}, \frac{2u}{1+u^2}\right)$$

이때, 곡선 $\tilde{\alpha}(u)$의 정의구역은 실수 전체 $\mathbb{R}$가 된다.

곡선의 여러 가지 성질이 매개변수가 바뀌면 따라서 변할 수 있지만 곡선의 상과 같은 기하적 성질은 매개변수의 선택에 의존하여 달라지지 않는다. 예를 들어서 곡선 $\alpha(t)$와 재매개화 곡선 $\tilde{\alpha}(u) = \alpha(g(u))$의 속도벡터를 구하면

$$\frac{d\tilde{\alpha}}{du} = \frac{d\alpha}{dt}\frac{dt}{du} = \frac{d\alpha}{dt}g'(u)$$

이다. 즉 $\tilde{\alpha}(u)$의 속도벡터는 $\alpha(t)$의 속도벡터 $\alpha'(t)$에 $g'(u)$를 곱한 만큼 바뀐다. 그러나 두 매개곡선의 길이는 (미분적분학 시간에 배웠듯이) 같다.

[1]사상 $g : J \to I$가 미분가능하고 미분가능한 역사상 $g^{-1} : I \to J$을 가지면 미분동형사상이라고 한다.

1.2 평면 곡선의 휨 - 곡률

이제 곡선이 얼마나 휘어 있는지를 표현하는 법을 알아보자. 앞으로 특별한 언급이 없으면 모든 곡선은 정칙이라고 가정하겠다.

매개변수로서의 호의 길이

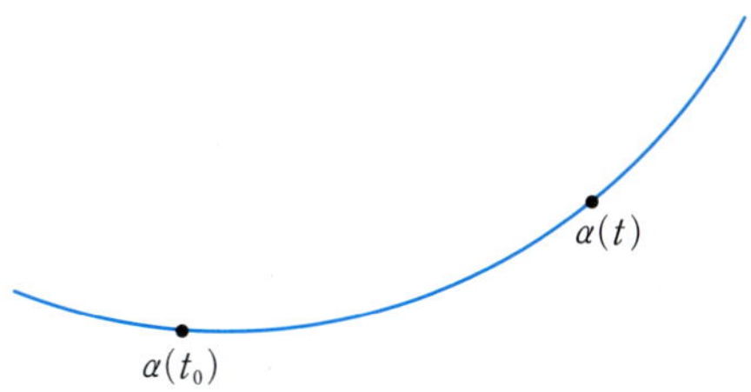

그림 1.3 곡선의 길이

곡선 $\alpha(t)$가 주어졌다. 한 점 $\alpha(t_0)$에서 $\alpha(t)$까지의 곡선의 길이는 아래와 같이 t에 대한 함수 $s(t)$로 주어진다. 이를 **호의 길이 함수**(arc-length function)라고 한다.

$$s(t) = \int_{t_0}^{t} \|\alpha'(t)\|\, dt \tag{1.5}$$

이때 $s(t_0) = 0$이고, $t > t_0$에 대하여 $s'(t) = \|\alpha'(t)\| > 0$이므로 $s(t)$는 t에 대한 단조증가 함수이고 역함수를 가진다. 이 역함수를 $t(s)$라고 하자. 함수 $t(s)$는 곡선의 길이가 s일 때 시간이 함숫값이다. 그러면 곡선 α의 매개변수는 t였는데 이 t가 s의 함수이므로 합성하여 α의 매개변수를 s로 생각할 수 있다. 즉 $\alpha(t(s))$를 생각하는데 간단하게 $\widetilde{\alpha}(s)$라고 하자.

$$\widetilde{\alpha}(s) = \alpha(t(s)) = \alpha(t)$$

이제 처음 주어진 $\alpha(t)$의 속도벡터를 $v(t) = \alpha'(t)$라고 하자. 새로운 매개곡선 $\widetilde{\alpha}(s)$의 매개변수 s에 대한 속도벡터를 계산하면

$$\widetilde{\alpha}'(s) = \frac{d\alpha}{dt}\frac{dt}{ds} = \frac{d\alpha}{dt}\frac{1}{\frac{ds}{dt}} = v(t) \cdot \frac{1}{\|v(t)\|}$$

이므로

$$\|\widetilde{\alpha}'(s)\| = 1$$

이다. 즉 곡선 $\widetilde{\alpha}(s)$는 모든 점에서 속력이 상수 1로 일정하다. 모든 점에서 속력이 상수 1인 매개곡선을 **단위속력곡선**(unit speed curve)이라고 부른다. 곡선은 호의 길이 함수를 이용하여 항상 단위속력곡선으로 재매개화할 수 있다.

매개곡선을 호의 길이 함수 s로 재매개화하면 단위속력곡선이 된다.

매개곡선과 이를 재매개화한 곡선은 사상은 바뀔지 모르지만 그들의 상은 집합으로서 같다는 사실에 유의하자. 특히 단위속력곡선으로 재매개화하면 정의역의 길이와 곡선의 길이가 같아진다.[2]

문제 1.5 반지름이 r인 원을 x축을 따라 굴려서 얻은 **사이클로이드**(cycloid)는 다음과 같이 매개곡선 $\alpha(\theta)$로 표현할 수 있다 (그림 1.4). 곡선 $\alpha(\theta)$가 정칙인지 밝히고 사이클로이드의 한 구간의 길이를 구하여라.

$$\alpha(\theta) = (r(\theta - \sin\theta), r(1 - \cos\theta)) \tag{1.6}$$

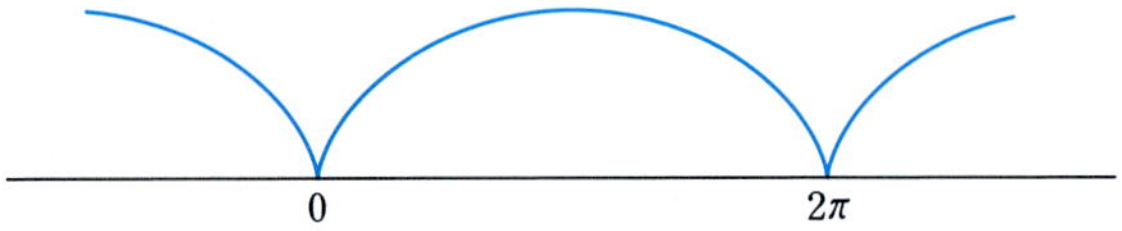

그림 1.4 사이클로이드

단위속력곡선 $\alpha(s)$의 각 점에 단위접벡터 $\alpha'(s)$를 대응시킨 것을 α의 **단위접벡터장**(unit tangent vector field)이라고 부르고

$$\mathbf{t}(s) = \alpha'(s) \tag{1.7}$$

로 나타낸다 (그림 1.5).

[2]명절에 고속버스를 타고 고향에 간다고 하자. 내가 타고 있는 버스가 고속도로라는 곡선을 따라 움직이는데 버스의 현재 위치는 터미널을 출발한 지 시간이 얼마나 지났는가에 따라 다르다. 올해는 차량이 유난히 많아 버스는 더욱 더디게 간다. 한참을 자다가 깨어서 지금 어디쯤 왔는지 궁금해져서 시계를 보았다. 버스가 얼마나 빨리 달렸는지를 알 수 없으니 어디쯤 왔는지도 알 수가 없다. 근데 창밖으로 조그만 이정표가 보인다. 서울 기점 123km. 어느 면에서는 시간 t보다 호의 길이 s가 더 편리한 매개변수로군!

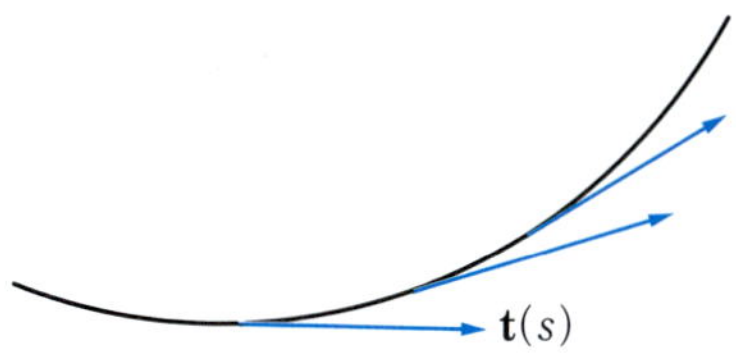

그림 1.5 곡선의 단위접벡터장

보기 1.2 곡선 $\alpha(t) = (a\cos t, a\sin t)$, $a > 0$의 단위접벡터장을 구해 보자. 속도벡터는

$$\alpha'(t) = (-a\sin t, a\cos t)$$

이므로 호의 길이 함수는

$$s(t) = \int_0^t \|\alpha'(t)\|\, dt = at$$

이다. 역함수 $t(s) = \frac{s}{a}$를 이용하여 단위속력곡선 $\widetilde{\alpha}(s)$로 재매개화하자.

$$\widetilde{\alpha}(s) = \alpha\left(\frac{s}{a}\right) = \left(a\cos\frac{s}{a}, a\sin\frac{s}{a}\right)$$

그러므로 단위접벡터장은

$$\mathbf{t}(s) = \widetilde{\alpha}'(s) = \left(-\sin\frac{s}{a}, \cos\frac{s}{a}\right) \tag{1.8}$$

이다 (그림 1.6).

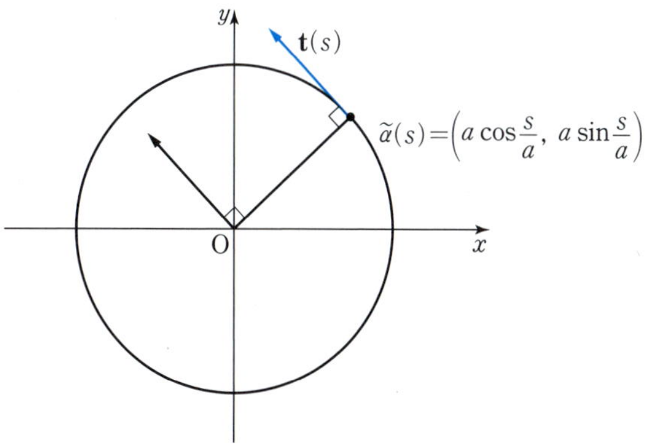

그림 1.6 원의 단위접벡터장

문제 1.6 그림 1.7은 **로그 나선** $\alpha(t) = (e^t \cos t, e^t \sin t)$, $t > 0$이다.

a) 로그 나선이 정칙곡선임을 보이고, 단위속력곡선으로 재매개화하여라.

b) 로그 나선의 단위접벡터장을 구하여라.

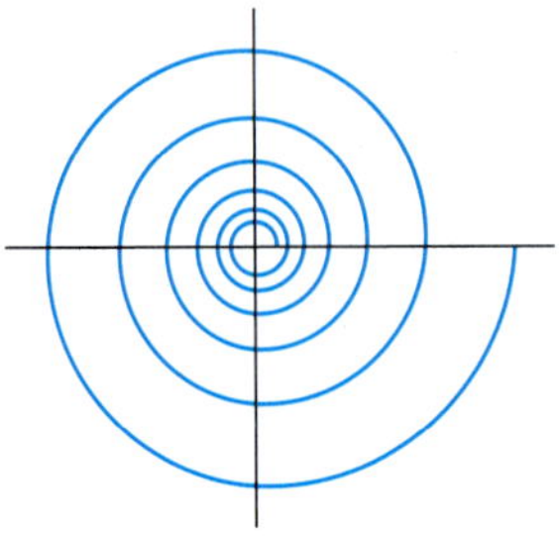

그림 1.7 로그 나선

곡률의 계산

평면에서 한 점이 단위속력곡선 $\alpha(s)$를 따라 움직일 때 곡선이 휘는 정도에 따라 단위접벡터장 $\mathbf{t}(s)$는 방향을 바꾼다. 이제 $\mathbf{t}(s)$와 x축의 양의 방향이 이루는 각을 $\phi(s)$라고 하자.[3] 호의 길이 s에 대한 $\phi(s)$의 변화율은 곧 단위접벡터장 $\mathbf{t}(s)$의 변화율이므로 이를 통해 곡선이 휜 정도를 측정할 수 있다.[4]

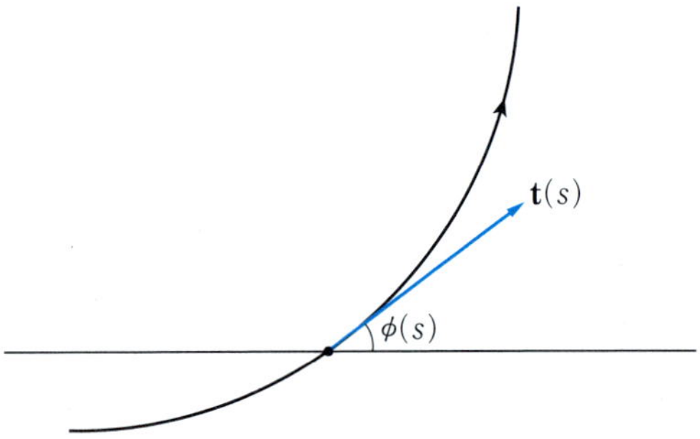

그림 1.8 단위접벡터장과 각도함수 $\phi(s)$

[3]어떤 이는 굳이 $\phi(s) + 2\pi$ 또는 어떤 정수 k에 대하여 $\phi(s) + 2k\pi$라고도 할 수 있다. 그렇지만 이들의 s에 대한 미분값은 모두 같다. 그러므로 각은 잘 정의되지 않을지 몰라도 미분값은 잘 정의된다.

[4]만일 우리가 휘지 않고 곧게 뻗은 길을 따라 차를 운전해서 간다고 하자. 그러면 우리의 시선은 한 곳에 고정되어 변하지 않을 것이다. 그러나 만일 굽은 길이라면 시선의 방향이 변할 것이다. 그러므로 시선의 방향이 변하는지의 여부로 길이 곧은지 휘었는지를 알 수 있다. 또한 시선이 이루는 각의 변화율로 길의 휜 정도를 말할 수 있다. 그러나 임의의 매개변수 t에 대한 각의 변화율은 휜 정도를 정확하게 표현할 수 없다. 왜냐하면 속도가 빠를수록 시선의 변화율도 커질 것이기 때문이다. 그러므로 일정한 속도로 가기로 약속하고 변화율을 측정해야 한다. 이것이 호의 길이 s에 대한 변화율을 생각하는 이유이다.

정의 1.2

단위속력곡선의 점 $p = \alpha(s)$에서의 $\frac{d\phi}{ds}$의 값을 α의 점 p에서의 **부호곡률**(signed curvature)이라고 부르며 $\kappa_\pm(p)$ 또는 $\kappa_\pm(s)$로 나타낸다. 또 부호곡률의 절댓값을 곡률(curvature)이라고 부르고 $\kappa(p)$ 또는 $\kappa(s)$로 나타낸다.

$$\kappa_\pm(s) = \frac{d\phi}{ds}, \quad \kappa(s) = \left|\frac{d\phi}{ds}\right| \tag{1.9}$$

부호곡률과 곡률을 구별해서 정의하는 이유는 곡선의 표현방법에 따라서 방향을 정하기가 난처한 경우가 있을 수 있기 때문이다. 예를 들어서 직선 $x + y = 0$의 경우 매개변수를 x로 택한다면 $(x, -x)$로 나타낼 수 있지만, 매개변수를 y로 택한다면 $(-y, y)$로 표시된다. 이 두 표현은 매개변수가 커짐에 따른 진행방향이 서로 반대이다.

곡선의 점 p에서의 곡률 κ가 크면 많이 휘고, 곡률이 작으면 곡선은 완만하게 휜다. 직선의 경우는 ϕ가 일정하므로 곡률이 0이다.

보기 1.3 매개곡선 $\alpha(t) = (a\cos t, a\sin t)$, $a > 0$은 중심이 원점이고 반지름이 a인 원을 따라 반시계 방향으로 움직이는 점의 자취이다. 이 곡선의 부호곡률과 곡률을 구해보자. 먼저 보기 1.2를 참고하여 단위속력곡선으로 재매개화하면

$$\widetilde{\alpha}(s) = \alpha\left(\frac{s}{a}\right) = \left(a\cos\frac{s}{a}, a\sin\frac{s}{a}\right)$$

이고, 단위접벡터장은

$$\begin{aligned}\mathbf{t}(s) &= \left(-\sin\frac{s}{a}, \cos\frac{s}{a}\right)\\ &= \left(\cos\left(\frac{\pi}{2} + \frac{s}{a}\right), \sin\left(\frac{\pi}{2} + \frac{s}{a}\right)\right)\end{aligned}$$

이다. 그러므로

$$\phi(s) = \frac{\pi}{2} + \frac{s}{a}$$

이다. 따라서 부호곡률은

$$\kappa_\pm(s) = \frac{d\phi}{ds} = \frac{1}{a}$$

이고 곡률은

$$\kappa(s) = \frac{1}{a}$$

이다.

문제 1.7 곡선 $\beta(t) = (a\cos t, -a\sin t)$, $a > 0$의 부호곡률을 구하고, 보기 1.3과 비교하여라.

이제 곡선 $\alpha(t) = (x(t), y(t))$를 단위속력곡선으로 재매개화하지 않고 부호곡률을 구하는 방법을 알아보자. 곡선의 한 점 $\alpha(t)$의 속도벡터 $v(t) = (x'(t), y'(t))$와 x축의 양의 방향이 이루는 각이 $\phi(t)$이므로

$$\tan\phi(t) = \frac{y'(t)}{x'(t)}, \quad \text{즉} \quad \phi(t) = \arctan\left(\frac{y'(t)}{x'(t)}\right)$$

이다. 지금 함수 $\phi(t)$의 매개변수는 t이다. 하지만 곡률을 구하려면 주어진 곡선을 호의 길이로 재매개화한 후, 즉 $t = t(s)$를 합성하고 매개변수 s로 미분해야 한다. 그러므로 t를 s에 대한 함수로 생각하고 함수 $\phi(t)$를 호의 길이의 매개변수 s로 미분하면

$$\frac{d\phi}{ds} = \frac{d\phi}{dt}\frac{dt}{ds} = \frac{x'(t)y''(t) - x''(t)y'(t)}{(x'^2(t) + y'^2(t))^{\frac{3}{2}}}$$

이다. 그러므로 $\alpha(t)$에서의 부호곡률 $\kappa_{\pm}(t)$는 다음과 같다.

$$\kappa_{\pm}(t) = \frac{\det\begin{pmatrix} x'(t) & x''(t) \\ y'(t) & y''(t) \end{pmatrix}}{(x'^2(t) + y'^2(t))^{\frac{3}{2}}} \tag{1.10}$$

만일 $\alpha(t)$가 단위속력곡선이면 $x'^2(t) + y'^2(t) = 1$이므로 부호곡률은 단순히

$$\kappa_{\pm}(t) = \det\begin{pmatrix} x'(t) & x''(t) \\ y'(t) & y''(t) \end{pmatrix} \tag{1.11}$$

가 된다.

문제 1.8 곡선 $\alpha(t)$에 대하여 $\beta(t) = \alpha(-t)$라고 하자. $t = 0$인 점에서 α와 β의 부호곡률이 서로 부호가 반대이며 곡률은 같음을 보여라.

이제 부호곡률의 기하적 의미를 알아보자. 단위속력곡선 $\alpha(s)$의 단위접벡터장 $\mathbf{t}(s) = \alpha'(s)$는 곡선의 각 점에서 곡선의 진행방향으로의 속도벡터를 알려준다. 단위속력곡선이므로 $\mathbf{t}(s)\cdot\mathbf{t}(s) = 1$이고, 양변을 s로 미분하고 2로 나누면 $\mathbf{t}'(s)\cdot\mathbf{t}(s) = 0$이다. 그러므로

$$\mathbf{t}'(s) = \frac{d\mathbf{t}}{ds} = \alpha''(s)$$

는 속도벡터 $\mathbf{t}(s)$와 수직하다. 그뿐만 아니라 벡터 $\mathbf{t}'(s)$는 속도벡터 $\mathbf{t}(s)$를 미분한 **가속도벡터**이므로 힘의 방향을 알려준다.[5] 그러므로 벡터 $\mathbf{t}'(s)$의 방향은 곡선이 휘는 방향을 가리킨다.

단위접벡터장 $\mathbf{t}(s)$는 $(\cos\phi(s), \sin\phi(s))$로 나타낼 수 있으므로 s에 대해서 미분하면

$$\begin{aligned}\mathbf{t}'(s) &= \frac{d\mathbf{t}}{d\phi}\frac{d\phi}{ds} \\ &= (-\sin\phi(s), \cos\phi(s))\kappa_\pm \\ &= \kappa_\pm\left(\cos\left(\phi(s)+\frac{\pi}{2}\right), \sin\left(\phi(s)+\frac{\pi}{2}\right)\right)\end{aligned} \tag{1.12}$$

이다. 여기서 벡터 $\left(\cos\left(\phi(s)+\frac{\pi}{2}\right), \sin\left(\phi(s)+\frac{\pi}{2}\right)\right)$는 $\mathbf{t}(s) = (\cos\phi(s), \sin\phi(s))$를 반시계 방향(양의 방향)으로 $\frac{\pi}{2}$ 회전한 벡터로 $\mathbf{n}_+(s)$로 쓰자. 즉 점 $\alpha(s)$에서 $\mathbf{n}_+(s)$는 접벡터에 수직인 법벡터로, $\{\mathbf{t}(s), \mathbf{n}_+(s)\}$가 평면의 양의 순서를 가진 정규직교기저를 이룬다. 식 (1.12)를 다시 쓰면

$$\mathbf{t}'(s) = \kappa_\pm\mathbf{n}_+(s) \tag{1.13}$$

이므로 부호곡률 $\kappa_\pm$가 양수이면 벡터 $\mathbf{n}_+(s)$와 $\mathbf{t}'(s)$는 같은 방향으로 평행하고, 부호곡률 $\kappa_\pm$가 음수이면 벡터 $\mathbf{n}_+(s)$와 $\mathbf{t}'(s)$는 반대 방향으로 평행하다. 그러므로 곡선의 모양에 대해서 다음을 알 수 있다.

> 부호곡률 $\kappa_\pm$가 양수이면 곡선은 진행방향에 대하여 양의 방향(왼쪽 또는 반시계 방향)으로 휘고, 부호곡률 $\kappa_\pm$가 음수이면 진행방향에 대하여 음의 방향(오른쪽 또는 시계 방향)으로 휜다(그림 1.9).

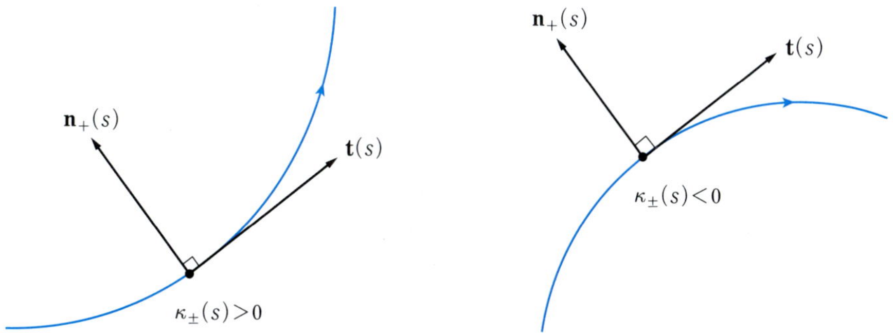

그림 1.9 부호곡률과 곡선의 휨

[5] 그 유명한 뉴턴의 법칙 (힘) = (질량)×(가속도)를 상기하자.

식 (1.13)으로부터 아래 정리를 얻는다.

정리 1.2

단위속력곡선 $\alpha(s)$의 한 점을 $p = \alpha(s)$라고 하자.

(1) 점 p에서의 곡률은 $\kappa = \|\alpha''(s)\|$이다.[6]

(2) 점 p에서의 부호곡률이 $\kappa_\pm > 0$이면 속도벡터 $\mathbf{t}(s)$와 가속도벡터 $\mathbf{t}'(s)$가 이 순서대로 평면의 양의 순서를 가진 기저를 이룬다.[7] 즉 $\{\mathbf{t}(s), \mathbf{t}'(s)\}$가 평면의 양의 순서를 가진 직교기저를 이룬다.

곡률은 곡선이 얼마나 휘었는지를 말해주는 중요한 기하적 양으로 곡선의 표현에 의존하여 바뀌지 않는다.

정리 1.3

주어진 매개곡선 α와 재매개화 곡선 $\tilde{\alpha}$의 곡률은 같다.

증명 미분동형사상 $t = g(u)$에 대하여 $\tilde{\alpha}(u) = \alpha(g(u))$라고 하자. $\alpha(t) = (x(t), y(t))$, $\tilde{\alpha}(u) = (\tilde{x}(u), \tilde{y}(u))$라고 두면

$$\tilde{x}(u) = x(g(u)),\ \ \tilde{y}(u) = y(g(u))$$

이다.

$$\begin{aligned}
\tilde{x}'(u) = \frac{dx}{dt}\frac{dt}{du} = x'(t)g'(u), \quad \tilde{y}'(u) = \frac{dy}{dt}\frac{dt}{du} = y'(t)g'(u) \\
\tilde{x}'(u)^2 + \tilde{y}'(u)^2 = g'(u)^2(x'(t)^2 + y'(t)^2) \\
\tilde{x}''(u) &= \frac{d}{du}\left(x'(t)g'(u)\right) \\
&= x''(t)\frac{dt}{du}g'(u) + x'(t)g''(u) \\
&= x''(t)g'(u)^2 + x'(t)g''(u) \\
\tilde{y}''(u) &= y''(t)g'(u)^2 + y'(t)g''(u)
\end{aligned}$$

이므로

---

[6] 이런 이유로 $\alpha''(s)$를 **곡률벡터**라고 부르기도 한다.

[7] 시간에 대한 미분이 아니므로 엄밀하게는 속도벡터도 가속도벡터도 아니다.

$$\det\begin{pmatrix}\tilde{x}'(u) & \tilde{y}'(u)\\ \tilde{x}''(u) & \tilde{y}''(u)\end{pmatrix} = \det\begin{pmatrix} g'x' & g'y' \\ g'^2x'' + x'g'' & g'^2y'' + y'g''\end{pmatrix}$$

$$= \det\begin{pmatrix} g'x' & g'y' \\ g'^2x'' & g'^2y''\end{pmatrix} + \det\begin{pmatrix} g'x' & g'y' \\ g''x' & g''y'\end{pmatrix}$$

$$= g'(u)^3\det\begin{pmatrix} x'(t) & y'(t) \\ x''(t) & y''(t)\end{pmatrix}$$

이다. 그러므로 $\tilde{\alpha}(u)$에서의 곡률 $\tilde{\kappa}(u)$는 $\alpha(g(u))$에서의 곡률 $\kappa(g(u))$와 같다는 것을 다음과 같이 확인한다.

$$\tilde{\kappa}(u) = \frac{\left|\det\begin{pmatrix}\tilde{x}'(u) & \tilde{y}'(u)\\ \tilde{x}''(u) & \tilde{y}''(u)\end{pmatrix}\right|}{(\tilde{x}'(u)^2 + \tilde{y}'(u)^2)^{\frac{3}{2}}} = \frac{\left|g'(u)^3\det\begin{pmatrix} x'(t) & y'(t) \\ x''(t) & y''(t)\end{pmatrix}\right|}{(g'(u)^2(x'(t)^2 + y'(t)^2))^{\frac{3}{2}}} \tag{1.14}$$

$$= \kappa(g(u))$$

□

주의할 것이 있다. 정리 1.3은 부호곡률에 대해서는 성립하지 않을 수 있다. (왜일까?)

곡률은 곡선을 결정한다

거리를 보존하는 사상을 **등거리 사상** 혹은 등장사상, 길이보존 사상(isometry)이라고 한다. 즉 평면의 사상 $A : \mathbb{R}^2 \to \mathbb{R}^2$가 임의의 $p,\ q \in \mathbb{R}^2$에 대해서

$$\|p - q\| = \|A(p) - A(q)\|$$

이면 등거리 사상이다. 평면의 등거리 사상은 평행이동, 한 점을 중심으로 회전이동, 직선의 대칭이동 혹은 이들의 합성이다. 평면의 두 곡선이 등거리 사상을 적절하게 적용하여 포개지면 **합동**(congruent)이라고 한다.

정리 1.4

열린 구간 $I \subseteq \mathbb{R}$에서 정의된 연속함수 $f : I \to \mathbb{R}$가 주어졌다. 그러면 단위속력곡선 $\alpha : I \to \mathbb{R}^2$가 존재하여 임의의 $s \in I$에 대해서 $\alpha(s)$의 부호곡률이 $f(s)$이다. 또한 $f(s)$를 부호곡률로 가지는 다른 단위속력곡선 $\tilde{\alpha} : I \to \mathbb{R}^2$가 있다면 α와 $\tilde{\alpha}$는 합동이다. 즉 평면의 등거리 사상 A가 존재하여 임의의 $s \in I$에 대해서 $A(\alpha(s)) = \tilde{\alpha}(s)$이다.

증명 식 (1.11)을 이용하여 방정식

$$
\begin{aligned}
&x'(s)y''(s) - x''(s)y'(s) = f(s) \\
&x'(s)^2 + y'(s)^2 = 1
\end{aligned}
$$

을 만족하는 단위속력곡선 $\alpha(s) = (x(s), y(s))$가 존재함을 보이면 된다. $x'(s)^2 + y'(s)^2 = 1$ 이므로

$$
\begin{aligned}
f(s) &= x'(s)y''(s) - x''(s)y'(s) \\
&= \frac{x'(s)y''(s) - x''(s)y'(s)}{x'(s)^2 + y'(s)^2} \\
&= \frac{d}{ds}\left(\arctan \frac{y'(s)}{x'(s)}\right)
\end{aligned}
$$

이다. 함수 f가 연속이므로 $F'(s) = f(s)$를 만족하는 원시함수 $F(s)$가 존재한다. 즉

$$
F(s) = \arctan \frac{y'(s)}{x'(s)}
$$

라고 하자. 그러면

$$
\frac{y'(s)}{x'(s)} = \tan F(s) = \frac{\sin F(s)}{\cos F(s)}
$$

이므로 적당한 상수 a에 대하여

$$
x'(s) = a\cos F(s), \quad y'(s) = a\sin F(s)
$$

이다. 그런데 $\alpha(s)$는 단위속력곡선이므로 $a = \pm 1$이다. $a = 1$로 선택하면

$$
\alpha(s) = \left(\int_0^s \cos F(s)ds, \int_0^s \sin F(s)ds\right)
$$

는 주어진 함수 $f(s)$를 부호곡률로 갖는 단위속력곡선이다.

이제 $\widetilde{\alpha}(s) = (\widetilde{x}(s), \widetilde{y}(s))$도 부호곡률이 $f(s)$인 단위속력곡선이라고 하자. 앞에서 $a = -1$이 될 수도 있고, 두 번의 적분과정에서 적분상수를 달리 선택할 수 있다. 그러므로 $a = \pm 1$과 임의의 상수 b_1, b_2, θ에 대하여

$$
\widetilde{\alpha}(s) = \left(\int_0^s a\cos(F(s)+\theta)ds + b_1,\ \int_0^s a\sin(F(s)+\theta)ds + b_2\right)
$$

이다. 사상 $T(x,y)=(x+b_1, y+b_2)$는 평행이동, R_θ은 원점을 중심으로 반시계 방향으로 θ 만큼 회전이동이라고 하자.

$$\begin{aligned}
&\left(\int_0^s \cos(F(s)+\theta)ds, \int_0^s \sin(F(s)+\theta)ds\right) \\
&= \left(\cos\theta\int_0^s \cos F(s)ds - \sin\theta\int_0^s \sin F(s)ds,\ \ \sin\theta\int_0^s \cos F(s)ds + \cos\theta\int_0^s \sin F(s)ds\right) \\
&= R_\theta\left(\int_0^s \cos F(s)ds,\ \ \int_0^s \sin F(s)ds\right)
\end{aligned}$$

이므로 평면의 등거리 사상 A를 $a=1$이면 $A=T\circ R_\theta$, $a=-1$이면 $A=T\circ R_{\theta+\pi}$ 라고 하면

$$\widetilde{\alpha}(s)=A(\alpha(s))$$

이다. □

이 증명으로부터 곡선을 평행이동하거나 회전이동해도 부호곡률이 변하지 않는다는 것을 알 수 있다.

문제 1.9 곡선을 직선에 대하여 대칭이동시키면 부호곡률의 부호는 반대가 되며 곡률은 변하지 않음을 보여라.

문제 1.10 다음을 증명하여라.

a) 방정식 $\dfrac{d}{ds}\arctan f(s)=0$을 만족시키는 함수 f는 상수함수이다.

b) $x'(s), y'(s)$에 대한 방정식

$$\frac{x'(s)}{y'(s)}=\text{상수},\quad x'(s)^2+y'(s)^2=1$$

의 해는 $x'(s)=$ 상수, $y'(s)=$ 상수이다.

c) 부호곡률이 0인 단위속력곡선은 직선이다.

d) 부호곡률이 상수 $\pm r$ $(r>0)$인 단위속력곡선은 반지름이 $\frac{1}{r}$인 원임을 보여라.

곡률의 의미

단위속력곡선 $\alpha(s)$와 양의 방향의 단위법벡터장 $\mathbf{n}_+$을 생각하자. 매개변수 s가 $s+\triangle s$로 변하면 곡선의 점 $\alpha(s+\triangle s)$는 점 $\alpha(s)$의 접선으로부터 $(\alpha(s+\triangle s)-\alpha(s))\cdot\mathbf{n}_+(s)$만큼 떨어져 있다 (그림 1.10). 이제 테일러 전개를 하자.

$$\alpha(s+\triangle s)=\alpha(s)+\alpha'(s)\triangle s+\frac{1}{2}\alpha''(s)(\triangle s)^2+\text{나머지} \tag{1.15}$$

이때, $\lim_{\triangle s\to 0}\frac{\text{나머지}}{(\triangle s)^2}=0$이다.

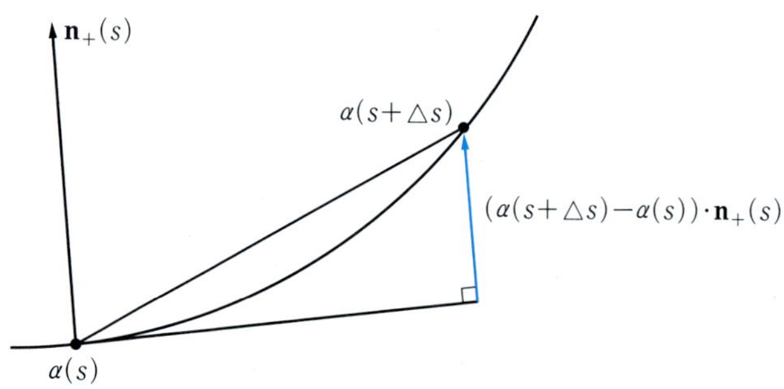

그림 1.10 곡률의 의미

식 (1.15)에서 $\alpha(s)+\alpha'(s)\triangle s$를 좌변으로 옮기고 양변에 $\mathbf{n}_+(s)$를 내적하면

$$(\alpha(s+\triangle s)-\alpha(s)-\alpha'(s)\triangle s)\cdot\mathbf{n}_+(s)=\frac{1}{2}\alpha''(s)\cdot\mathbf{n}_+(s)(\triangle s)^2+(\text{나머지})\cdot\mathbf{n}_+(s)$$

를 얻는다. $\alpha'(s)\cdot\mathbf{n}_+(s)=0$이므로

$$\begin{aligned}\lim_{\triangle s\to 0}&\frac{(\alpha(s+\triangle s)-\alpha(s))\cdot\mathbf{n}_+(s)}{(\triangle s)^2}\\&=\frac{1}{2}\alpha''(s)\cdot\mathbf{n}_+(s)\\&=\frac{1}{2}\kappa_\pm(\alpha(s))\end{aligned}$$

이다. 즉 곡률은 평면 곡선의 테일러 전개식의 2차항의 계수에 대한 정보를 가지고 있다.

1.3 전곡률

곡선 $\alpha : [0, l] \to \mathbb{R}^2$의 **전곡률**(total curvature)은 아래와 같이 정의한다.

$$\begin{aligned}\int_\alpha \kappa_\pm(s)ds &= \int_0^l \frac{d\phi}{ds}ds \\ &= \phi(s)\Big|_0^l = \phi(l) - \phi(0)\end{aligned}$$

보기 1.4 반지름이 r인 원

$$\alpha(t) = (r\cos t, r\sin t), \quad 0 \le t \le 2\pi$$

의 전곡률을 구하자. $\alpha'(t) = (-r\sin t, r\cos t)$이므로 $\frac{ds}{dt} = \|\alpha'(t)\| = r$이다. 원 $\alpha(t)$의 부호곡률은 상수 $\frac{1}{r}$이므로(보기 1.3) 전곡률은

$$\int_\alpha \kappa_\pm(s)ds = \int_0^{2\pi} \frac{1}{r} r dt = 2\pi$$

이다.

왜 반지름이 r인 원 $\alpha(t)$의 전곡률이 2π인지 생각해보자. 단위접벡터 $\mathbf{t}(s)$가 원을 따라 시작점 $s = 0$에서부터 연속적으로 이동할 때 x축의 양의 방향과 이루는 각 $\phi(s)$는 연속적으로 증가한다. 그런데 원은 닫힌 곡선이므로 $\mathbf{t}(s)$의 시점을 모두 원점으로 평행이동하여 생각하면 $\mathbf{t}(s)$의 끝점은 단위원을 정확히 한 바퀴 돌아서 $s = 2\pi r$에서 $s = 0$의 벡터로 돌아올 것이다. 그러므로 $\mathbf{t}(0)$은 $\mathbf{t}(2\pi r)$과 같은 벡터이므로 기하적으로 x축과 이루는 각이 같겠지만 $\phi(s)$는 연속적으로 증가하였으므로 $\phi(2\pi r)$는 $\phi(0) + 2\pi$이다.

주어진 곡선 $\alpha : [0, l] \to \mathbb{R}^2$가 시점과 끝점이 일치할 때, 즉 $\alpha(0) = \alpha(l)$이면 **폐곡선** 혹은 **닫힌 곡선**(closed curve)이라고 한다. 만약 닫힌 곡선 α가 양 끝점을 제외하고 일대일이면, 즉 구간 $[0, l)$에서 일대일 함수이면 **단순 폐곡선**(simple closed curve)이라고 한다. 원은 단순 폐곡선이다. 모든 단순 폐곡선의 전곡률은 2π이다. 이는 단순 폐곡선의 대역적 성질이다. 이를 폐곡선으로 확장한 것이 다음의 정리이다. 여기서는 엄밀한 증명 없이 직관적으로 이해하자.

정리 1.5

평면의 폐곡선의 전곡률은 2π의 정수배이다.

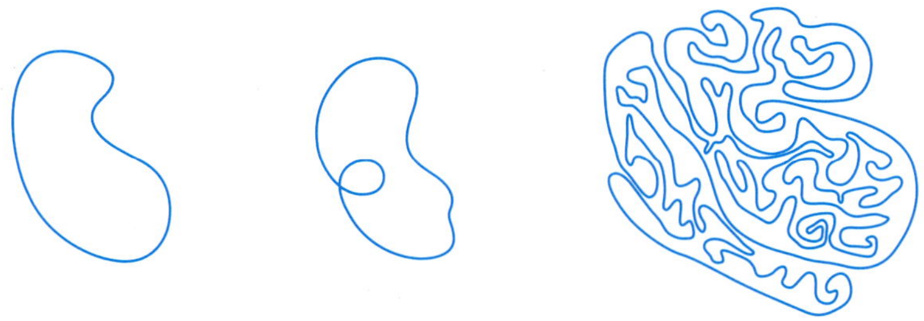

그림 1.11 평면의 닫힌 곡선

문제 1.11 다음 평면 곡선의 전곡률을 구하여라.

a) $y = x^2$

b) $xy = 1,\ x > 0$

c) $\frac{x^2}{a^2} + \frac{y^2}{b^2} = 1,\ a, b > 0$

1.4 공간 곡선의 휨과 비틀림

이제 3차원 공간의 곡선에 대해서 알아보자. 곡선 $\gamma : I \to \mathbb{R}^3$이 **단위속력곡선**(unit speed curve)이라고 하자. 매개변수 s에 대한 항등식 $\gamma'(s) \cdot \gamma'(s) = 1$의 양변을 s로 미분하여 얻은

$$\gamma''(s) \cdot \gamma'(s) = 0$$

으로부터 속도벡터장 $\gamma'(s)$와 가속도벡터장 $\gamma''(s)$는 항상 수직하다는 것을 알 수 있다. 이제 곡선 $\gamma(s)$에 다음과 같이 세 벡터장을 정의하자.

$$\mathbf{t}(s) = \gamma'(s), \quad \mathbf{n}(s) = \frac{\gamma''(s)}{\|\gamma''(s)\|}, \quad \mathbf{b}(s) = \mathbf{t}(s) \times \mathbf{n}(s) \tag{1.16}$$

이때, $\mathbf{t}(s)$는 **단위접벡터장**(unit tangent vector field), $\mathbf{n}(s)$는 **단위주법벡터장**(unit principal normal vector field), $\mathbf{b}(s)$는 **단위부법벡터장**(단위종법벡터장, unit binormal vector field)이라고 부른다. 점 $\gamma(s)$를 시점으로 하는 3차원 벡터를 다 모은 집합 $\mathbb{R}^3_{\gamma(s)}$를 생각하자. $\mathbb{R}^3_{\gamma(s)}$는 점 $\gamma(s)$를 원점으로 하는 3차원 벡터 공간이고, 세 벡터 $\{\mathbf{t}(s), \mathbf{n}(s), \mathbf{b}(s)\}$가 정규직교기저이다. 이 정규직교기저 $\{\mathbf{t}(s), \mathbf{n}(s), \mathbf{b}(s)\}$를 **프레네 틀**(Frenet frame)이라고 부른다.

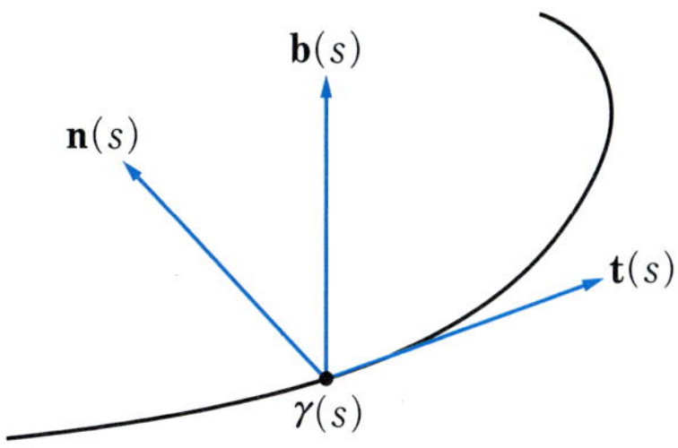

그림 1.12 프레네 틀

이제 세 벡터 $\mathbf{t}(s)$, $\mathbf{n}(s)$, $\mathbf{b}(s)$를 각각 s에 대하여 미분한 벡터

$$\mathbf{t}'(s),\ \mathbf{n}'(s),\ \mathbf{b}'(s)$$

를 생각하자. $\mathbf{t}'(s)$, $\mathbf{n}'(s)$, $\mathbf{b}'(s)$도 모두 $\mathbb{R}^3_{\gamma(s)}$의 벡터이므로 기저 $\{\mathbf{t}(s), \mathbf{n}(s), \mathbf{b}(s)\}$의 일차결합으로 표현할 수 있다.

$$\kappa(s) = \|\mathbf{t}'(s)\|$$

라 하면 식 (1.16)으로부터

$$\mathbf{t}'(s) = \kappa(s)\mathbf{n}(s) \tag{1.17}$$

이다. 다음으로 $\mathbf{n}'(s)$를 기저 $\{\mathbf{t}(s), \mathbf{n}(s), \mathbf{b}(s)\}$의 일차결합으로 표현하면 적당한 함수 $a(s)$, $b(s)$, $c(s)$에 대하여

$$\mathbf{n}'(s) = a(s)\mathbf{t}(s) + b(s)\mathbf{n}(s) + c(s)\mathbf{b}(s) \tag{1.18}$$

이다. 이제 계수 함수 $a(s)$, $b(s)$, $c(s)$를 찾자. $\mathbf{n}(s)\cdot\mathbf{n}(s) = 1$의 양변을 미분하면 $\mathbf{n}'(s)\cdot\mathbf{n}(s) = 0$이므로

$$b(s) = \mathbf{n}'(s) \cdot \mathbf{n}(s) = 0$$

이다. 또 $\mathbf{t}(s)$와 $\mathbf{n}(s)$는 서로 수직이므로

$$\mathbf{t}(s) \cdot \mathbf{n}(s) = 0$$

의 양변을 미분하면

$$\mathbf{t}'(s) \cdot \mathbf{n}(s) + \mathbf{t}(s) \cdot \mathbf{n}'(s) = 0$$

이다. 이를 식 (1.18)에 적용하여

$$a(s) = \mathbf{t}(s) \cdot \mathbf{n}'(s) = -\mathbf{t}'(s) \cdot \mathbf{n}(s) = -\kappa(s)$$

를 얻는다. 마지막으로 $c(s) = \mathbf{n}'(s) \cdot \mathbf{b}(s)$인데 일반적으로 $\tau(s)$로 쓴다. 즉

$$\tau(s) = \mathbf{n}'(s) \cdot \mathbf{b}(s)$$

이다. 그러므로

$$\mathbf{n}'(s) = -\kappa(s)\mathbf{t}(s) + \tau(s)\mathbf{b}(s) \tag{1.19}$$

이다. 마지막으로 $\mathbf{b}'(s)$도 $\{\mathbf{t}(s), \mathbf{n}(s), \mathbf{b}(s)\}$의 일차결합으로 표현하여 적당한 함수 $d(s)$, $e(s)$, $f(s)$에 대해

$$\mathbf{b}'(s) = d(s)\mathbf{t}(s) + e(s)\mathbf{n}(s) + f(s)\mathbf{b}(s)$$

라 하자. 이제

$$\mathbf{b}(s) \cdot \mathbf{t}(s) = 0$$

의 양변을 미분하면

$$\mathbf{b}'(s) \cdot \mathbf{t}(s) + \mathbf{b}(s) \cdot \mathbf{t}'(s) = 0$$

이므로

$$d(s) = \mathbf{b}'(s) \cdot \mathbf{t}(s) = -\mathbf{b}(s) \cdot \mathbf{t}'(s) = -\mathbf{b}(s) \cdot (\kappa(s)\mathbf{n}(s)) = 0$$

이다. 한편 $\mathbf{b}(s) \cdot \mathbf{n}(s) = 0$을 미분하면

$$\mathbf{b}'(s) \cdot \mathbf{n}(s) + \mathbf{b}(s) \cdot \mathbf{n}'(s) = 0$$

이므로

$$e(s) = \mathbf{b}'(s) \cdot \mathbf{n}(s) = -\mathbf{b}(s) \cdot \mathbf{n}'(s) = -\tau(s)$$

이다. 마지막으로

$$\mathbf{b}(s) \cdot \mathbf{b}(s) = 1$$

을 미분하면 $\mathbf{b}'(s) \cdot \mathbf{b}(s) = 0$이므로 $f(s) = \mathbf{b}'(s) \cdot \mathbf{b}(s) = 0$이다. 그러므로

$$\mathbf{b}'(s) = -\tau(s)\mathbf{n}(s) \tag{1.20}$$

이다. 여기서 $\kappa(s)$를 $\gamma(s)$에서의 **곡률**, $\tau(s)$를 $\gamma(s)$에서의 **비틀림률**(torsion) 혹은 꼬임률, 열률이라고 부른다. 지금까지 계산을 정리하여 다음 정리를 얻는다.

정리 1.6

단위속력곡선 $\gamma(s)$에 대하여 함수 $\kappa(s), \tau(s)$가 존재하여 다음이 성립한다.

$$\begin{aligned} \mathbf{t}'(s) &= \kappa(s)\mathbf{n}(s) \\ \mathbf{n}'(s) &= -\kappa(s)\mathbf{t}(s) + \tau(s)\mathbf{b}(s) \\ \mathbf{b}'(s) &= -\tau(s)\mathbf{n}(s) \end{aligned} \tag{1.21}$$

식 (1.21)을 **프레네-세레 공식**(Frenet–Serret formula)이라고 부르고 $\mathbf{t}'(s)$, $\mathbf{n}'(s)$, $\mathbf{b}'(s)$를 $\{\mathbf{t}(s), \mathbf{n}(s), \mathbf{b}(s)\}$에 대해서 행렬로 표현하면 다음과 같은 왜대칭행렬(skew-symmetric matrix)이 된다.

$$\begin{pmatrix} 0 & \kappa(s) & 0 \\ -\kappa(s) & 0 & \tau(s) \\ 0 & -\tau(s) & 0 \end{pmatrix} \tag{1.22}$$

세 벡터장 $\{\mathbf{t}(s), \mathbf{n}(s), \mathbf{b}(s)\}$는 주어진 곡선의 각 점 $\gamma(s)$를 원점으로 하는 벡터공간 $\mathbb{R}^3_{\gamma(s)}$의 정규직교기저이다. 이러한 벡터장들의 모임을 **틀장**(frame field)이라고 부른다. $\mathbf{t}'(s), \mathbf{n}'(s), \mathbf{b}'(s)$가 다시 벡터공간 $\mathbb{R}^3_{\gamma(s)}$에 속하므로 틀장의 일차결합으로 표현된다. 이때 성분함수들은 곡선의 곡률과 비틀림률로 모두 표현된다. 이와 같이 어떤 기하적인 대상에 대하여 적절한 틀장을 만들고, 벡터들의 변화량을 틀장의 일차결합으로 표시함으로써 기하적 의미를 가지는 함수를 찾는 것은 미분기하학에서 자주 사용된다.

청룡열차의 궤도를 생각해 보자. 우리가 청룡열차를 탈 때 느끼는 아찔함은 궤도가 급히 휘거나 비틀림에 따라 더하고, 열차의 속력이 빠를수록 더할 것이다. 만일 청룡열차의 궤도를 직접 보지 않고 (눈을 가리고 탑승하여서) 궤도의 휜 정도와 비틀린 정도를 비교한다면, 우선 청룡열차의 속력을 고정시켜야 할 것이다. 이것이 우리가 단위속력곡선을 생각하는 이유이다. 청룡열차가 지나는 궤도 자체는 열차의 속력에 관계없이 모양이 정해진 곡선임에 유의하자. 만일 궤도가 직선이라면 궤도의 접벡터 $\mathbf{t}$는 일정한 방향을 가리키며 변하지 않을 것이고, 궤도가 급히 휘면 휠수록 궤도의 접벡터 $\mathbf{t}$의 방향이 크게 변할 것이다. 이런 변화의 정도를 곡률이 알려준다. 한편 궤도의 비틀린 정도는 휨과 평면에서 벗어나는 정도를 함께 고려하여 $\mathbf{b} = \mathbf{t} \times \mathbf{n}$으로 정의한 벡터 $\mathbf{b}$의 변화율(비틀림률)로 알 수 있다. 이것이 직관적으로 본 곡률과 비틀림률의 기하적 의미이다.

보기 1.5 식 (1.23)으로 주어진 **원나선**(helix) γ의 곡률과 비틀림률을 구하자.

$$\gamma(t) = (a\cos(\omega t), a\sin(\omega t), bt), \quad a, b, \omega > 0 \tag{1.23}$$

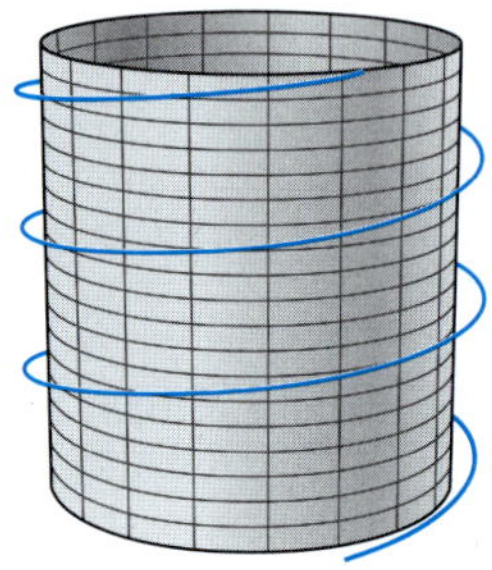

그림 1.13 원나선

먼저 곡선 γ를 단위속력곡선으로 재매개화하자. 평면 곡선처럼 호의 길이를 매개변수로 택하면 된다.

$$\gamma'(t) = (-a\omega\sin\omega t, a\omega\cos\omega t, b)$$
$$\|\gamma'(t)\| = \sqrt{a^2\omega^2 + b^2} \neq 0$$

이므로 호의 길이 함수

$$s(t) = \int_0^t \|\gamma'(t)\|\,dt = \sqrt{a^2\omega^2 + b^2}\,t$$

는 역함수를 갖는다. 이 역함수 $t(s) = \dfrac{s}{\sqrt{a^2\omega^2 + b^2}}$를 이용하여 호의 길이로 재매개개화한 곡선을 $\beta(s)$라 하자.

$$\beta(s) = \gamma(t(s)) = \left(a\cos\frac{\omega s}{\sqrt{a^2\omega^2+b^2}}, a\sin\frac{\omega s}{\sqrt{a^2\omega^2+b^2}}, \frac{bs}{\sqrt{a^2\omega^2+b^2}}\right)$$

식을 간단히 쓰기 위하여 $c = \sqrt{a^2\omega^2 + b^2}$라고 두면

$$\beta(s) = \left(a\cos\frac{\omega s}{c}, a\sin\frac{\omega s}{c}, \frac{b}{c}s\right)$$

이다. 이제 β의 단위접벡터장 $\mathbf{t}$를 계산하면

$$\mathbf{t}(s) = \beta'(s) = \left(-\frac{a\omega}{c}\sin\frac{\omega s}{c}, \frac{a\omega}{c}\cos\frac{\omega s}{c}, \frac{b}{c}\right)$$

이다. 따라서

$$\mathbf{t}'(s) = \left(-\frac{a\omega^2}{c^2}\cos\frac{\omega s}{c}, -\frac{a\omega^2}{c^2}\sin\frac{\omega s}{c}, 0\right)$$

이고 곡률은

$$\kappa(s) = \|\mathbf{t}'(s)\| = \frac{a\omega^2}{c^2} = \frac{a\omega^2}{a^2\omega^2 + b^2} \tag{1.24}$$

이다. 또 $\mathbf{t}' = \kappa\mathbf{n}$이므로

$$\mathbf{n}(s) = \left(-\cos\frac{\omega}{c}s, -\sin\frac{\omega}{c}s, 0\right)$$

이고, $\mathbf{b} = \mathbf{t} \times \mathbf{n}$이므로

$$\mathbf{b}(s) = \left(\frac{b}{c}\sin\frac{\omega}{c}s, -\frac{b}{c}\cos\frac{\omega}{c}s, \frac{a\omega}{c}\right)$$

이다. 이제

$$\mathbf{b}'(s) = \left(\frac{b\omega}{c^2}\cos\frac{\omega s}{c}, \frac{b\omega}{c^2}\sin\frac{\omega s}{c}, 0\right)$$

이므로 $\mathbf{b}' = -\tau\mathbf{n}$으로부터 비틀림률은

$$\tau(s) = \frac{b\omega}{c^2} = \frac{b\omega}{a^2\omega^2 + b^2} \tag{1.25}$$

이다. 곡률과 비틀림률이 모두 상수이다.

식 (1.23)에서 $a = 0$이면 γ는 직선이 되고 곡률은 (1.24)로부터 0이다. 만일 $a \neq 0$이고 $b = 0$이면, γ는 xy평면에 놓인 원이고 비틀림률은 (1.25)로부터 0이다. 이로부터 직선과 평면 곡선의 특징을 유추할 수 있다.

기초정리 1.1

공간에서 곡률이 상수로 0인 곡선은 직선이다.

증명 곡선은 항상 단위속력곡선으로 재매개화할 수 있으므로 곡선 $\gamma(s)$가 단위속력곡선이고 곡률이 상수로 $\kappa = 0$이라고 하자. $\kappa = \|\gamma''(s)\| = 0$이므로 $\gamma''(s) = O$이다. 따라서 임의의 벡터 $\mathbf{v}$와 $\mathbf{w} \in \mathbb{R}^3$, $\|\mathbf{v}\| = 1$에 대해서 $\gamma(s) = \mathbf{v}s + \mathbf{w}$의 형태이므로 γ는 직선이다. □

기초정리 1.2

단위속력곡선 $\gamma(s)$가 모든 점에서 비틀림률이 $\tau = 0$일 필요충분조건은 $\gamma(s)$가 평면에 놓여 있다.

증명 비틀림률이 $\tau = 0$이면 식 (1.21)로부터 $\mathbf{b}'(s) = 0$이므로 $\mathbf{b}(s)$가 상수벡터이다. 이 상수벡터를 B라 하자. 곡선의 한 점 $\gamma(s_0)$을 고정하고, 함수 $f(s) = (\gamma(s) - \gamma(s_0))\cdot B$를 생각하자.

$$f'(s) = \gamma'(s)\cdot B = \mathbf{t}\cdot\mathbf{b} = 0$$

이므로 $f(s)$가 상수함수인데, 특별히 $f(s_0) = 0$이므로 모든 s에서 $f(s) = 0$이다. 그러므로 임의의 점 $\gamma(s)$가 식 $(\gamma(s) - \gamma(s_0))\cdot B = 0$을 만족하므로 곡선 γ는 $\gamma(s_0)$을 지나고 B에 수직인 평면에 놓여있다.

역으로 $\mathbf{x}_0$을 지나고 단위벡터 $\mathbf{v}$에 수직인 평면 P가 있어서 단위속력곡선 $\gamma(s)$가 P에 놓여있다고 하자. 임의의 s에 대하여

$$(\gamma(s) - \mathbf{x}_0)\cdot\mathbf{v} = 0$$

이므로 양변을 미분하면 $\gamma'(s)\cdot\mathbf{v} = \mathbf{t}(s)\cdot\mathbf{v} = 0$이다. 다시 양변을 미분하면 $\mathbf{t}'(s)\cdot\mathbf{v} = 0$이므로 $\mathbf{n}(s)$도 $\mathbf{v}$에 수직이다. 따라서 $\mathbf{b}(s)$는 $\mathbf{v}$와 평행하고 연속이므로 모든 s에 대해서 $\mathbf{b}(s) = \mathbf{v}$이거나 $\mathbf{b}(s) = -\mathbf{v}$이다. 어느 경우나 상수벡터이므로 $\mathbf{b}'(s) = 0$, 즉 비틀림률이 $\tau = 0$이다. □

기초정리 1.3

곡선 γ가 곡률이 상수 $r > 0$이고 비틀림률이 0인 필요충분조건은 γ가 반지름이 $\frac{1}{r}$인 원이다.

증명 단위속력곡선으로 매개화한 $\gamma(s)$의 곡률이 r이고 비틀림률이 0이라고 하자. 식 (1.21)을 이용하면

$$\frac{d}{ds}\left(\gamma(s) + \frac{1}{r}\mathbf{n}(s)\right) = \gamma'(s) + \frac{1}{r}\mathbf{n}'(s) = \mathbf{t}(s) + \frac{1}{r}(-r\mathbf{t}(s) + \tau\mathbf{b}(s)) = 0$$

이므로 $\gamma(s) + \frac{1}{r}\mathbf{n}(s)$는 상수벡터이다. 이 상수벡터를 $\mathbf{x}_0 \in \mathbb{R}^3$이라고 하자. 임의의 s에 대해서

$$\|\gamma(s) - \mathbf{x}_0\| = \left\|\frac{1}{r}\mathbf{n}(s)\right\| = \frac{1}{r}$$

이므로 $\gamma(s)$는 고정된 점 $\mathbf{x}_0$에서 거리가 $\frac{1}{r}$로 일정하다. 따라서 γ는 중심이 $\mathbf{x}_0$이고 반지름이 $\frac{1}{r}$인 구면에 놓여있다. 비틀림률이 0이므로 기초정리 1.2에 의해 γ는 또한 평면에 놓여있다. 구면과 평면은 항상 원에서 만나므로 γ는 원이다.

역으로 γ가 반지름이 $\frac{1}{r}$인 원이면 평면에 놓여있으므로 기초정리 1.2에 의해 비틀림률이 0이고 원의 곡률은 반지름의 역수이므로 r이다. □

곡선 $\gamma(t)$의 한 점 $\gamma(t_0)$을 지나고 속도벡터 $\gamma'(t_0)$과 가속도벡터 $\gamma''(t_0)$이 이루는 평면을 **접촉평면**(osculating plane)이라고 부른다. 기하적으로 접선이 곡선에 가장 가까운 직선이듯이 접촉평면은 곡선에 가장 가까운 평면이다. 또한 $\gamma(t_0)$의 접촉평면에 놓여있고 $\gamma(t_0)$에 접하는 원을 **접촉원**(osculating circle)이라고 하고, 이 원의 중심을 **곡률중심**(center of curvature), 반지름을 **곡률 반지름**(radius of curvature)이라고 한다.

정리 1.7

곡선 $\gamma(t)$의 한 점 $\gamma(t_0)$에서의 접촉평면의 방정식은 아래와 같다.

$$\mathbf{b}(t_0)\cdot(\mathbf{x} - \gamma(t_0)) = 0 \tag{1.26}$$

또한 곡률 반지름은 $\frac{1}{\kappa(t_0)}$, 곡률중심은 $\gamma(t_0) + \frac{1}{\kappa(t_0)}\mathbf{n}(t_0)$이다.

정리 1.8

정칙곡선 $\gamma : I \to \mathbb{R}^3$의 단위접벡터장 $\mathbf{t}$, 단위주법벡터장 $\mathbf{n}$, 단위부법벡터장 $\mathbf{b}$, 곡률 κ, 비틀림률 τ에 대하여 다음이 성립한다.

$$\begin{gathered} \mathbf{t} = \frac{\gamma'}{\|\gamma'\|}, \quad \mathbf{n} = \mathbf{b} \times \mathbf{t}, \quad \mathbf{b} = \frac{\gamma' \times \gamma''}{\|\gamma' \times \gamma''\|} \\ \kappa(t) = \frac{\|\gamma' \times \gamma''\|}{\|\gamma'\|^3}, \quad \tau(t) = \frac{(\gamma' \times \gamma'')\cdot\gamma'''}{\|\gamma' \times \gamma''\|^2} \end{gathered} \tag{1.27}$$

증명 곡선의 한 점 $\gamma(t)$에서의 단위접벡터장은 아래와 같다.

$$\mathbf{t}(t) = \frac{d}{ds}\gamma(t) = \gamma'(t)\frac{dt}{ds}$$

여기서 $\frac{ds}{dt} = \|\gamma'(t)\|$이므로

$$\mathbf{t}(t) = \frac{\gamma'(t)}{\|\gamma(t)\|}$$

이다. $v(t) = \|\gamma'(t)\|$라고 두면 $\gamma'(t) = v(t)\mathbf{t}(t)$이다. 양변을 t에 대해서 미분하여 얻은 식

$$\gamma''(t) = v'(t)\mathbf{t}(t) + v(t)\mathbf{t}'(t)$$

에서 프레네-세레 공식을 이용하여 $\mathbf{t}'(t) = \frac{d\mathbf{t}}{ds}\frac{ds}{dt} = \kappa(t)\mathbf{n}(t)v(t)$로 치환하면

$$\gamma''(t) = v'(t)\mathbf{t}(t) + v^2(t)\kappa(t)\mathbf{n}(t)$$

이다. 따라서

$$\begin{aligned}\gamma'(t)\times\gamma''(t) &= v(t)\mathbf{t}(t)\times\Big(v'(t)\mathbf{t}(t) + v^2(t)\kappa(t)\mathbf{n}(t)\Big)\\ &= v^3(t)\kappa(t)\mathbf{t}(t)\times\mathbf{n}(t) \\ &= v^3(t)\kappa(t)\mathbf{b}(t)\end{aligned} \tag{1.28}$$

이다. 여기서 $\|\gamma'(t)\times\gamma''(t)\| = v^3(t)\kappa(t)$ 이므로

$$\kappa(t) = \frac{\gamma'(t)\times\gamma''(t)}{v^3(t)} = \frac{\gamma'(t)\times\gamma''(t)}{\|\gamma(t)\|^3}$$

이다. 또한 식 (1.28)에서

$$\mathbf{b}(t) = \frac{\gamma'(t)\times\gamma''(t)}{v^3(t)\kappa(t)} = \frac{\gamma'(t)\times\gamma''(t)}{\|\gamma'(t)\times\gamma''(t)\|}$$

를 얻는다.

비틀림률을 위해서 $\Big(\gamma'(t)\times\gamma''(t)\Big)\cdot\gamma'''(t)$를 계산하자. 먼저

$$\begin{aligned}\gamma'''(t) &= \frac{d}{dt}\Big(v'(t)\mathbf{t}(t) + v^2(t)\kappa(t)\mathbf{n}(t)\Big)\\ &= v''(t)\mathbf{t}(t) + \frac{d\mathbf{t}(t)}{ds}\frac{ds}{dt} + \frac{d}{dt}\Big(v^2(t)\kappa(t)\Big)\mathbf{n}(t) + v^2(t)\kappa(t)\mathbf{n}'(t)\frac{dt}{ds}\\ &= v''(t)\mathbf{t}(t) + \kappa(t)v(t)\mathbf{n}(t) + \frac{d}{dt}\Big(v^2(t)\kappa(t)\Big)\mathbf{n}(t) + v^3(t)\kappa(t)(-\kappa(t)\mathbf{n}(t) + \tau\mathbf{b}(t))\end{aligned}$$

이므로

$$\Big(\gamma'(t)\times\gamma''(t)\Big)\cdot\gamma'''(t) = \kappa^2(t)v^6(t)\tau(t) = \|\gamma'(t)\times\gamma''(t)\|^2\tau(t)$$

이다. 그러므로 비틀림률은 다음과 같다.

$$\tau(t) = \frac{\Big(\gamma'(t)\times\gamma''(t)\Big)\cdot\gamma'''(t)}{\|\gamma'(t)\times\gamma''(t)\|^2}$$

□

문제 1.12 다음 곡선의 곡률과 비틀림률을 구하여라.

a) $\gamma(t) = \left(\frac{(1+t)^{\frac{3}{2}}}{3}, \frac{(1-t)^{\frac{3}{2}}}{3}, \frac{t}{\sqrt{2}}\right)$

b) $\beta(t) = (t, t^2, t^3)$

정리 1.9

구간 I에서 정의된 연속함수 $\kappa(s)$와 $\tau(s)$가 주어졌다. 이때 $\kappa(s) > 0$이라고 하자. 그러면 다음이 성립한다.

(1) 단위속력곡선 $\gamma : I \to \mathbb{R}^3$이 존재하여 $\kappa(s)$와 $\tau(s)$를 각각 곡률과 비틀림률로 갖는다.

(2) 두 단위속력곡선 $\gamma_1, \gamma_2 : I \to \mathbb{R}^3$이 임의의 $s \in I$에서 곡률과 비틀림률이 각각 $\kappa(s)$와 $\tau(s)$로 같다면 서로 합동이다. 즉 공간의 등거리 사상 $A : \mathbb{R}^3 \to \mathbb{R}^3$이 존재하여 모든 $s \in I$에 대하여 $\gamma_1(s) = A(\gamma_2(s))$이다.

공간 $\mathbb{R}^3$의 등거리 사상은 평행이동, 회전이동, 평면에 대한 대칭이동의 합성이다.

증명 (1)은 정리 1.4처럼 미분방정식의 근이 존재한다는 사실로부터 증명된다. 즉 주어진 $\kappa(s)$와 $\tau(s)$에 대해 미분방정식 (1.21)을 만족하는 해로 모든 s에서 서로 수직인 단위벡터장 $\{\mathbf{t}(s), \mathbf{n}(s), \mathbf{b}(s)\}$가 존재한다. 그러면 적분 곡선 $\gamma(s) = \int_0^s \mathbf{t}(u)du$가 우리가 원하는 단위속력 곡선이다.

(2) 곡선 γ_i의 프레네 틀을 $\{\mathbf{t}_i, \mathbf{n}_i, \mathbf{b}_i\}$ $(i = 1, 2)$라고 하자. 먼저 아래 (a)와 (b)를 가정하고 모든 s에 대하여 $\gamma_1(s) = \gamma_2(s)$임을 증명할 것이다.

(a) 한 점 $s_0 \in I$가 존재하여 $\gamma_1(s_0) = \gamma_2(s_0)$이다.

(b) 점 $\gamma_1(s_0)$에서 두 정규직교기저 $\{\mathbf{t}_1(s_0), \mathbf{n}_1(s_0), \mathbf{b}_1(s_0)\}$와 $\{\mathbf{t}_2(s_0), \mathbf{n}_2(s_0), \mathbf{b}_2(s_0)\}$가 일치한다.

함수 $f : I \to \mathbb{R}$를 다음과 같이 정의하자.

$$f(s) = \mathbf{t}_1(s) \cdot \mathbf{t}_2(s) + \mathbf{n}_1(s) \cdot \mathbf{n}_2(s) + \mathbf{b}_1(s) \cdot \mathbf{b}_2(s)$$

함수 $f(s)$를 s에 대하여 미분하면

$$\begin{aligned} f'(s) &= (\mathbf{t}_1'(s) \cdot \mathbf{t}_2(s) + \mathbf{t}_1(s) \cdot \mathbf{t}_2'(s)) + (\mathbf{n}_1'(s) \cdot \mathbf{n}_2(s) + \mathbf{n}_1(s) \cdot \mathbf{n}_2'(s)) \\ &\quad + (\mathbf{b}_1'(s) \cdot \mathbf{b}_2(s) + \mathbf{b}_1(s) \cdot \mathbf{b}_2'(s)) \\ &= \kappa(\mathbf{n}_1 \cdot \mathbf{t}_2 + \mathbf{t}_1 \cdot \mathbf{n}_2) - \kappa(\mathbf{t}_1 \cdot \mathbf{n}_2 + \mathbf{n}_1 \cdot \mathbf{t}_2) + \tau(\mathbf{n}_1 \cdot \mathbf{b}_2 + \mathbf{b}_1 \cdot \mathbf{n}_2) \\ &\quad - \tau(\mathbf{n}_1 \cdot \mathbf{b}_2 + \mathbf{b}_1 \cdot \mathbf{n}_2) \\ &= 0 \end{aligned}$$

이므로 상수함수이다. (b)에 의해 $f(s_0) = \mathbf{t}_1(s_0)\cdot\mathbf{t}_2(s_0) + \mathbf{n}_1(s_0)\cdot\mathbf{n}_2(s_0) + \mathbf{b}_1(s_0)\cdot\mathbf{b}_2(s_0) = 3$ 이므로 모든 s에 대하여 $f(s) = 3$이다. $\mathbf{t}_1, \mathbf{n}_1, \mathbf{b}_1, \mathbf{t}_2, \mathbf{n}_2, \mathbf{b}_2$는 모두 정규벡터이므로 내적의 최댓값은 1이다. 따라서

$$\mathbf{t}_1(s)\cdot\mathbf{t}_2(s) = \mathbf{n}_1(s)\cdot\mathbf{n}_2(s) = \mathbf{b}_1(s)\cdot\mathbf{b}_2(s) = 1$$

이므로 $\mathbf{t}_1(s) = \mathbf{t}_2(s)$, $\mathbf{n}_1(s) = \mathbf{n}_2(s)$, $\mathbf{b}_1(s) = \mathbf{b}_2(s)$이다. $\gamma_1'(s) = \mathbf{t}_1(s) = \mathbf{t}_2(s) = \gamma_2'(s)$ 이므로 적당한 상수벡터 $\mathbf{x}_0$에 대해서 $\gamma_1(s) = \gamma_2(s) + \mathbf{x}_0$이다. 그런데 $\gamma_1(s_0) = \gamma_2(s_0)$이므로 $\gamma_1(s) = \gamma_2(s)$이다.

이제 적당한 등거리 사상 A가 존재하여 $A(\gamma_2(s))$와 $\gamma_1(s)$가 (a)와 (b)를 만족한다는 것을 보이면 증명이 끝난다. 고정된 $s_0 \in I$에 대해서 필요하면 γ_2를 평행이동하여, 즉 적당한 평행사상 T를 적용하여 $\gamma_1(s_0) = T(\gamma_2(s_0))$이 되도록 하자. 곡선 $T(\gamma_2(s))$의 s_0에서의 프레네 틀이 $\{\mathbf{t}_1(s_0), \mathbf{n}_1(s_0), \mathbf{b}_1(s_0)\}$과 일치하도록 필요하면 점 $T(\gamma_2(s_0))$을 지나는 직선을 중심으로 회전하는 등거리 사상 R을 $T(\gamma_2(s))$에 적용한다. 그러면 등거리 사상 $A = R\circ T$에 대해서 $A(\gamma_2(s))$와 $\gamma_1(s)$가 (a)와 (b)를 만족하는 단위속력곡선이다. 이때 평행이동이나 회전사상이 필요 없으면 T나 R는 항등함수로 선택한다. □

1.5 연습문제

1.1 평면 곡선의 단위접벡터장 $\mathbf{t}$에 대하여 $\det(\mathbf{t}, \mathbf{n}_+) = 1$을 만족하는 단위법벡터장 $\mathbf{n}_+$을 선택하자. 즉 $\mathbf{t}$를 양의 방향으로 $\frac{\pi}{2}$만큼 회전한 벡터를 $\mathbf{n}_+$로 선택한다. 다음이 성립함을 보여라.

$$\begin{aligned} \mathbf{t}' &= \kappa_\pm \mathbf{n}_+ \\ \mathbf{n}_+' &= -\kappa_\pm \mathbf{t} \end{aligned} \tag{1.29}$$

1.2 평면 $\mathbb{R}^2$에서 미분가능한 함수 $y = f(x)$의 그래프로 주어진 곡선의 부호곡률 $\kappa_\pm$가 다음과 같음을 보여라.

$$\kappa_\pm = \frac{f''(x)}{\left(1 + f'(x)^2\right)^{\frac{3}{2}}} \tag{1.30}$$

1.3 평면에서 $f(x,y)=0$을 만족하는 정칙 등위곡선의 곡률 κ가 다음과 같음을 보여라.

$$\kappa = \pm\frac{f_{xx}f_y^2 - 2f_{xy}f_xf_y + f_{yy}f_x^2}{\left(f_x^2+f_y^2\right)^{\frac{3}{2}}} \tag{1.31}$$

이때, 부호는 $\kappa > 0$이 되도록 선택한다.

1.4 평면의 극좌표 (r,θ)로 표현한 곡선 $r=f(\theta)$의 부호곡률 $\kappa_\pm$가 다음과 같음을 보여라.

$$\kappa_\pm = \frac{r^2 + 2\left(\frac{dr}{d\theta}\right)^2 - r\frac{d^2r}{d\theta^2}}{\left(r^2+\left(\frac{dr}{d\theta}\right)^2\right)^{\frac{3}{2}}} \tag{1.32}$$

1.5 극좌표 (r,θ)로 주어진 다음 곡선의 부호곡률을 구하여라. 이때, $a>0$이다.

a) $r=a\theta$

b) $r=a(1+\cos\theta)$

c) $r=a\cos 2\theta$

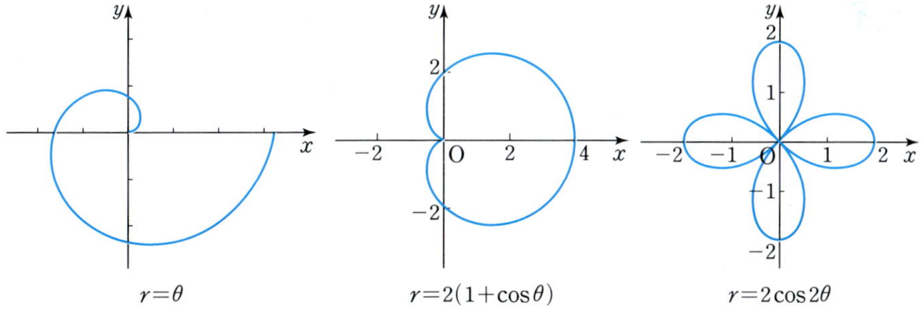

그림 1.14

1.6 평면 곡선 $\alpha(t)$의 점 $\mathbf{p}$에서의 곡률이 0이 아니라고 하자. 이때, 다음 조건 (i), (ii), (iii)를 만족시키는 원을 주어진 곡선 α의 점 $\mathbf{p}$에서의 **곡률원**(circle of curvature)이라 하고, 곡률원의 반지름을 **곡률 반지름**(radius of curvature)이라 한다. 그림 1.15를 참조하라.

(i) 원이 점 $\mathbf{p}$에서 곡선 α에 접한다.
(ii) 원의 곡률이 α의 점 $\mathbf{p}$에서의 곡률과 같다.
(iii) 원의 중심이 곡선 α의 오목한 쪽에 있다.

다음 곡선의 원점 $(0,0)$에서의 곡률원을 구하여라.

a) $\alpha(t) = (t^3 - t, t^2)$

b) $2x + 3x^2 - 2xy + y^2 + 2y^3 - y = 0$

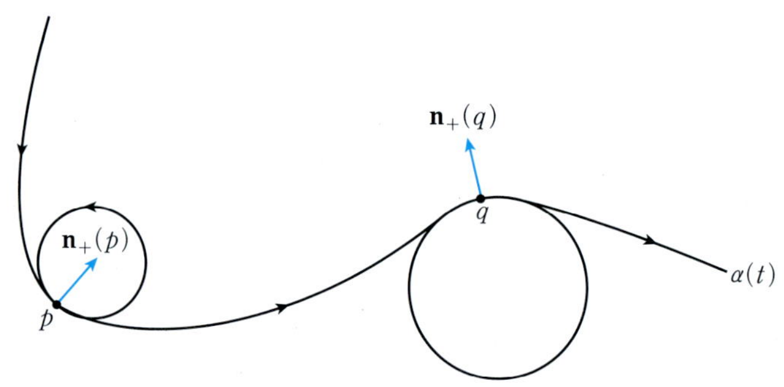

그림 1.15 곡률원과 양의 방향의 단위법벡터장 $\mathbf{n}_+$

1.7 평면 곡선의 **축폐선**(evolute)은 곡선의 각 점에서의 곡률원의 중심이 이루는 궤적이다. 즉 주어진 평면 곡선을 $\alpha(t) = (x(t), y(t))$라 하면 축폐선은 다음과 같이 정의한 곡선 $\alpha^*(t)$이다.

$$\alpha^*(t) = \alpha(t) + \frac{1}{\kappa_\pm(t)}\mathbf{n}_+(t) \tag{1.33}$$

이때, 모든 t에 대해서 $\kappa_\pm(t) \neq 0$이다.

a) 곡선 $\alpha(t)$의 임의의 점에서의 법선이 $\alpha^*(t)$에 접선임을 보여라.

b) 사이클로이드 $\alpha(t) = (t - \sin t, 1 - \cos t), 0 < t < 2\pi$의 축폐선 $\alpha^*(t)$를 구하여라.

1.8 곡선 $\alpha(t)$에 대해서 속도벡터의 크기를 $v(t) = \|\alpha'(t)\|$라고 하면 다음 식이 성립함을 보여라. 이때 곡률은 $\kappa > 0$이고 $\{\mathbf{t}, \mathbf{n}, \mathbf{b}\}$는 프레네 틀이다.

$$\begin{aligned} \frac{d}{dt}\mathbf{t} &= \kappa v(t)\mathbf{n} \\ \frac{d}{dt}\mathbf{n} &= -\kappa v(t)\mathbf{t} + \tau v(t)\mathbf{b} \\ \frac{d}{dt}\mathbf{b} &= -\tau(t)v(t)\mathbf{n} \end{aligned} \tag{1.34}$$

1.9 공간 곡선 $\alpha(t)$의 단위접벡터장 $\mathbf{t}(t)$가 어떤 단위벡터 $\mathbf{u}$와 일정한 각을 유지할 때, 즉 모든 t에 대하여 $\mathbf{t}(t)\cdot\mathbf{u} =$상수일 때 **일반나선**(generalized helix)이라고 부른다.

a) 곡선 $\alpha(t)$가 일반나선일 필요충분조건은 $\frac{\tau}{\kappa}$가 상수임을 보이고, 모든 t에 대하여 $\mathbf{t}(t)\cdot\mathbf{u} =$상수를 만족하는 벡터 $\mathbf{u}$가 아래와 같음을 보여라. 이때 $\alpha(t)$의 곡률 $\kappa > 0$이다.

$$\mathbf{u} = \frac{\tau}{\sqrt{\kappa^2 + \tau^2}}\mathbf{t} + \frac{\kappa}{\sqrt{\kappa^2 + \tau^2}}\mathbf{b}$$

b) 곡선 $\alpha(t) = (ae^t \cos t, ae^t \sin t, be^t)$가 일반나선임을 보이고 $\mathbf{u}$를 구하여라. 이때, $a > 0$이다.

1.10 다음 곡선의 $\mathbf{t}, \mathbf{n}, \mathbf{b}, \kappa, \tau$를 구하여라.

$$\alpha(t) = \left(\frac{4}{5}\cos t, 1 - \sin t, -\frac{3}{5}\cos t\right)$$

또 이 곡선이 원임을 보이고, 이 원의 중심과 반지름을 각각 구하여라.

1.11 공간의 곡선 α가 모든 점에서 곡률 $\kappa \neq 0$과 비틀림률 τ를 가진다고 하자. 곡선 α가 구면 위에 놓여있다는 것과 아래의 식이 동치임을 증명하여라.

$$\frac{\tau}{\kappa} = \left(\frac{\kappa'}{\tau\kappa^2}\right)'$$

1.12 **추적선**(tractrix)은 어떤 물건을 줄에 매달아서 끌고 갈 때 만들어지는 궤적이다. 길이가 1인 막대기를 원점과 $(0, 1)$이 양끝점이 되도록 y축 위에 놓자. 이 막대기의 한쪽 끝 $(0, 0)$

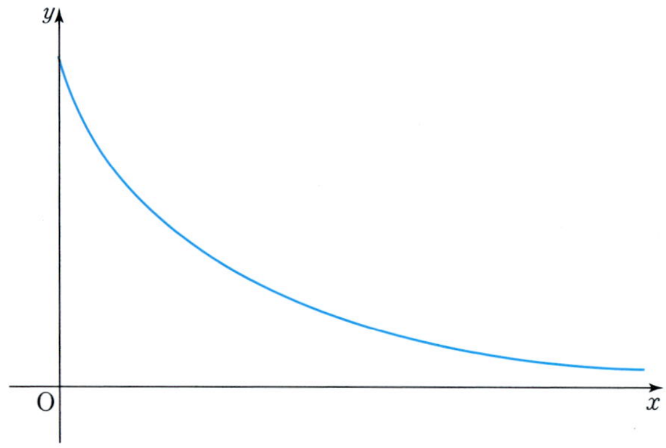

그림 1.16 추적선

을 잡고 x축의 양의 방향으로 걸어갈 때, 막대기의 $(0,1)$에 놓였던 다른 끝점의 자취가 추적선으로 다음과 같은 함수의 그래프로 나타난다.

$$x = \sqrt{1-y^2} - \cosh^{-1}\left(\frac{1}{y}\right), \quad 0 < y < 1 \tag{1.35}$$

a) 곡선의 한 점 p에서 접선의 x절편을 q라고 하자. 그러면 선분 pq의 길이가 항상 1이라는 것을 보여라.

b) 추적선의 부호곡률을 구하여라.

제 2 장

등주부등식과 4정점 정리

1장에서 곡선의 국소적인 성질인 휨과 꼬임에 대하여 알아보았다. 여기서는 평면 곡선의 대역적 성질인 등주부등식과 4정점 정리를 살펴보자.

2.1 등주부등식

조르단 정리는 평면의 단순 폐곡선이 평면을 두 부분으로 나눈다고 알려준다.

정리 2.1 조르단 정리 Jordan theorem

평면의 점으로서 주어진 단순 폐곡선 γ에 있지 않은 점들의 집합은 다음 성질을 만족하는 두 집합 $\mathrm{int}(\gamma)$와 $\mathrm{ext}(\gamma)$의 합집합과 같다.

(1) $\mathrm{int}(\gamma)$와 $\mathrm{ext}(\gamma)$는 각각 연결된 집합이다.

(2) 집합 $\mathrm{int}(\gamma)$는 유계이고 집합 $\mathrm{ext}(\gamma)$는 유계가 아니다.

(3) $\mathrm{int}(\gamma) \cap \mathrm{ext}(\gamma) = \emptyset$.

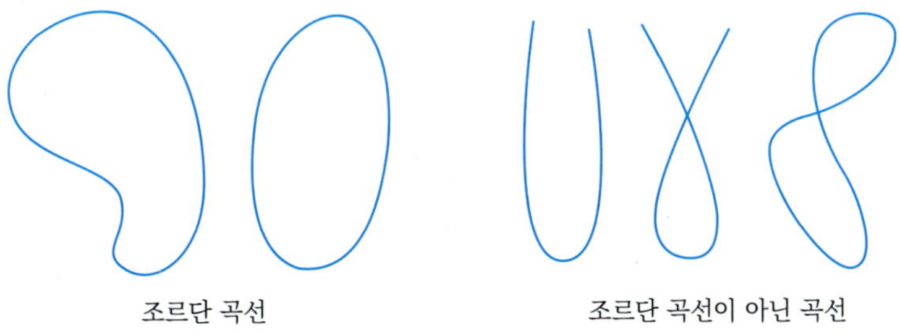

그림 2.1

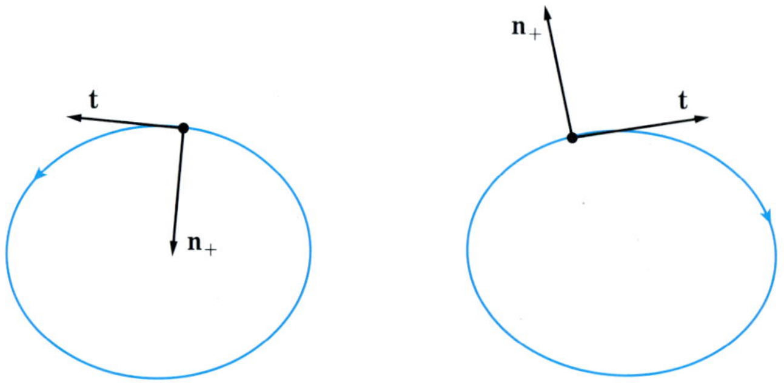

그림 2.2

평면의 단순 폐곡선 γ를 **조르단 곡선**(Jordan curve)이라고도 부르고, 유계인 집합 $\text{int}(\gamma)$를 γ의 **내부**, 유계가 아닌 집합 $\text{ext}(\gamma)$를 γ의 **외부**라고 한다. 단순 폐곡선 $\gamma(t)$를 매개변수 t가 증가하는 방향으로 따라갈 때, γ의 내부 $\text{int}(\gamma)$가 곡선의 왼쪽에 있을 때 **양의 방향**이라고 한다 (그림 2.2).

정리 2.2 등주부등식 isoperimetric inequality

평면의 단순 폐곡선 $\gamma : [a, b] \to \mathbb{R}^2$의 내부 $\text{int}(\gamma)$의 넓이 $\mathcal{A}(\gamma)$와 γ의 길이 $l(\gamma)$ 사이에는 다음의 관계가 성립한다.

$$\mathcal{A}(\gamma) \le \frac{1}{4\pi} l(\gamma)^2$$

이때, 등호 $=$가 성립하는 필요충분조건은 γ가 원이다.

그림 2.3 디도여왕의 사람들이 쇠가죽 끈을 만들어서 가장 넓은 땅을 둘러싸려 하고 있다[10].

등주부등식을 증명하려면 약간의 준비가 필요하다. 단순 폐곡선을 성분으로 나타내어 $\gamma(t) = (x(t), y(t))$ 라고 하자. 여기서는 매개변수가 호의 길이라고 가정하지 않았다.

보조정리 2.1

양의 방향의 단순 폐곡선 $\gamma(t) = (x(t), y(t))$, $a \le t \le b$에 대하여 내부 $\mathrm{int}(\gamma)$의 넓이 $\mathcal{A}(\gamma)$는 다음과 같다.

$$\mathcal{A}(\gamma) = \frac{1}{2}\int_a^b (x(t)y'(t) - x'(t)y(t))\,dt \tag{2.1}$$

증명 그린 정리에 의하면 단순 폐곡선 γ와 내부에서 정의된 두 함수 $f(x,y)$와 $g(x,y)$가 미분가능하고 편도함수가 모두 연속일 때

$$\int_{\mathrm{int}(\gamma)} \left(\frac{\partial g}{\partial x} - \frac{\partial f}{\partial y}\right) dxdy = \int_\gamma f(x,y)\,dx + g(x,y)\,dy \tag{2.2}$$

이다. $f(x,y) = -\frac{1}{2}y$, $g(x,y) = \frac{1}{2}x$ 라고 하면 내부의 넓이는

$$\begin{aligned}\int_{\mathrm{int}(\gamma)} dxdy &= \frac{1}{2}\int_\gamma x\,dy - y\,dx \\ &= \frac{1}{2}\int_a^b (x(t)y'(t) - x'(t)y(t))\,dt\end{aligned}$$

이다. □

보조정리 2.2 Wirtinger 부등식

$f(0) = f(\pi) = 0$인 미분가능한 함수 $f : [0, \pi] \to \mathbb{R}$에 대하여 다음 부등식이 성립한다.

$$\int_0^\pi f'(t)^2 dt \ge \int_0^\pi f(t)^2\,dt$$

이때, 등호 $=$는 적당한 상수 A에 대하여 $f(t) = A\sin t$인 경우에만 성립한다.

증명 먼저 $g(t) = \frac{f(t)}{\sin t}$ 라고 하면 다음 식이 성립한다. (엄밀하게 말하면 $t = 0$, π에서 함수 $g(t)$가 잘 정의되지 않는 것처럼 보이지만, 극한값이 $\frac{0}{0}$의 형태이므로 로피탈 정리와 주어진 함수 f를 이용하여 잘 정의할 수 있다. 우리 수준을 벗어나므로 더 자세히는 다루지 않겠다.)

$$\begin{aligned}\int_0^\pi f'(t)^2\,dt &= \int_0^\pi (g'(t)\sin t + g(t)\cos t)^2\,dt \\ &= \int_0^\pi g'(t)^2\sin^2 t\,dt + 2\int_0^\pi g(t)g'(t)\sin t\cos t\,dt + \int_0^\pi g(t)^2\cos^2 t\,dt\end{aligned} \tag{2.3}$$

$$\frac{d}{dt}(g(t)^2\sin t\cos t) = 2g(t)g'(t)\sin t\cos t + g(t)^2(\cos^2 t - \sin^2 t)$$

이므로 다음 식도 성립한다.

$$\begin{aligned}2\int_0^\pi g(t)g'(t)\sin t\cos t\,dt &= g(t)^2\sin t\cos t\Big|_0^\pi - \int_0^\pi g(t)^2(\cos^2 t - \sin^2 t)\,dt \\ &= \int_0^\pi g(t)^2(\sin^2 t - \cos^2 t)\,dt\end{aligned} \tag{2.4}$$

식 (2.3), (2.4)로부터

$$\begin{aligned}\int_0^\pi f'(t)^2\,dt &= \int_0^\pi g'(t)^2\sin^2 t\,dt + \int_0^\pi g(t)^2(\sin^2 t - \cos^2 t)\,dt + \int_0^\pi g(t)^2\cos^2 t\,dt \\ &= \int_0^\pi (g(t)^2 + g'(t)^2)\sin^2 t\,dt \\ &= \int_0^\pi f(t)^2\,dt + \int_0^\pi g'(t)^2\sin^2 t\,dt\end{aligned}$$

이다. 그러므로 다음 등식이 성립한다.

$$\int_0^\pi f'(t)^2\,dt - \int_0^\pi f(t)^2\,dt = \int_0^\pi g'(t)^2\sin^2 t\,dt$$

이 식의 우변은 ≥ 0이고, 모든 t에 대하여 $g'(t) = 0$인 경우에만, 즉 함수 $g(t)$가 상수함수일 때만 0이다. □

등주부등식의 증명 이제 등주부등식을 증명하자. 증명을 간단히 하기 위하여 먼저 단순 폐곡선 $\gamma(t)$의 매개변수에 대하여 몇 가지를 가정하자. 곡선의 길이는 매개변수의 선택에 상관이 없으므로 매개변수를 호의 길이 s라고 가정할 수도 있지만, 등주부등식에 π가 등장하므로 매개변수를

$$t = \frac{\pi s}{l(\gamma)} \tag{2.5}$$

라고 가정하는 것이 편리하다. 그러면 $s = 0$에서 출발하면 $s = l(\gamma)$일 때 원위치하므로, 매개변수 t의 입장에서는 $t = 0$일 때 출발하여 $t = \pi$일 때 원위치하게 된다. 또한 주어진 곡선을 평행이동하여도 곡선의 길이와 내부의 넓이는 변하지 않으므로, 단순 폐곡선 $\gamma(t)$, $0 \leq t \leq \pi$

의 출발점과 끝점이 모두 원점이라고 가정해도 된다. 즉

$$\gamma(0) = \gamma(\pi) = O \tag{2.6}$$

이라고 하자. 이제 극좌표

$$x = r\cos\theta, \quad y = r\sin\theta$$

를 이용하여 $\mathcal{A}(\gamma)$와 $l(\gamma)$를 계산하자. 미분은 매개변수 t에 대한 미분을 나타낸다고 하면, 연쇄법칙으로부터 다음 식이 성립한다.

$$x'^2 + y'^2 = r'^2 + r^2\theta'^2, \quad xy' - x'y = r^2\theta'$$

그러면 식 (2.5)로부터

$$r'^2 + r^2\theta'^2 = \left(\frac{dx}{dt}\right)^2 + \left(\frac{dy}{dt}\right)^2 = \left(\left(\frac{dx}{ds}\right)^2 + \left(\frac{dy}{ds}\right)^2\right)\left(\frac{ds}{dt}\right)^2 = \frac{l(\gamma)^2}{\pi^2} \tag{2.7}$$

이다. 여기에서 s는 호의 길이이므로 $(dx/ds)^2 + (dy/ds)^2 = 1$임을 이용하였다. 또한 보조정리 2.1로부터 다음 식이 성립함을 알 수 있다.

$$\mathcal{A}(\gamma) = \frac{1}{2}\int_0^\pi (xy' - x'y)\,dt = \frac{1}{2}\int_0^\pi r^2\theta'\,dt \tag{2.8}$$

등주부등식을 증명하기 위해서는 부등식

$$\frac{l(\gamma)^2}{4\pi} - \mathcal{A}(\gamma) \geq 0$$

이 성립하고, γ가 원이면 등식이 성립하는 것은 자명하므로 등식이 성립하면 γ가 원이라는 것을 보이면 된다.

식 (2.7)로부터

$$\int_0^\pi (r'^2 + r^2\theta'^2)\,dt = \frac{l(\gamma)^2}{\pi}$$

가 성립하는데 여기에 식 (2.8)을 이용하면 다음 식을 얻는다.

$$\frac{l(\gamma)^2}{4\pi} - \mathcal{A}(\gamma) = \frac{1}{4}\int_0^\pi (r'^2 + r^2\theta'^2)\,dt - \frac{1}{2}\int_0^\pi r^2\theta'\,dt = \frac{1}{4}I$$

이때,

$$I = \int_0^\pi (r'^2 + r^2\theta'^2 - 2r^2\theta')\, dt \tag{2.9}$$

이다. 그러므로 증명을 끝마치기 위해서는 부등식 $I \geq 0$이고, 또 $I = 0$이면 γ가 원이라는 것을 증명하면 된다. 이를 위하여 먼저 I를 다음과 같이 쓰자.

$$I = \int_0^\pi r^2(\theta' - 1)^2\, dt + \int_0^\pi (r'^2 - r^2)\, dt \tag{2.10}$$

식 (2.10)의 첫 번째 적분은 피적분 함수가 제곱되었으므로 자명하게 ≥ 0이고, 두 번째 적분은 Wirtinger의 부등식으로부터 ≥ 0이다. 즉 $f = r$로 택하면 된다. 식 (2.6)로부터 $r(0) = r(\pi) = O$가 성립하게 됨에 주의하자. 그러므로 부등식 $I \geq 0$이 성립한다. 또한, $I = 0$이면 식 (2.10)의 각각의 적분이 모두 0이다. 첫 번째 적분 $\int_0^\pi r^2(\theta' - 1)^2\, dt = 0$의 필요충분조건은 모든 t에 대하여

$$\theta'(t) = 1$$

이고, 두 번째 적분 $\int_0^\pi (r'^2 - r^2)\, dt = 0$인 필요충분조건은 (다시 Wirtinger의 부등식으로부터) 적당한 상수 A에 대하여

$$r = A \sin t$$

이다. 그러므로 이 두 조건을 합하면 적당한 상수 α에 대하여

$$r = A \sin(\theta - \alpha) \tag{2.11}$$

이다. 이는 원점을 지나는 원이다. 이로써 증명이 끝난다. □

문제 2.1 극좌표 (r, θ)에 대해 $r = A \sin(\theta - \alpha)$인 곡선이 원점을 지나고 지름의 길이가 A인 원임을 증명하여라. 단, $A > 0$이다.

2.2 4정점 정리

곡선 $\gamma(t)$의 한 점이 $\kappa'_\pm(t) = 0$이면 **정점**(vertex)이라고 부른다. 원은 부호곡률이 상수이므로 모든 점이 다 정점이라고 할 수 있다. 원이 아닌 곡선은 정점에서 부호곡률이 극댓값이나 극솟값을 가진다.

보기 2.1 타원 $\gamma(t) = (a\cos t, b\sin t)$, $a > b > 0$, $0 \le t \le 2\pi$의 정점을 구해보자. 타원의 부호곡률은

$$\kappa_{\pm}(t) = \frac{ab}{(a^2\sin^2 t + b^2\cos^2 t)^{\frac{3}{2}}}$$

이므로, $t = 0, \frac{\pi}{2}, \pi, \frac{3\pi}{2}$에서 $\kappa'_{\pm}(t) = 0$이다. 그러므로 타원은 4개의 정점 $(a,0)$, $(0,b)$, $(-a,0)$, $(0,-b)$를 가진다.

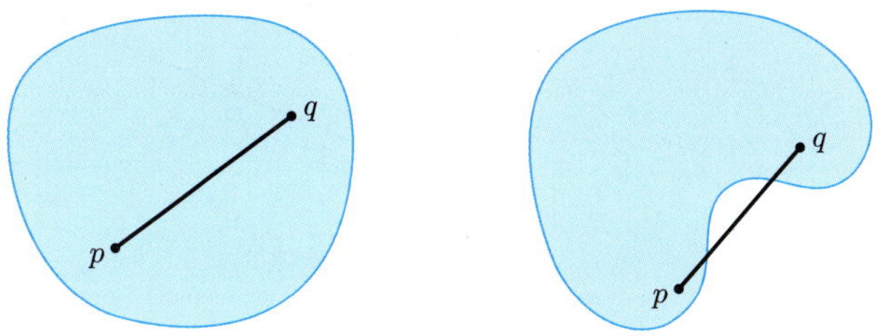

볼록 단순 폐곡선 볼록이 아닌 단순 폐곡선

그림 2.4

단순 폐곡선 $\gamma(t)$가 모든 점에서 부호곡률의 부호가 일정하면, 즉 모든 t에 대하여 $\kappa_{\pm}(t) \ge 0$이거나 $\kappa_{\pm}(t) \le 0$이면 **볼록**(convex)이라고 한다. 단순 폐곡선 γ가 볼록이면 내부 $\mathrm{int}(\gamma)$가 볼록집합이다. 즉 임의의 $p, q \in \mathrm{int}(\gamma)$에 대하여 선분 pq도 $\mathrm{int}(\gamma)$에 포함된다.

정리 2.3

평면 $\mathbb{R}^2$의 볼록인 단순 폐곡선은 최소한 4개의 정점을 가진다.

증명 볼록 단순 폐곡선 $\gamma(s)$가 호의 길이 s로 매개화되어 있고 길이가 l이라고 하자. 볼록이므로 부호곡률의 부호가 일정하기 때문에 편의상 양수라고 가정하자. 즉 $\kappa_{\pm}(s) = \kappa(s)$라고 하자.

곡률함수 $\kappa(s)$는 연속함수이므로 옹골집합 $[0,l]$에서 최댓값과 최솟값을 가진다. $\kappa(s)$가 최댓값과 최솟값을 가지는 γ의 점을 각각 P와 Q라고 하자. 만일 P와 Q가 같은 점이면 최댓값과 최솟값이 같으므로 $\kappa(s)$가 상수함수이다. 곡률이 상수인 평면 곡선은 원이므로 모든 점이 정점이다(분명히 4개 이상이다). 이제 γ가 원이 아니고, $P \ne Q$라고 가정하자.

만약 $\gamma(s)$가 정점을 3개 가진다면 (즉 P, Q 외에 정점이 하나 더 있다면) 정점들은 γ를 세 개의 연결된 구간 I_1, I_2, I_3으로 나누고, 각각의 연결된 구간에서 $\kappa'(s)$는 같은 부호를 가질 것이다. 그런데 이것은 불가능하다. 왜냐하면 I_1에서 $\kappa'(s) > 0$이라면 인접한 구간 I_2와 I_3

에서는 $\kappa'(s) < 0$이어야 하는데, I_2와 I_3도 서로 인접한 구간이므로 부호가 같을 수 없다. I_1에서 $\kappa'(s) < 0$이라고 해도 같은 이유로 모순이다.

그러므로 $\gamma(s)$는 단 두 개의 정점 P와 Q를 가지고, P와 Q는 γ를 두 구간 J_1, J_2로 나누어서 한쪽에선 $\kappa'(s) > 0$이고 다른 한쪽에선 $\kappa'(s) < 0$이다. 편의상 J_1에서 $\kappa'(s) > 0$이라고 하자.

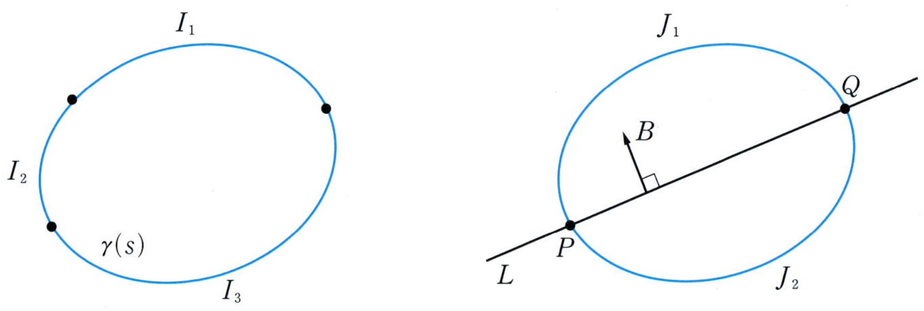

그림 2.5 4정점 정리

정점 P와 Q를 지나는 직선을 L이라 하고, L에 수직인 단위벡터를 B라 하자. $\gamma(s)$가 볼록이므로 L은 γ와 P와 Q에서만 만난다. 직선 L은 평면을 $C = \{\mathbf{x} \in \mathbb{R}^3 \mid (\mathbf{x} - P)\cdot B > 0\}$과 $D = \{\mathbf{x} \in \mathbb{R}^3 \mid (\mathbf{x} - P)\cdot B < 0\}$의 두 집합으로 나눈다. 그러므로 γ의 두 구간 J_1과 J_2도 C와 D에 각각 들어간다. 편의상 $J_1 \subseteq C$라고 하자. 그러면 J_1의 임의의 점에서 $\kappa'(s)(\gamma(s) - P)\cdot B > 0$이다. 그리고 J_2의 임의의 점에서는 $\kappa'(s) < 0$, $(\gamma(s) - P)\cdot B < 0$이므로 $\kappa'(s)(\gamma(s) - P)\cdot B > 0$이다. 즉 정점 P와 Q를 제외한 γ의 모든 점에서 $\kappa'(s)(\gamma(s) - P)\cdot B > 0$이다. 만약 $J_1 \subseteq D$라면 같은 논리로 P와 Q를 제외한 γ의 모든 점에서 $\kappa'(s)(\gamma(s) - P)\cdot B < 0$이다. 그러므로 어느 경우나

$$\int_0^l \kappa'(s)(\gamma(s) - P)\cdot B ds \neq 0$$

이다. 그러나

$$\begin{aligned}\int_0^l \kappa'(s)(\gamma(s) - P)\cdot B ds &= \kappa(s)(\gamma(s) - P)\cdot B\Big|_0^l - \int_0^l \kappa(s)\frac{d}{ds}(\gamma(s) - P)\cdot B ds \\ &= -\int_0^l \kappa(s)\mathbf{t}(s)\cdot B ds, \quad \kappa(0) = \kappa(l)\text{이고 } \gamma'(s) = \mathbf{t}(s)\text{이므로} \\ &= \int_0^l \mathbf{n}'(s)\cdot B ds, \quad \mathbf{n}'(s) = -\kappa(s)\mathbf{t}(s)\text{이므로} \\ &= \mathbf{n}(l)\cdot B - \mathbf{n}(0)\cdot B = 0 \qquad (2.12)\end{aligned}$$

이므로 모순이다. 즉 γ는 정점을 2개만 가질 수 없고, 3개도 모순이었으므로, 4개 이상의 정점을 가져야 한다. □

2.3 연습문제

2.1 타원 $\frac{x^2}{a^2} + \frac{y^2}{b^2} = 1$에 등주부등식을 적용하여 다음 부등식

$$\int_0^{2\pi} \sqrt{a^2 \sin^2 t + b^2 \cos^2 t}\, dt \geq 2\pi\sqrt{ab}$$

을 증명하고, 등식이 성립하는 경우는 $a = b$인 경우뿐임을 보여라. $a, b > 0$이라고 하자.

2.2 정점의 정의는 매개변수의 선택과 상관이 없음을 보여라.

2.3 리마송(Limaçon)이라고 불리는 곡선

$$\gamma(t) = ((1 + 2\cos t)\cos t, (1 + 2\cos t)\sin t), \quad 0 \leq t \leq 2\pi$$

는 폐곡선이지만 단순 폐곡선이 아님을 보여라. 또 이 곡선의 정점은 2개임을 보여라.

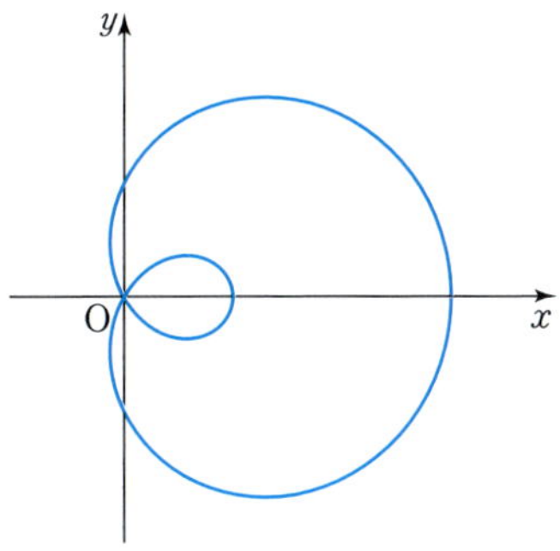

그림 2.6 리마송

제 3 장

정칙곡면

이제 3차원 공간 $\mathbb{R}^3$에 놓인 곡면에 대해서 공부하자. 곡선과 마찬가지로 곡면을 수학적으로 엄밀하게 정의하는 데 크게 신경쓰지 않겠다. 모두가 가지고 있는 막연한 느낌 정도면 족하다. 1장에서 곡선을 방정식을 만족하는 점의 집합이나 적당한 사상의 상으로 표현할 수 있음을 알았다. 곡면도 이와 마찬가지로 방정식을 만족하는 점들의 집합으로 표현하거나 매개변수를 2개 가지는 사상의 상으로 표현할 수 있다. 또한 국소적으로 이 두 가지의 표현 방법은 결국 같다.

3.1 등위곡면

3차원 공간 $\mathbb{R}^3$의 열린 집합에서 정의된 미분가능한 함수 f와 실수 c에 대하여 $f^{-1}(c)$ 꼴로 정의되는 집합을 f의 높이가 c인 **등위곡면**(level surface)이라고 한다. 등위곡면 $f^{-1}(c)$에 속하는 임의의 점 p에서 그래디언트 벡터가

$$\nabla f(p) \neq O$$

이면 **정칙 등위곡면**(regular level surface)이라고 부른다. 다음 예에서 우리에게 익숙한 많은 곡면이 모두 정칙 등위곡면이라는 것을 알 수 있다.

보기 3.1 $\mathbb{R}^3$에 놓인 **평면**의 방정식은 O이 아닌 벡터 $(a,b,c) \in \mathbb{R}^3$과 실수 d에 대하여

$$ax + by + cz = d$$

로 표현할 수 있다. 그러므로 $\mathbb{R}^3$에서 정의된 함수 $f(x,y,z) = ax + by + cz$에 대해 평면의 방정식은 $f^{-1}(d)$로 쓸 수 있다. 등위곡면 $f^{-1}(d)$에 속하는 임의의 점 p에서 그래디언트 벡터는

$$\nabla f(p) = (a, b, c) \neq O$$

이므로 평면은 정칙 등위곡면이다.

보기 3.2 중심이 (a, b, c)이고 반지름이 r인 **구면**의 방정식은

$$(x-a)^2 + (y-b)^2 + (z-c)^2 = r^2$$

이다. 구면은 $\mathbb{R}^3$에서 정의된 함수 $f(x, y, z) = (x-a)^2 + (y-b)^2 + (z-c)^2 - r^2$에 대해 $f^{-1}(0)$으로 표현할 수 있다. 즉 f의 높이가 0인 등위곡면이다. 구면 $f^{-1}(0)$에 속하는 임의의 점 $p = (p_1, p_2, p_3)$에서 그래디언트 벡터는

$$\nabla f(p) = (2(p_1 - a), 2(p_2 - b), 2(p_3 - c))$$

이다. 이때 $p \neq (a, b, c)$이므로

$$\nabla f(p) \neq O$$

이다. 따라서 구면은 정칙 등위곡면이다.

보기 3.3 평면 $\mathbb{R}^2$의 열린 부분집합 U에서 정의된 미분가능한 함수 $g(x, y)$의 **그래프**

$$\{\, (x, y, g(x, y)) \in \mathbb{R}^3 \mid (x, y) \in U \,\}$$

는 $U \times \mathbb{R}$에서 정의된 미분가능한 함수 $f(x, y, z) = z - g(x, y)$에 대해 $f^{-1}(0)$으로 나타낼 수 있으므로 등위곡면이다. 또 $f^{-1}(0)$에 속하는 임의의 점 $p = (p_1, p_2, p_3)$에서 그래디언트 벡터가

$$\nabla f(p) = (-D_1 g(p_1, p_2), -D_2 g(p_1, p_2), 1) \neq O$$

이므로 함수 g의 그래프는 정칙 등위곡면이다.

보기 3.4 xy평면의 위반평면 $\mathbb{R}^2_+ = \{(x, y) \in \mathbb{R}^2 \mid y > 0\}$의 열린 집합 U에서 정의된 미분가능한 함수 $f : U \to \mathbb{R}$와 적당한 실수 c에 대해 정칙 곡선

$$C = f^{-1}(c)$$

가 주어졌다. 곡선 C를 x축을 중심으로 회전시켜 얻은 곡면 S를 **회전면**이라고 부른다. 이때 회전면을 만드는 곡선 C를 **모선**(generating curve)이라고 부르고, 모선의 한 점이 회전축을

중심으로 회전하여 생긴 원을 **나란한 선**(parallel)이라고 부른다. 회전면 S를 등위곡면으로 표현하자. 함수 $g : U \times \mathbb{R} \to \mathbb{R}$를

$$g(x, y, z) = f(x, \sqrt{y^2 + z^2})$$

으로 정의하면 $S = g^{-1}(c)$이고 정칙 등위곡면이다.

문제 3.1 곡선 C를 xy평면에 놓인 정칙 등위곡선이라 하자. 즉, xy 평면의 열린 부분집합 U에서 정의된 미분가능한 함수 $f : U \to \mathbb{R}$와 실수 c에 대해 $C = f^{-1}(c)$라고 하자. 집합

$$S = \{\ (x, y, z) \in \mathbb{R}^3 \ \mid\ (x, y) \in C\ \}$$

를 곡선 C에 대한 **주면**[1]이라고 부른다. 주면을 정칙 등위곡면으로 표현하라.

우리가 정칙곡면만 생각하는 이유는 곡선의 경우와 같이 정칙이 아니면 부드러운 곡면이 아닐 수 있기 때문이다. 다음 문제에서 확인해보자.

문제 3.2 함수 $f : \mathbb{R}^3 \to \mathbb{R}$가 $f(x, y, z) = x^2 + y^2 - z^2$로 주어졌다.

a) 등위곡면 $f^{-1}(1)$의 개형을 그리고, 정칙곡면임을 보여라.

b) 등위곡면 $f^{-1}(0)$의 개형을 그리고, $\nabla f(0, 0, 0)$을 구하여 원점에서 정칙인지를 논하라.

3.2 매개곡면

평면 $\mathbb{R}^2$의 열린 집합 U에서 정의된 미분가능한 일대일 사상 $X : U \to \mathbb{R}^3$을 생각하자. 열린 집합을 생각하는 이유는 미분을 해야 하기 때문이다. U의 임의의 점 p에서의 벡터값 함수 X의 미분을 나타내는 선형사상 dX_p가 **정칙**일 때 사상

$$X : U \to \mathbb{R}^3$$

[1]주면(柱面). 柱는 기둥을 의미한다.

을 **매개곡면**(parameterized surface)이라고 한다. 선형사상 dX_p가 정칙이라는 것은 선형사상을 표현한 **행렬의 계수**(rank)가 2라는 뜻이다. 좀 더 구체적으로 X의 변수를 $(u,v) \in U$라 하고 점 $p = (u_0, v_0) \in U$라 하자. 벡터 $X_u(u_0, v_0)$과 $X_v(u_0, v_0)$은 함수 X를 점 p에서 변수 u와 v로 각각 미분한 값이다. 선형사상 dX_p는 열벡터 $X_u(u_0, v_0)$과 $X_v(u_0, v_0)$으로 이루어진 행렬로 나타낼 수 있다. 이 행렬의 계수가 2라는 것은 두 벡터 $X_u(u_0, v_0)$과 $X_v(u_0, v_0)$이 일차독립이라는 뜻이다. 이는 벡터곱 $X_u(u_0, v_0) \times X_v(u_0, v_0)$이 영벡터가 아닌 것과 동치이다. 매개곡면의 예를 들어보자.

보기 3.5 열린 집합 $U \subseteq \mathbb{R}^2$에서 정의된 미분가능한 함수 $f: U \to \mathbb{R}$의 그래프를 사상

$$X : U \to \mathbb{R}^3$$
$$X(u,v) = (u, v, f(u,v))$$

으로 정의하자. 임의의 점 $p = (u,v) \in U$에서 선형사상 dX_p를 행렬로 나타내면

$$dX_p = \begin{pmatrix} X_u(p) \\ X_v(p) \end{pmatrix}^T = \begin{pmatrix} 1 & 0 \\ 0 & 1 \\ f_u(p) & f_v(p) \end{pmatrix}$$

이므로 정칙이다. 따라서 2변수 함수 f의 **그래프**를 나타내는 사상 $X : U \to \mathbb{R}^3$은 매개곡면이다.

보기 3.5에서 매개곡면 X의 상이 함수 f의 그래프와 같다. 매개곡면의 정의는 사상으로 주어지지만 우리가 실제로 관심을 가지는 대상은 사상의 상이다. 이런 이유로 '사상 X에 의하여 정의된 곡면'이라는 용어를 사용하는 수학자도 있다.

보기 3.6 $\mathbb{R}^3$에 놓인 **평면**

$$P = \{\ (x,y,z) \in \mathbb{R}^3 \mid ax + by + cz + d = 0\ \}$$

이 매개곡면임을 확인하자. 집합 P가 평면을 나타내기 위해서는 벡터 (a,b,c)가 영벡터가 아니어야 하므로 편의상 $a \neq 0$이라고 하자. 이제 사상 $X : \mathbb{R}^2 \to \mathbb{R}^3$

$$X(u,v) = \left(-\frac{bu + cv + d}{a}, u, v \right)$$

를 정의하자. 그러면 임의의 점 $p = (u,v) \in \mathbb{R}^2$에서

$$dX_p = \begin{pmatrix} -\frac{b}{a} & -\frac{c}{a} \\ 1 & 0 \\ 0 & 1 \end{pmatrix}$$

의 계수가 2이므로 X는 매개곡면이고 X의 상은 평면 P이다.

보기 3.7 평면의 열린 집합 $U = \left\{(u,v) \in \mathbb{R}^2 \mid 0 < u < 2\pi, -\frac{\pi}{2} < v < \frac{\pi}{2}\right\}$에서 정의된 사상

$$X(u,v) = (\, r\cos u \cos v,\ r\sin u \cos v,\ r\sin v\,),\ \ r > 0$$

은 매개곡면이다 (그림 3.1). 사상 X의 상은 중심이 원점이고 반지름이 r인 **구면**에서 북극점과 남극점 및 자오선을 제외한 나머지를 덮는다.

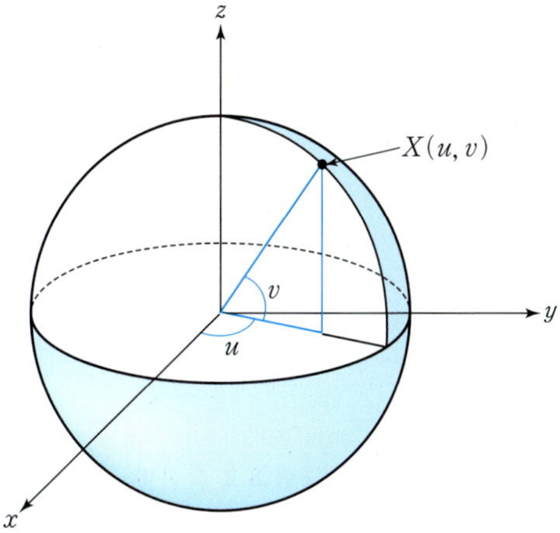

그림 3.1 구면

문제 3.3 보기 3.7에서 두 벡터 X_u와 X_v가 일차독립임을 보여라.

보기 3.7에서 $X(U)$를 지구, U를 우리가 보는 지도라고 생각하자. 그러면 곡선 $\alpha(u) = X(u, v_0)$은 위선(날줄), 곡선 $\beta(v) = X(u_0, v)$는 경선(씨줄)으로 생각할 수 있다. 즉 지도에서 좌표가 $(u_0, v_0) \in U$인 점은 지구에서 경도가 u_0이고 위도가 v_0인 장소 $X(u_0, v_0)$을 나타낸다. 지구의 한 점에 지도의 대응점을 맺어주는 방법을 수학적으로 나타내면 바로 역사상 $X^{-1} : X(U) \to U$이다. 이와 같이 매개곡면 $X : U \to \mathbb{R}^3$에 대하여 그 역사상

$$X^{-1} : X(U) \to U$$

를 주어진 매개곡면의 **좌표계**라고 하고, $X^{-1}(\mathbf{x}) = (u,v) \in U$일 때 (u,v)를 $\mathbf{x}$의 **좌표**라고 한다. 또한 매개곡면을 정의하는 (U,X)를 **지도**(chart)라고 부르기도 한다. 다시 보기 3.7로 돌아가면 지구의 어떤 지점을 지도 위의 점으로 표현하는 것을 말한다.[2]

보기 3.8 평면의 정칙 곡선 $\alpha : I \to \mathbb{R}^2$, $\alpha(u) = (x(u), y(u))$, $y(u) > 0$을 x축을 중심으로 회전시켜 얻은 **회전면**은 다음과 같이 매개곡면으로 표현할 수 있다.

$$X : I \times \mathbb{R} \to \mathbb{R}^3, \quad X(u,v) = (x(u), y(u)\cos v, y(u)\sin v)$$

좌표 (u,v)에서 u는 곡선 α에서의 위치를, v는 회전축(이 경우에는 x축)을 중심으로 얼마만큼 회전했는가를 나타낸다. 이때 만일 곡선 α가 x절편 $(y(u) = 0)$을 가지면 부드러운 곡면이 되지 못하기 때문에 $y(u) > 0$이라는 조건이 필요하다.

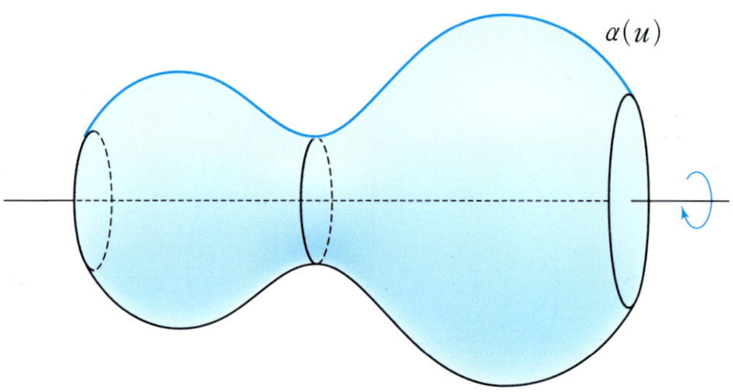

그림 3.2 회전면

보기 3.9 평면의 정칙곡선 $\alpha : I \to \mathbb{R}^2$에 대하여

$$X : I \times \mathbb{R} \to \mathbb{R}^3, \quad X(u,v) = (\alpha(u), v)$$

는 매개곡면이고, X의 상은 곡선 α에 대한 **주면**이다. 이 매개곡면에서 좌표 (u,v)의 u는 곡선 α에서의 위치를, v는 곡선 α로부터의 높이를 나타낸다.

보기 3.10 **선직면**(ruled surface)이란 직선으로 짠 곡면이란 뜻이다. 보기 3.9의 주면도 선직면이다. 선직면 X를 이루는 직선들이 모두 곡선 α와 만나다고 하자. 선직면 X의 임의의 점 p를 지나는 직선을 $\mathbf{w}$라고 하고, $\mathbf{w}$가 α와 점 q에서 만난다고 하자. 즉 적당한 실수 u에

[2] 지구의 지도를 만드는 여러 가지 방법에 대한 수학적인 설명은 참고 문헌 [9]에 잘 나와 있다.

대하여 $\alpha(u) = q$이고, $\mathbf{w}(u)$는 0이 아닌 벡터로서 q를 지난다고 하자. 그러면 점 p의 위치는 적당한 v에 대하여 다음과 같다 (그림 3.3).

$$X(u,v) = \alpha(u) + v\mathbf{w}(u) \tag{3.1}$$

이때, $\alpha'(u) + v\mathbf{w}'(u)$와 $\mathbf{w}(u)$가 일차독립이면 $X(u,v)$는 매개곡면이다.

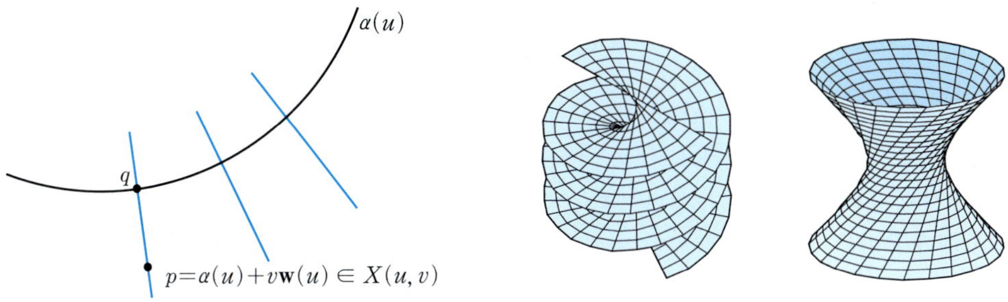

그림 3.3 선직면

문제 3.4 보기 3.8, 3.9, 3.10에서 $\{X_u, X_v\}$가 일차독립임을 보여라.

문제 3.5 xy 평면에 중심이 $(R, 0)$이고 반지름이 r인 원을 y축을 중심으로 회전하여 얻는 **원환면**을 매개곡면으로 나타내어라. 이때, $R > r > 0$이다 (그림 3.4).

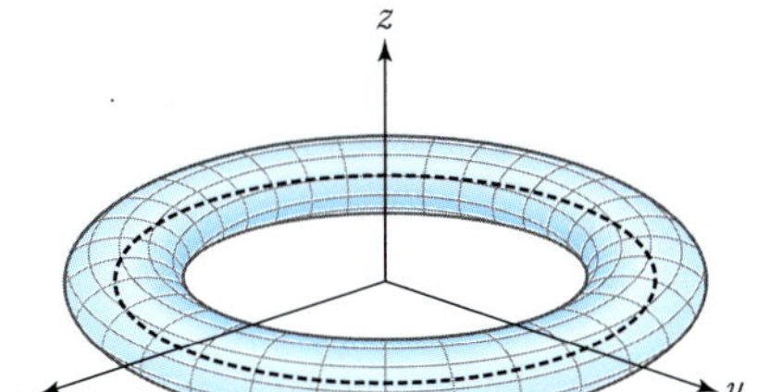

그림 3.4 원환면

등위곡면의 점을 나타내기 위해서는 3차원 공간 $\mathbb{R}^3$의 좌표 (x, y, z) 세 개가 필요하지만, 매개곡면으로 표현하면 2개의 좌표(매개변수)만으로 가능하다. 그리고 매개변수의 기하적 의미를 알고 있다면 매개곡면에서 점의 위치를 더 쉽게 알 수 있다. 우리는 3차원 공간의 곡면만 생각하고 있지만 다음 보기처럼 더 높은 차원의 공간에 들어 있는 매개곡면도 생각할 수 있다.

보기 3.11 평면의 열린 집합 $U = \{\ (u, v) \mid 0 < u < 2\pi,\ 0 < v < 2\pi\ \}$에서 정의된

$$X : U \to \mathbb{R}^4,\quad X(u, v) = (\cos u, \sin u, \cos v, \sin v)$$

를 생각하자. 임의의 점 $p \in U$에 대해서 dX_p는

$$dX_p = \begin{pmatrix} -\sin u & 0 \\ \cos u & 0 \\ 0 & -\sin v \\ 0 & \cos v \end{pmatrix}$$

계수가 2이므로 X는 매개곡면이고, X의 상은 4차원 공간에 들어있는 원환면 $S^1 \times S^1$이다. 이 매개곡면은 문제 3.5의 원환면과 구별하여 **평평한 원환면**(flat torus)이라고 부른다. 이런 이름이 붙은 이유는 모든 점에서 가우스 곡률이 0이기 때문이다. 가우스 곡률은 7장에서 설명한다. 회전면인 원환면과 평평한 원환면은 위상동형이지만 기하적으로는 매우 다르다(합동이 아니다). 왜 그런지도 7장에서 설명한다.

매개곡면을 다시 한번 잘 살펴보자. 보기 3.7에서 매개방정식 X의 상이 구면 전체가 아니다. 왜 그럴까? 매개곡면을 정의하는 사상은 미분가능하므로 연속이다. 사상의 상으로 곡면을 표현하는 것을 직관적으로 고무판으로 된 정의역(평면의 연결된 영역)을 연속적으로(찢으면 안 된다) 부드럽게 움직이고 변형하여서 공간에서 상(매개곡면)을 만든다고 생각해보자. 정의역의 일부분이 겹치게 하지 않고서는 구면과 같은 닫힌 곡면을 만들 수 없을 것이다. 그런데 우리는 일대일 사상만 다루고 있기 때문에 구면 전체를 매개곡면으로 표현할 수가 없는 것이다. 그러므로 곡면의 일부분이 아닌 전체를 나타내기 위해서는 **다양체**(manifold)라는 좀 더 정교한 개념이 필요한데 이는 현재 우리의 수준을 넘어가므로 더 설명하지 않겠다. 궁금한 독자는 참고문헌 [13]을 찾아보자.

3.3 정칙곡면

지금까지 곡면을 나타내는 두 가지 방법을 배웠다. 하나는 등위곡면이고 또 다른 방법은 매개곡면이다. 앞으로 특별한 언급이 없으면 모든 등위곡면은 정칙이라고 가정하겠다. 이제 등위곡면과 매개곡면의 관계에 대해서 알아보자.

정리 3.1

등위곡면의 임의의 점에 대하여 그 점을 포함하는 적당한 근방은 매개곡면의 상으로 나타낼 수 있다.

증명 이 정리는 사실 음함수 정리를 달리 기술한 것에 지나지 않는다. 주어진 정칙 등위곡면을 $S = f^{-1}(c)$, 주어진 점을 $p \in S$라고 하자. 정칙이므로 $\nabla f(p) \neq O$이다. 그러므로 음함수 정리를 적용하면 점 p의 적당한 근방에서 정의된 2변수 함수의 그래프로 표시할 수 있다. 보기 3.5에서 2변수 함수의 그래프는 매개곡면임을 이미 보였다. □

역으로 매개곡면을 등위곡면으로 이해할 수도 있다.

정리 3.2

$\mathbb{R}^2$의 열린 집합 U에서 정의된 미분가능한 사상 $X : U \to \mathbb{R}^3$으로 매개곡면이 주어졌다. 임의의 점 $p \in U$에 대하여 p의 적당한 근방 $V \subset U$가 존재하여 X에 의한 상 $X(V) \subset \mathbb{R}^3$을 정칙 등위곡면으로 나타낼 수 있다.

증명 사상 $X : U \to \mathbb{R}^3$의 매개변수를 (u, v)라고 하자. 임의의 점 $p = (u, v) \in U$에 대해 매개곡면이므로 $\{X_u(p), X_v(p)\}$가 일차독립이다. 그러므로 매개곡면 X에 미분가능한 단위법벡터장을 정의할 수 있다. 즉 곡면의 점 $X(u, v)$에 단위법벡터

$$N(p) = \frac{X_u(p) \times X_v(p)}{\|X_u(p) \times X_v(p)\|}$$

를 대응시키자.

이제 벡터장 N을 이용하여 사상 $\psi : U \times \mathbb{R} \to \mathbb{R}^3$

$$\psi(u, v, t) = X(u, v) + tN(u, v), \quad (u, v) \in U,\ t \in \mathbb{R}$$

를 정의하자 (그림 3.5). 점 $(u, v, 0)$에서 ψ의 미분을 구하면 (3×3 행렬이다!)

$$d\psi_{(u,v,0)} = \Big(X_u(u, v) \quad X_v(u, v) \quad N(u, v) \Big)^T$$

이다. $\{X_u(u, v), X_v(u, v), N(u, v)\}$가 일차독립이므로 행렬 $d\psi_{(u,v,0)}$의 계수가 3이므로 정칙이다. 그러므로 역사상 정리로부터 점 $(u, v, 0)$의 적당한 근방 $V \times I \subset U \times \mathbb{R}$와 (여기서 I는 $\mathbb{R}$의 열린 구간이다) 미분가능한 역사상 $(\psi|_{V \times I})^{-1} : \psi(V \times I) \to V \times I$가 존재한다.

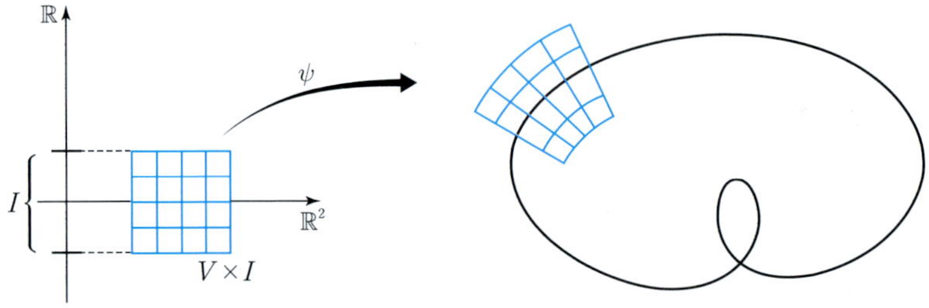

그림 3.5 $\psi : V \times I \to \mathbb{R}^3$

이제 $\psi(V \times I)$에서 정의된 함수 $f : \psi(V \times I) \to \mathbb{R}$

$$f(\psi(u, v, t)) = t$$

를 생각하자. 함수 f는 $(\psi|_{V \times I})^{-1}$와 정사영사상 $\pi_3(x, y, z) = z$의 합성인데 $(\psi|_{V \times I})^{-1}$과 π_3이 모두 미분가능하므로 f도 미분가능하다. 또한

$$\begin{aligned} f^{-1}(0) &= \{\psi(u, v, t) \mid (u, v) \in V,\ t = 0\ \} \\ &= \{X(u, v) \mid (u, v) \in V\} = X(V) \end{aligned}$$

이므로, $X(V)$가 미분가능한 3변수 함수 f의 높이가 0인 등위곡면으로 표현되었다.

이제 $f^{-1}(0)$의 임의의 점 $\mathbf{x}$에서 $\nabla f(\mathbf{x}) \neq O$을 보이면 증명이 끝난다. $f^{-1}(0)$의 임의의 점 $\mathbf{x}$는 적당한 $(u, v) \in V$에 대하여 $\mathbf{x} = \psi(u, v, 0) = X(u, v)$로 나타낼 수 있다. 고정된 (u, v)에 대하여 매개곡선

$$\alpha(t) = \psi(u, v, t) = X(u, v) + tN(u, v)$$

를 생각하자. 그러면 $\alpha(0) = \mathbf{x}$, $\alpha'(0) = N(u, v)$이고, $f(\alpha(t)) = t$이다. 그러므로

$$\begin{aligned} \nabla f(\mathbf{x}) \cdot N(u, v) &= \nabla f(\alpha(0)) \cdot \frac{d\alpha}{dt}(0) \\ &= (f \circ \alpha)'(0) = \frac{d}{dt}(f \circ \alpha)(t)\Big|_{t=0} = 1 \neq 0 \end{aligned}$$

이므로 $\nabla f(\mathbf{x}) \neq O$이다. □

위의 두 정리를 요약하면 다음과 같다.

곡면의 임의의 점의 조그마한 근방만을 생각하면 등위곡면과 매개곡면은 같은 것이다.

제 4 장

접평면과 제1기본형

곡면의 한 점에서의 접평면은 곡면과 가장 근사한 평면이다. 곡면과 접평면의 관계는 곡선과 접선과의 관계와 같다. 접평면에 있는 벡터를 접벡터라고 하는데 곡면에 들어 있는 곡선의 속도벡터로 볼 수 있다. 접벡터의 크기를 계산할 수 있다면 곡면에 들어있는 곡선의 길이도 계산할 수 있을 것이다.

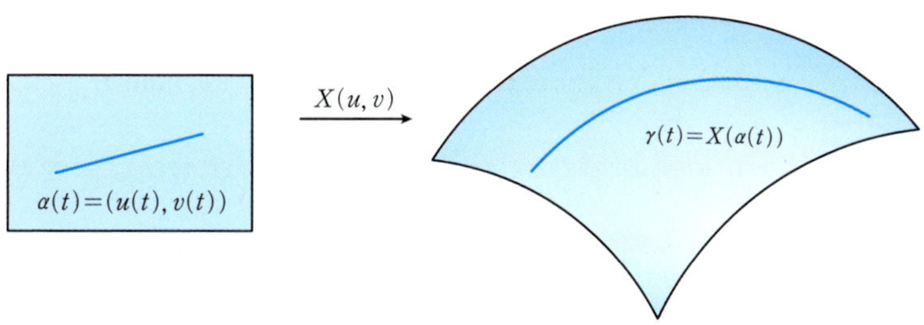

4.1 접평면

평면의 열린 집합 U에서 정의된 곡면 $X : U \to \mathbb{R}^3$에 곡선 $\gamma(t)$가 놓여있다고 하자. 그러면 곡선 $\gamma(t)$는 지도 U에 있는 적당한 곡선 $\alpha(t) = (u(t), v(t))$의 X에 의한 상으로 다음과 같이 표현된다.

$$\gamma(t) = X(\alpha(t)) = X(u(t), v(t))$$

보기 4.1 지구를 반지름의 길이가 r인 구면으로 생각하면 다음과 같이 매개곡면으로 나타낼 수 있다.

$$X(u,v) = (r\cos u\cos v, r\sin u\cos v, r\sin v),\ 0 < u < 2\pi,\ -\frac{\pi}{2} < v < \frac{\pi}{2}$$

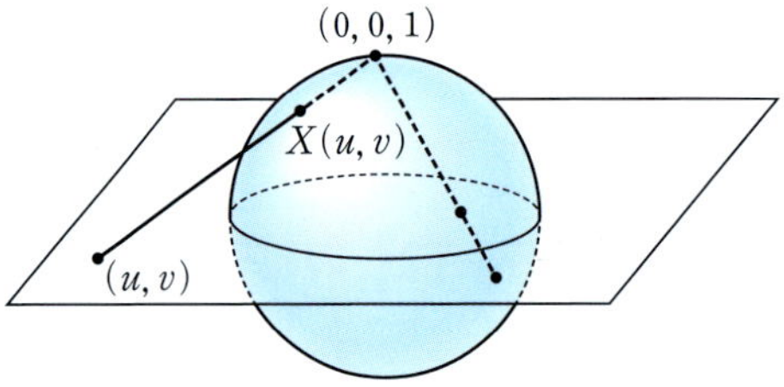

그림 4.1 극사영

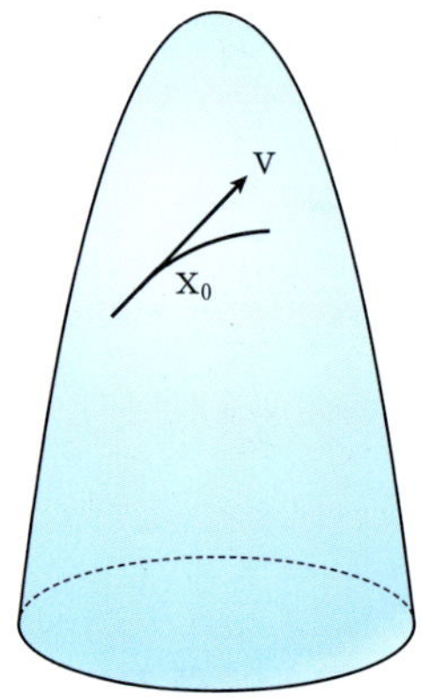

그림 4.2 접벡터

그러면 **경선**은 u가 일정한 곡선이고 **위선**은 v가 일정한 곡선으로 각각 $\alpha(t)$와 $\beta(t)$라고 하면 다음과 같이 나타낼 수 있다.

$$\alpha(t) = X(a, t) = (r\cos a\cos t, r\sin a\cos t, r\sin t)$$

$$\beta(t) = X(t, b) = (r\cos t\cos b, r\sin t\cos b, r\sin b)$$

곡선 $\alpha(t)$와 $\beta(t)$는 지도 U에서 각각 $t \mapsto (a, t)$와 $t \mapsto (t, b)$로 표현되는 곡선의 상이다.

문제 4.1 **극사영**(stereographic projection)을 이용하여 반지름이 1인 구면을 다음과 같이 나타낼 수 있다 (그림 4.1).

$$\begin{aligned} X \ : \ \mathbb{R}^2 \ &\longrightarrow \ \{\ (x, y, z) \in \mathbb{R}^3 \ : \ x^2 + y^2 + z^2 = 1\} \setminus \{(0,0,1)\} \\ X(u, v) &= \left(\frac{2u}{u^2+v^2+1}, \frac{2v}{u^2+v^2+1}, \frac{u^2+v^2-1}{u^2+v^2+1} \right) \end{aligned} \tag{4.1}$$

이때 u가 일정한 곡선과 v가 일정한 곡선의 식을 찾고, 지도에서는 어떤 곡선인지 밝혀라.

곡면

$$X : U \to \mathbb{R}^3$$

의 한 점 $\mathbf{x}_0 = X(u_0, v_0)$을 생각하자. 점 $\mathbf{x}_0$에서 시작하는 벡터 $\mathbf{v}$가 곡면 X에 놓인 곡선의 속도벡터가 되면, 벡터 $\mathbf{v}$를 점 $\mathbf{x}_0$에서의 곡면 X의 **접벡터**(tangent vector)라고 부른다. 즉 곡면 X에 대하여

$$\mathbf{v} = \frac{d}{dt}X(u(t), v(t))\bigg|_{t=t_0}, \quad (u(t_0), v(t_0)) = (u_0, v_0) \tag{4.2}$$

이다 (그림 4.2).

보기 4.2 보기 4.1로부터

$$\alpha'(0) = \frac{d}{dt}X(a,t)\bigg|_{t=0} = (0,0,r)$$

는 지구의 점 $\alpha(0) = (r\cos a, r\sin a, 0)$에서의 접벡터이고,

$$\beta'(0) = \frac{d}{dt}X(t,b)\bigg|_{t=0} = (0, r\cos b, 0)$$

은 지구의 점 $\beta(0) = (r\cos b, 0, r\sin b)$에서의 접벡터이다.

식 (4.2)를 연쇄법칙을 사용하여 계산하면

$$\frac{d}{dt}X(u(t),v(t))\bigg|_{t=t_0} = u'(t_0)X_u(u(t_0),v(t_0)) + v'(t_0)X_v(u(t_0),v(t_0))$$

이므로, 곡면 X의 점 $\mathbf{x}_0$에서의 접벡터는 실수 a,b에 대하여

$$aX_u(u_0,v_0) + bX_v(u_0,v_0)$$

으로 표현된다.

역으로 실수 a,b에 대하여 $aX_u(u_0,v_0) + bX_v(u_0,v_0)$으로 표현된 벡터는 곡면 X의 점 $\mathbf{x}_0$에서의 접벡터임을 보이자. 이를 위해서 지도 U의 점 (u_0,v_0)을 지나는 직선

$$t \mapsto (at+u_0, bt+v_0)$$

에 대한 X의 상

$$\gamma(t) = X(at+u_0, bt+v_0)$$

을 생각하자. 곡선 $\gamma(t)$는 당연히 곡면 X에 놓여 있다. 이제 $\gamma(t)$의 $t=0$에서의 속도벡터를 구하면

$$\gamma'(t) = \frac{d}{dt}X(at+u_0, bt+v_0) = aX_u(at+u_0, bt+v_0) + bX_v(at+u_0, bt+v_0)$$
$$\gamma'(0) = aX_u(u_0,v_0) + bX_v(u_0,v_0)$$

이다. 그러므로 곡면 X의 점 $\mathbf{x}_0 = X(u_0,v_0)$에서의 접벡터는 $aX_u(u_0,v_0) + bX_v(u_0,v_0)$으로

표현되며, 역으로 이렇게 표현되는 벡터는 모두 곡면 X의 점 $\mathbf{x}_0$에서의 접벡터이다. 다시 말하면 곡면 X의 점 $\mathbf{x}_0 = X(u_0, v_0)$에서의 접벡터는 두 벡터 $X_u(u_0, v_0)$과 $X_v(u_0, v_0)$의 일차결합으로 표현된다. 지금까지 사실을 다음과 같이 정리할 수 있다.

정리 4.1

곡면 X의 점 $\mathbf{x}_0 = X(u_0, v_0)$에서의 접벡터들의 모임은 2차원 벡터공간을 이루며, 두 벡터 $\{X_u(u_0, v_0), X_v(u_0, v_0)\}$는 이 벡터공간의 기저이다. 이 2차원 벡터공간을 곡면 X의 점 $\mathbf{x}_0$에서의 **접평면**(tangent plane)이라고 부르고 $T_{\mathbf{x}_0}X(U)$ 혹은 $T_{\mathbf{x}_0}X$로 쓴다.

기초정리 4.1

미분가능한 함수 $f : \mathbb{R}^3 \to \mathbb{R}$와 적당한 실수 c에 대하여 정칙 등위곡면 $M = f^{-1}(c)$가 주어졌다. 곡면 M의 임의의 점 p의 그래디언트 벡터 $\nabla f(p)$는 접평면 T_pM에 수직이다.

증명 그래디언트 벡터 $\nabla f(p)$가 임의의 접벡터 $\mathbf{v} \in T_pM$과 수직임을 보이면 된다 (그림 4.3). 접벡터의 정의에 의해서 곡면 M에 놓인 곡선 $\alpha(t)$가 존재하여 $\alpha(0) = p$, $\alpha'(0) = \mathbf{v}$를 만족한다. 곡선 $\alpha(t)$가 곡면에 놓여 있으므로 $f(\alpha(t)) = c$이다. 양변을 t에 대해 미분하면

$$\frac{d}{dt}f(\alpha(t)) = \nabla f(\alpha(t))\cdot\alpha'(t) = 0$$

이고, $t = 0$을 대입하면 $\nabla f(p)\cdot\mathbf{v} = 0$, 즉 $\nabla f(p)$가 $\mathbf{v}$와 수직이다. □

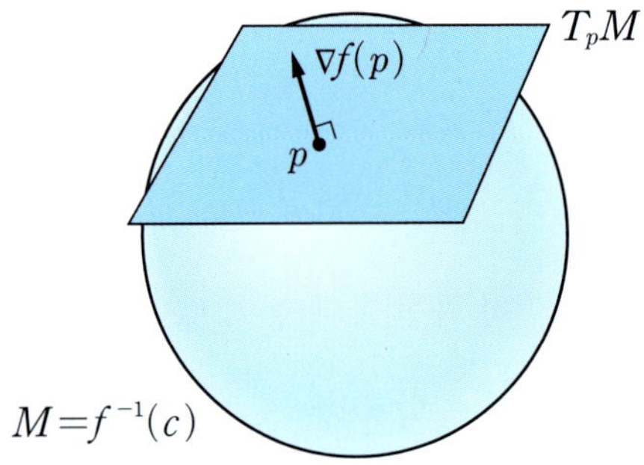

그림 4.3 그래디언트 벡터 $\nabla f(p)$와 접평면 T_pM

4.2 제1기본형

곡면 $X: U \to \mathbb{R}^3$의 임의의 점 $\mathbf{x} = X(u,v)$에 대하여 접평면 $T_{\mathbf{x}}X$의 기저를 이루는 벡터 $X_u(u,v)$, $X_v(u,v)$는 3차원 공간 $\mathbb{R}^3$의 벡터이다. 3차원 유클리드 공간의 내적을 이용하여 다음과 같이 함수 $E, F, G: U \to \mathbb{R}$를 정의하자.

$$\begin{aligned} E(u,v) &= X_u(u,v) \cdot X_u(u,v) \\ F(u,v) &= X_u(u,v) \cdot X_v(u,v) \\ G(u,v) &= X_v(u,v) \cdot X_v(u,v) \end{aligned} \tag{4.3}$$

접벡터 $\mathbf{v}, \mathbf{w} \in T_{\mathbf{x}}X$는 적당한 상수 a_1, b_1, a_2, b_2에 대하여 각각 $\mathbf{v} = a_1 X_u(u,v) + b_1 X_v(u,v)$와 $\mathbf{w} = a_2 X_u(u,v) + b_2 X_v(u,v)$로 쓸 수 있다. 그러면 $\mathbf{v}$와 $\mathbf{w}$의 내적은 다음과 같다.

$$\begin{aligned} \mathbf{v} \cdot \mathbf{w} &= (a_1 X_u(u,v) + b_1 X_v(u,v)) \cdot (a_2 X_u(u,v) + b_2 X_v(u,v)) \\ &= a_1 a_2 X_u(u,v) \cdot X_u(u,v) + (a_1 b_2 + a_2 b_1) X_u(u,v) \cdot X_v(u,v) + b_1 b_2 X_v(u,v) \cdot X_v(u,v) \\ &= a_1 a_2 E(u,v) + (a_1 b_2 + a_2 b_1) F(u,v) + b_1 b_2 G(u,v) \\ &= \begin{pmatrix} a_1 & b_1 \end{pmatrix} \begin{pmatrix} E(u,v) & F(u,v) \\ F(u,v) & G(u,v) \end{pmatrix} \begin{pmatrix} a_2 \\ b_2 \end{pmatrix} \end{aligned}$$

그러므로 곡면의 각 점에서 정의된 세 함수

$$E = X_u \cdot X_u, \quad F = X_u \cdot X_v, \quad G = X_v \cdot X_v$$

가 주어지면 접벡터의 내적을 계산할 수 있다. 세 함수 E, F, G를 곡면 X의 **제1기본형**(first fundamental form)이라고 부른다. 특히 접벡터 $\mathbf{v} = aX_u + bX_v$의 크기 $\|\mathbf{v}\|$는 다음과 같다.

$$\|\mathbf{v}\|^2 = \begin{pmatrix} a & b \end{pmatrix} \begin{pmatrix} E(u,v) & F(u,v) \\ F(u,v) & G(u,v) \end{pmatrix} \begin{pmatrix} a \\ b \end{pmatrix} = a^2 E + 2abF + b^2 G$$

즉

$$(\mathbf{v}\text{의 } X_u \text{ 성분})^2 E + 2(\mathbf{v}\text{의 } X_u \text{ 성분})(\mathbf{v}\text{의 } X_v \text{ 성분}) F + (\mathbf{v}\text{의 } X_v \text{ 성분})^2 G$$

으로 벡터 $\mathbf{v}$의 크기(의 제곱)을 구할 수 있다. 따라서 제1기본형을

$$ds^2 = E\,du^2 + 2F\,dudv + G\,dv^2$$

로 나타내기도 한다. 여기에서 du는 주어진 접벡터의 X_u 성분을 택하며, dv는 X_v 성분을 택하는 도구라고 생각하면 된다. 이런 것을 선형 연산자라고 부른다.

보기 4.3 반지름이 r인 **구면** $X(u,v) = (r\cos u\cos v, r\sin u\cos v, r\sin v)$의 제1기본형을 구하자.

$$X_u = (-r\sin u\cos v, r\cos u\cos v, 0)$$
$$X_v = (-r\cos u\sin v, -r\sin u\sin v, r\cos v)$$

이므로

$$\begin{pmatrix} E & F \\ F & G \end{pmatrix} = \begin{pmatrix} r^2\cos^2 v & 0 \\ 0 & r^2 \end{pmatrix} \tag{4.4}$$
$$ds^2 = r^2\cos^2 v du^2 + r^2 dv^2$$

이다.

보기 4.4 극사영을 이용하여 나타낸 구면

$$X(u,v) = \left(\frac{2u}{u^2+v^2+1}, \frac{2v}{u^2+v^2+1}, \frac{u^2+v^2-1}{u^2+v^2+1}\right)$$

의 제1기본형을 구하자.

$$\begin{aligned} X_u &= \left(\frac{2(v^2-u^2+1)}{(u^2+v^2+1)^2}, \frac{-4uv}{(u^2+v^2+1)^2}, \frac{4u}{(u^2+v^2+1)^2}\right) \\ X_v &= \left(\frac{-4uv}{(u^2+v^2+1)^2}, \frac{2(u^2-v^2+1)}{(u^2+v^2+1)^2}, \frac{4v}{(u^2+v^2+1)^2}\right) \end{aligned}$$

이므로

$$\begin{pmatrix} E & F \\ F & G \end{pmatrix} = \begin{pmatrix} \frac{4}{(u^2+v^2+1)^2} & 0 \\ 0 & \frac{4}{(u^2+v^2+1)^2} \end{pmatrix} \tag{4.5}$$
$$ds^2 = \frac{4}{(u^2+v^2+1)^2}(du^2+dv^2)$$

이다.

보기 4.3과 4.4에서 알 수 있듯이 곡면의 제1기본형은 매개변수와 지도의 선택에 따라 달라진다.

4.3 곡선의 길이와 곡면의 넓이

곡면 $X : U \to \mathbb{R}^3$에 놓인 곡선 $\gamma(t) = X(u(t), v(t))$, $a \leq t \leq b$의 속도벡터는

$$\gamma'(t) = u'(t)X_u(u(t), v(t)) + v'(t)X_v(u(t), v(t))$$

이므로 속도벡터의 크기 $\|\gamma'(t)\|$는 다음과 같다.

$$\begin{aligned}\|\gamma'(t)\|^2 &= (u'(t)X_u + v'(t)X_v)\cdot(u'(t)X_u + v'(t)X_v)\\ &= u'(t)^2E + 2u'(t)v'(t)F + v'(t)^2G\\ &= \begin{pmatrix} u'(t) & v'(t)\end{pmatrix}\begin{pmatrix} E & F \\ F & G\end{pmatrix}\begin{pmatrix} u'(t) \\ v'(t)\end{pmatrix}\end{aligned}$$

그러므로 곡선 $\gamma(t)$의 **길이** $L(\gamma)$는 다음과 같다.[1]

$$L(\gamma) = \int_a^b \|\gamma'(t)\|\,dt = \int_a^b \sqrt{Eu'(t)^2 + 2Fu'(t)v'(t) + Gv'(t)^2}\,dt \tag{4.6}$$

보기 4.5 반지름이 r인 **구면** X의 경선과 위선의 길이를 구해보자.

$$X(u, v) = (r\cos u\cos v, r\sin u\cos v, r\sin v)$$

이때, $0 < u < 2\pi$, $-\dfrac{\pi}{2} < v < \dfrac{\pi}{2}$이다.

경선은 $\alpha(t) = X(u, t)$, $-\frac{\pi}{2} < t < \frac{\pi}{2}$의 길이는 $u'(t) = 0$, $v'(t) = 1$이므로 구면의 제1기본형 (4.4)를 이용하면

$$\|\alpha'(t)\|^2 = \begin{pmatrix} 0 & 1\end{pmatrix}\begin{pmatrix} r^2\cos^2 v & 0 \\ 0 & r^2\end{pmatrix}\begin{pmatrix} 0 \\ 1\end{pmatrix} = r^2$$

$$L(\alpha) = \int_{-\frac{\pi}{2}}^{\frac{\pi}{2}} r\,dt = \pi r$$

---

[1] 이런 이유로

$$L(\gamma) = \int_\gamma \sqrt{ds^2} = \int_\gamma ds$$

와 같이 쓰기도 한다.

이다. 위선 $\beta(t) = X(t, v)$, $0 < t < 2\pi$의 길이는 $u'(t) = 1$, $v'(t) = 0$이므로

$$\|\beta'(t)\|^2 = \begin{pmatrix} 1 & 0 \end{pmatrix} \begin{pmatrix} r^2\cos^2 v & 0 \\ 0 & r^2 \end{pmatrix} \begin{pmatrix} 1 \\ 0 \end{pmatrix} = r^2\cos^2 v$$

$$L(\beta) = \int_0^{2\pi} r\cos v\, dt = 2\pi r\cos v$$

이다.

매개곡면 $X : U \to \mathbb{R}^3$에 대하여 벡터 $X_u \times X_v$의 크기 $\|X_u \times X_v\|$는 곡면의 아주 작은 부분의 넓이를 나타낸다.[2] 그러므로 곡면의 넓이는 아주 작은 부분의 넓이를 모두 모은

$$\iint_U \|X_u \times X_v\|\, dudv$$

이다. 그런데 벡터 X_u와 X_v가 이루는 각을 θ라고 하면

$$\begin{aligned} \|X_u \times X_v\|^2 &= \|X_u\|^2\|X_v\|^2\sin^2\theta \\ &= \|X_u\|^2\|X_v\|^2(1-\cos^2\theta) \\ &= \|X_u\|^2\|X_v\|^2 - (X_u \cdot X_v)^2 \\ &= EG - F^2 \end{aligned} \tag{4.7}$$

이다. 따라서 곡면 X의 **넓이** $\mathcal{A}(X)$는 다음과 같다.

$$\mathcal{A}(X) = \iint_U \sqrt{EG - F^2}\, dudv \tag{4.8}$$

보기 4.6 반지름이 r인 **구면**

$$X(u, v) = (r\cos u\cos v, r\sin u\cos v, r\sin v), \quad 0 < u < 2\pi,\ -\frac{\pi}{2} < v < \frac{\pi}{2}$$

의 넓이는 다음과 같다.

$$\begin{aligned} \mathcal{A}(X) &= \int_{-\frac{\pi}{2}}^{\frac{\pi}{2}} \int_0^{2\pi} \begin{vmatrix} r^2\cos^2 t & 0 \\ 0 & r^2 \end{vmatrix}^{\frac{1}{2}} dudv \\ &= \int_{-\frac{\pi}{2}}^{\frac{\pi}{2}} \int_0^{2\pi} r^2|\cos v|\, dudv = 4\pi r^2 \end{aligned}$$

[2]이러한 생각이 생소하거나 익숙하지 않은 사람은 미적분학을 참고하기 바란다. 참고 문헌 [3]을 강력히 추천한다.

4.4 곡면의 재매개화

곡선은 항상 재매개화할 수 있다. 예를 들어 호의 길이로 재매개화하면 곡선의 길이나 곡률 같은 기하적 불변량도 간단히 계산할 수 있다. 이와 비슷하게 매개곡면도 재매개화할 수 있다. 평면의 열린 집합 U에서 정의된 매개곡면

$$X : U \to \mathbb{R}^3$$

이 주어져 있다. 평면의 열린 집합 V에서 정의된 미분동형사상

$$\phi(s,t) : V \to U$$

에 대하여 새로운 매개곡면 $Y : V \to \mathbb{R}^3$

$$Y(s,t) = X(\phi(s,t))$$

를 X의 **재매개화**라고 한다.

보기 4.7 **극사영**을 이용한 매개곡면 $X : \mathbb{R}^2 \to \mathbb{R}^3$

$$X(u,v) = \left(\frac{2u}{u^2+v^2+1}, \frac{2v}{u^2+v^2+1}, \frac{u^2+v^2-1}{u^2+v^2+1}\right) \tag{4.9}$$

의 지도는 평면 전체인 $\mathbb{R}^2$이고, 상은 북극점을 제외한 구면이다. 이때 지도의 점 (u,v)를 극좌표 (r,θ)로 나타내어 보자. 즉 사상 $\phi : (0,\infty) \times (0,2\pi) \to \mathbb{R}^2$

$$\phi(r,\theta) = (r\cos\theta, r\sin\theta) = (u,v)$$

를 이용하여 매개곡면 $X(u,v)$를 (r,θ)의 사상으로 재매개화하면

$$Y(r,\theta) = X(r\cos\theta, r\sin\theta) = \left(\frac{2r\cos\theta}{r^2+1}, \frac{2r\sin\theta}{r^2+1}, \frac{r^2-1}{r^2+1}\right) \tag{4.10}$$

이다 (그림 4.4).

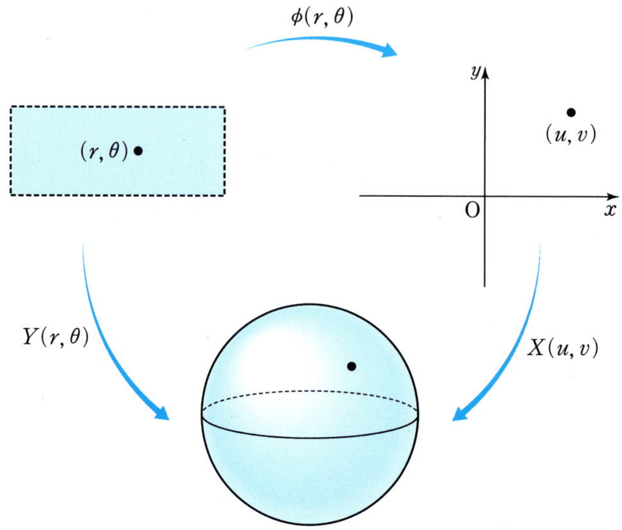

그림 4.4 곡면의 재매개화

곡면 X 의 지도 U 의 좌표를 (u, v)라고 하면 X 의 제1기본형도 지도 U 에서 정의된 u와 v의 함수로 나타내어진다. 그런데 미분동형사상 $\phi(s,t) = (u(s,t), v(s,t))$를 이용하여 재매개화한 곡면을 Y 라고 하면

$$Y(s,t) = X(\phi(s,t)) = X(u(s,t), v(s,t)) \tag{4.11}$$

Y 의 제1기본형은 V 에서 정의된 s와 t의 함수로 나타내어질 것이다. 이들 사이에 어떤 관계가 있는지 알아 보자. X 의 제1기본형을 E, F, G 그리고 Y 의 제1기본형을 $\tilde{E}, \tilde{F}, \tilde{G}$로 두고 구체적으로 구해보자. 연쇄법칙으로부터

$$Y_s = X_u \frac{\partial u}{\partial s} + X_v \frac{\partial v}{\partial s}, \quad Y_t = X_u \frac{\partial u}{\partial t} + X_v \frac{\partial v}{\partial t}$$

이므로

$$\begin{aligned}
\tilde{E}(s,t) &= Y_s(s,t) \cdot Y_s(s,t) \\
&= \left(X_u \frac{\partial u}{\partial s} + X_v \frac{\partial v}{\partial s} \right) \cdot \left(X_u \frac{\partial u}{\partial s} + X_v \frac{\partial v}{\partial s} \right) \\
&= (X_u \cdot X_u) \left(\frac{\partial u}{\partial s} \right)^2 + 2(X_u \cdot X_v) \frac{\partial u}{\partial s} \frac{\partial v}{\partial s} + (X_v \cdot X_v) \left(\frac{\partial v}{\partial s} \right)^2 \\
&= E(\phi(s,t)) \left(\frac{\partial u}{\partial s} \right)^2 + 2F(\phi(s,t)) \frac{\partial u}{\partial s} \frac{\partial v}{\partial s} + G(\phi(s,t)) \left(\frac{\partial v}{\partial s} \right)^2
\end{aligned}$$

$$
\begin{aligned}
\tilde{F}(s,t) &= Y_s(s,t)\cdot Y_t(s,t) \\
&= \left(X_u\frac{\partial u}{\partial s}+X_v\frac{\partial v}{\partial s}\right)\cdot\left(X_u\frac{\partial u}{\partial t}+X_v\frac{\partial v}{\partial t}\right) \\
&= (X_u\cdot X_u)\frac{\partial u}{\partial s}\frac{\partial u}{\partial t}+(X_u\cdot X_v)\left(\frac{\partial u}{\partial s}\frac{\partial v}{\partial t}+\frac{\partial u}{\partial t}\frac{\partial v}{\partial s}\right)+(X_v\cdot X_v)\frac{\partial v}{\partial s}\frac{\partial v}{\partial t} \\
&= E(\phi(s,t))\frac{\partial u}{\partial s}\frac{\partial u}{\partial t}+F(\phi(s,t))\left(\frac{\partial u}{\partial s}\frac{\partial v}{\partial t}+\frac{\partial u}{\partial t}\frac{\partial v}{\partial s}\right)+G(\phi(s,t))\frac{\partial v}{\partial s}\frac{\partial v}{\partial t} \\
\tilde{G}(s,t) &= Y_t(s,t)\cdot Y_t(s,t) \\
&= \left(X_u\frac{\partial u}{\partial t}+X_v\frac{\partial v}{\partial t}\right)\cdot\left(X_u\frac{\partial u}{\partial t}+X_v\frac{\partial v}{\partial t}\right) \\
&= (X_u\cdot X_u)\left(\frac{\partial u}{\partial t}\right)^2+2(X_u\cdot X_v)\frac{\partial u}{\partial t}\frac{\partial v}{\partial t}+(X_v\cdot X_v)\left(\frac{\partial v}{\partial t}\right)^2 \\
&= E(\phi(s,t))\left(\frac{\partial u}{\partial t}\right)^2+2F(\phi(s,t))\frac{\partial u}{\partial t}\frac{\partial v}{\partial t}+G(\phi(s,t))\left(\frac{\partial v}{\partial t}\right)^2
\end{aligned}
$$

이다. 이를 행렬을 이용하여 다음과 같이 쓸 수 있다. 여기서 $E\circ\phi$는 미분동형사상 ϕ의 상에서의 E의 값을 나타낸다.

$$
\begin{aligned}
\tilde{E} &= \begin{pmatrix} u_s & v_s \end{pmatrix}\begin{pmatrix} E\circ\phi & F\circ\phi \\ F\circ\phi & G\circ\phi \end{pmatrix}\begin{pmatrix} u_s \\ v_s \end{pmatrix} \\
\tilde{F} &= \begin{pmatrix} u_s & v_s \end{pmatrix}\begin{pmatrix} E\circ\phi & F\circ\phi \\ F\circ\phi & G\circ\phi \end{pmatrix}\begin{pmatrix} u_t \\ v_t \end{pmatrix} \\
\tilde{G} &= \begin{pmatrix} u_t & v_t \end{pmatrix}\begin{pmatrix} E\circ\phi & F\circ\phi \\ F\circ\phi & G\circ\phi \end{pmatrix}\begin{pmatrix} u_t \\ v_t \end{pmatrix}
\end{aligned}
$$

이 식을 다시 정리하자.

$$
\begin{pmatrix} \tilde{E} & \tilde{F} \\ \tilde{F} & \tilde{G} \end{pmatrix}=\begin{pmatrix} u_s & u_t \\ v_s & v_t \end{pmatrix}^T\begin{pmatrix} E\circ\phi & F\circ\phi \\ F\circ\phi & G\circ\phi \end{pmatrix}\begin{pmatrix} u_s & u_t \\ v_s & v_t \end{pmatrix} \tag{4.12}
$$

여기서 행렬 $\begin{pmatrix} u_s & u_t \\ v_s & v_t \end{pmatrix}$는 바로 재매개화를 나타내는 미분동형사상 $\phi(s,t)=(u(s,t),v(s,t))$의 **야코비 행렬**(Jacobian)이다.

곡면을 매개곡면으로 나타내는 방법은 여러 가지가 있을 수 있다. 그런데 곡면의 넓이는 기하적인 양으로 어떤 매개곡면을 사용하여 계산하더라도 그 값이 같아야 할 것이다. 이를 확인해보자. 식 (4.11)의 매개곡면 $X(u,v)$와 재매개화한 곡면 $Y(s,t)$에 대해서 곡면 Y의 넓이

$\mathcal{A}(Y)$는

$$\begin{aligned}\mathcal{A}(Y) &= \iint_V \begin{vmatrix} \tilde{E} & \tilde{F} \\ \tilde{F} & \tilde{G} \end{vmatrix}^{\frac{1}{2}} dsdt \\ &= \iint_V \begin{vmatrix} E & F \\ F & G \end{vmatrix}^{\frac{1}{2}} \begin{vmatrix} u_s & v_s \\ u_t & v_t \end{vmatrix} dsdt \\ &= \iint_U \begin{vmatrix} E & F \\ F & G \end{vmatrix}^{\frac{1}{2}} dudv = \mathcal{A}(X)\end{aligned}$$

곡면 X의 넓이와 같다. 그러므로 곡면의 넓이는 매개방정식의 선택과 상관이 없다.

문제 4.2 식 (4.10)으로 주어진 매개곡면 $Y(r,\theta)$를 이용하여 반지름이 1인 구면의 넓이를 구하여라.

정의 4.1

곡면 X, Y에 대하여 함수 $f: X \to Y$가 미분동형사상이라고 하자. 곡면 X에 놓인 임의의 곡선 γ에 대하여 γ의 길이와 Y의 곡선 $f \circ \gamma$의 길이가 같으면 f를 **등거리 사상**(등장사상 isometry)이라고 한다.

미분가능한 함수 $f: X \to Y$의 점 $\mathbf{x} \in X$에서의 f의 미분 $D_{\mathbf{x}}f: T_{\mathbf{x}}X \to T_{f(\mathbf{x})}Y$는 다음과 같이 정의되는 선형사상이다. 임의의 접벡터 $\mathbf{v} \in T_{\mathbf{x}}X$에 대하여 곡면 X에 놓인 곡선 $\gamma(t)$가 존재하여 $\gamma(0) = \mathbf{x}$, $\gamma'(0) = \mathbf{v}$이다. 그러면 $f(\gamma(t))$는 곡면 Y에 놓인 곡선으로 $t = 0$일 때 $f(\mathbf{x})$를 지나고, $t = 0$에서의 미분 $\frac{d}{dt}\big|_{t=0} f(\gamma(t))$는 접평면 $T_{f(\mathbf{x})}Y$에 속한다. 그러므로

$$D_{\mathbf{x}}f(\mathbf{v}) = \frac{d}{dt}\bigg|_{t=0} f(\gamma(t))$$

로 정의한다.

미분동형사상 $f: X \to Y$가 등거리 사상이 되는 필요충분조건은 임의의 점 $\mathbf{x} \in X$와 임의의 접벡터 $\mathbf{v} \in T_{\mathbf{x}}X$에 대하여

$$\|D_{\mathbf{x}}f(\mathbf{v})\|_Y = \|\mathbf{v}\|_X \tag{4.13}$$

이다. 이때 $\|\cdot\|_X$과 $\|\cdot\|_Y$는 각각 X와 Y의 제1기본형으로 주어진 접벡터의 크기이다. 그러므로 등거리 사상은 제1기본형을 보존한다.

4.5 라그랑주 승수

문제 4.3 평면의 타원 $\frac{x^2}{a^2}+\frac{y^2}{b^2}=1$의 점에서 정의된 $f(x,y)=xy$가 최댓값을 가지는 점을 제1사분면에서 구하고, 이 점에서 타원과 f의 등위면이 접함을 밝히라. 이때 $a,b>0$이다.

정리 4.2

n차원 공간 $\mathbb{R}^n$의 열린 집합 U에서 정의된 미분가능한 함수 $f:U\to\mathbb{R}$에 대하여 등위곡면 $S=f^{-1}(c)$가 정칙이다(즉 임의의 $p\in S$에 대하여 $\nabla f(p)\neq 0$이다). 만약 미분가능한 함수 $g:U\to\mathbb{R}$가 $p\in S$에서 극값을 갖는다면(즉 p 근방의 임의의 $q\in S$에 대하여 $g(q)\leq g(p)$이거나 $g(q)\geq g(p)$라면) $\nabla g(p)$와 $\nabla f(p)$는 일차종속이다. 다시 말해 $\nabla g(p)=\lambda\nabla f(p)$가 되는 실수 λ가 존재한다. 이때, 실수 λ를 **라그랑주 승수**(Lagrange multiplier)라고 부른다.

증명 편의상 $n=2$로 두고 증명하겠다. 그러나 일반적인 n에 대해서도 아이디어는 같다. 정칙곡면 S의 한 점 p에서의 접평면 T_pS에 속하는 임의의 벡터를 $\mathbf{v}$라고 하자. 그러면 곡선 $\alpha:I\to S$가 존재하여, $\alpha(0)=p$와 $\alpha'(0)=\mathbf{v}$를 만족한다. 함수 g는 p에서 극값을 가지므로 t에 대한 함수 $g(\alpha(t))$도 $t=0$에서 극값을 가진다.

$$0=(g\circ\alpha)'(0)=\nabla g(\alpha(0))\cdot\alpha'(0)=\nabla g(p)\cdot\mathbf{v}$$

이므로 $\mathbf{v}$가 $\nabla g(p)$에 수직이다. 그런데 $\mathbf{v}$가 T_pS에 속하는 임의의 벡터였으므로 $\nabla g(p)$는 T_pS와 수직이다. 즉 $\nabla g(p)\in[T_pS]^\perp$이다. 곡면 S가 정칙 등위곡면이므로 T_pS는 2차원이고 $\nabla f(p)$와 수직이다. 그러므로 $[T_pS]^\perp$은 1차원이고 $\nabla f(p)$로 생성된다. 따라서 적당한 실수 λ가 존재하여 $\nabla g(p)=\lambda\nabla f(p)$이다. □

보기 4.8 조건 $x_1+\cdots+x_n=1,\ 0\leq x_1,\ldots,x_n\leq 1$을 만족하는 점 $(x_1,\ldots,x_n)$으로 이루어진 영역에서 함수 $f(x_1,\ldots,x_n)=x_1\cdots x_n$의 최댓값이 $x_1=\cdots=x_n=\frac{1}{n}$을 만족하는 점에서 $\frac{1}{n^n}$임을 보이자.

함수 $g(x_1,\ldots,x_n)=x_1+\cdots+x_n$을 생각하자. 그러면 주어진 영역은 등위곡면 $g^{-1}(1)$이므로 닫힌집합이다. 또한 주어진 영역의 점들은 모두 0과 1 사이에 있으므로 유계이다. 그러므로주어진 영역 $g^{-1}(1)$은 옹골집합이고, 연속함수 f는 $g^{-1}(1)$에서 최댓값을 가진다. 최댓값을 주는 점을 최대점 $\mathbf{x} = (x_1, \ldots, x_n)$이라 하자. 최댓값이 자명하게 0이 아니므로 최대점에 대해서 $x_i \neq 0$ $(i = 1, \ldots, n)$이다. 이제 라그랑주 승수법을 적용하면[3]

$$\nabla f(\mathbf{x}) = (\widehat{x_1}x_2x_3 \cdots x_n, x_1\widehat{x_2}x_3 \cdots x_n, \ldots, x_1x_2 \cdots x_{n-1}\widehat{x_n})$$

은 $\nabla g(\mathbf{x}) = (1, 1, \ldots, 1)$의 상수배이다. 따라서

$$\begin{aligned} \widehat{x_1}x_2x_3 \cdots x_n &= \lambda \\ x_1\widehat{x_2}x_3 \cdots x_n &= \lambda \\ &\vdots \\ x_1x_2 \cdots x_{n-1}\widehat{x_n} &= \lambda \end{aligned} \tag{4.14}$$

를 만족하는 실수 λ가 존재한다. (4.14)에서 각 식의 양변에 x_1부터 x_n까지 차례로 곱하고 모두 더하면

$$n(x_1 \cdots x_2) = \lambda(x_1 + \cdots + x_n)$$

이다. $i = 1, \ldots, n$에 대하여 $x_1 \cdots \widehat{x_i} \cdots x_n = \lambda$이고 $g(\mathbf{x}) = 1$이므로 $x_i = \frac{1}{n}$을 얻는다. 이때 구하는 최댓값은 $(\frac{1}{n})^n$이다.

위의 보기를 이용하면 다음과 같이 기하평균이 산술평균보다 클 수 없음을 일반적으로 증명할 수 있다. 음수가 아닌 실수 $a_1, \ldots, a_n$에 대하여 $S = a_1 + \cdots + a_n$이라고 하자. 이때 $S \neq 0$이면 $\frac{a_1}{S} + \cdots + \frac{a_n}{S} = 1$이므로 보기로 부터 $\frac{a_1}{S} \cdots \frac{a_n}{S}$은 최댓값 $\frac{1}{n^n}$을 넘지 못한다. 즉

$$\frac{a_1}{S} \cdots \frac{a_n}{S} \leq \frac{1}{n^n}$$

이므로 $a_1 \cdots a_n \leq \left(\frac{S}{n}\right)^n$이다. 그러므로

$$(a_1 \cdots a_n)^{\frac{1}{n}} \leq \frac{1}{n}(a_1 + \cdots + a_n)$$

을 얻는다. 이때, 등호는 $a_1 = \cdots = a_n$일 때만 성립한다. 즉 **기하평균**은 **산술평균**보다 클 수 없다.

[3] $x_1x_2 \cdots x_n$에서 x_i만 빠진 상태인 $x_1 \cdots x_{i-1}x_{i+1} \cdots x_n$을 $x_1 \cdots \widehat{x_i} \cdots x_n$으로 표현하겠다.

4.6 연습문제

4.1 정칙곡면 $S = f^{-1}(0)$과 S의 점 $\mathbf{x}_0$에 대하여 접평면 $T_{\mathbf{x}_0}S$는 $[\nabla f(\mathbf{x}_0)]^\perp$과 같음을 보여라. 이때, $[\nabla f(\mathbf{x}_0)]^\perp$은 점 $\mathbf{x}_0$을 지나고 $\nabla f(\mathbf{x}_0)$에 수직인 평면이다.

4.2 다음 곡면의 제1기본형과 각 곡면에 놓인 곡선의 길이를 구하여라.

a) 원주면 $X(u,v) = (a\cos u, a\sin u, v),\ a > 0$

$$\begin{aligned}\alpha(t) &= X(t,v) = (a\cos t, a\sin t, v), \quad 0 < t < 2\pi \\ \beta(t) &= X(u,t) = (a\cos u, a\sin u, t), \quad 0 < t < 2\pi \\ \gamma(t) &= X(t,t) = (a\cos t, a\sin t, t), \quad 0 < t < 2\pi\end{aligned}$$

b) 현수면(catenoid) $X(u,v) = (\cosh u\cos v, \cosh u\sin v, u)$

$$\begin{aligned}\alpha(t) &= X(u,t) = (\cosh u\cos t, \cosh u\sin t, u), \quad -1 < t < 1 \\ \beta(t) &= X(t,v) = (\cosh t\cos v, \cosh t\sin v, t), \quad 0 < t < 2\pi\end{aligned}$$

4.3 함수 $y = f(x),\ a < x < b$의 그래프를 x축을 중심으로 회전하여 얻은 회전면의 넓이가 아래와 같음을 보여라. 이때 임의의 $x \in (a,b)$에 대하여 $f(x) > 0$이다.

$$2\pi\int_a^b f(x)\sqrt{1 + f'(x)^2}\,dx \tag{4.15}$$

4.4 원환면

$$X(u,v) = \big((a + b\cos u)\cos v,\ (a + b\cos u)\sin v,\ b\sin u\big)$$

의 넓이를 구하여라. 이때 $a > b > 0$이고, $0 < u,\ v < 2\pi$이다.

4.5 구면 $S = f^{-1}(1),\ f(x,y,z) = x^2 + y^2 + z^2$에서 정의된 함수 $g(x,y,z) = xy + z^2$의 최댓값과 최솟값을 구하여 보자.

4.6 반지름이 1인 구면에 내접하는 직육면체 중에서 겉넓이가 최대인 것을 구하여라.

4.7 곡면 $z = xy$의 점 중에서 점 $(0, 0, 5)$에 가장 가까운 점을 모두 구하라.

제 5 장

곡면에 놓인 곡선의 휨

1장에서 평면 곡선이 얼마나 휘었는지를 접벡터의 움직임으로 설명했다. 곡면이 얼마나 휘었는지도 접벡터의 움직임으로 설명할 수 있을까? 그런데 곡면의 한 점에서 접벡터는 하나만 있는 것이 아니니 어느 것을 이용해야 할지 모르겠다. 그렇다면 접평면의 움직임을 대신 살펴보는 것은 어떨까? 이건 좀 말이 되는 것 같다. 다시 평면 곡선의 경우를 생각해보면, 곡선이 얼마나 휘었는지를 구할 때 접벡터 대신에 법벡터를 사용할 수도 있었다. 그러므로 곡면에서도 접평면의 움직임 대신 접평면에 수직인 법벡터의 움직임을 살펴보는 것은 어떨까? 곡면에 놓인 곡선의 곡률벡터를 곡면의 접평면과 법벡터로 각각 사영했을 때 기하적 의미도 함께 알아보자.

5.1 단위법벡터장

평면의 열린 집합 $U \subset \mathbb{R}^2$에서 정의된 곡면 $X : U \to \mathbb{R}^3$이 주어졌다. 곡면의 임의의 점 $\mathbf{x} = X(u,v)$에서 두 접벡터 $X_u(u,v)$와 $X_v(u,v)$는 일차독립이므로 벡터곱

$$X_u(u,v) \times X_v(u,v)$$

는 영벡터가 아니고 접평면 $T_{\mathbf{x}}X$에 수직이다. 이와 같이 곡면의 각 점에서 접평면에 수직인 벡터장을 정의할 수 있는데 이를 **법벡터장**(normal vector field)이라고 부른다. 특히 다음 두 법벡터장

$$\frac{X_u(u,v) \times X_v(u,v)}{\|X_u(u,v) \times X_v(u,v)\|}, \quad -\frac{X_u(u,v) \times X_v(u,v)}{\|X_u(u,v) \times X_v(u,v)\|}$$

는 크기가 1인 **단위법벡터장**(unit normal vector field)이다.

보기 5.1 반지름이 r인 **구면** $X(u,v) = (r\cos u\cos v, r\sin u\cos v, r\sin v)$의 단위법벡터장 $N(u,v)$를 정의하자. 이때, $0 < u < 2\pi$, $-\frac{\pi}{2} < v < \frac{\pi}{2}$이다.

$$
\begin{aligned}
X_u &= (-r\sin u\cos v, r\cos u\cos v, 0) \\
X_v &= (-r\cos u\sin v, -r\sin u\sin v,\ r\cos v) \\
X_u \times X_v &= r^2(\cos u\cos^2 v,\ \ \sin u\cos^2 v,\ \ \cos v\sin v) \\
\|X_u \times X_v\| &= r^2\cos v
\end{aligned}
$$

그러므로 단위법벡터장은

$$N(u,v) = \frac{X_u \times X_v}{\|X_u \times X_v\|} = (\cos u\cos v, \sin u\cos v, \sin v)$$

로 정의할 수 있다. 물론

$$N(u,v) = -\frac{X_u \times X_v}{\|X_u \times X_v\|} = -(\cos u\cos v, \sin u\cos v, \sin v)$$

를 선택할 수도 있다.

보기 5.2 미분가능한 함수 $f : \mathbb{R}^3 \to \mathbb{R}$와 적당한 실수 c에 대하여 **등위곡면** $M = f^{-1}(c)$가 주어졌다. 기초정리 4.1에 의해서 그래디언트 벡터장은 등위곡면의 법벡터장이므로

$$\frac{\nabla f(p)}{\|\nabla f(p)\|}$$

는 M의 단위법벡터장이다. 물론 $-\frac{\nabla f(p)}{\|\nabla f(p)\|}$도 M의 단위법벡터장이다.

5.2 곡면의 방향

우리가 어느 방향을 보고 서 있든지 누군가 왼쪽으로 돌라고 하면 모두 왼쪽으로 돌 것이다. 우리는 서 있는 위치와 바라보는 방향에 상관없이 어느 쪽이 왼쪽인지 알고 있다. 곡면에서는 왼쪽을 어떻게 정할까? '왼쪽'이라는 말 대신 수학적으로 양의 방향을 정하는 법을 생각해 보자.

곡면의 한 점에 서서 어딘가를 응시하고 있다고 하자. 이때 바라보는 시선의 방향은 (키를 무시하면) 접벡터 $\mathbf{v}$ 방향이라고 할 수 있고, 머리가 향하는 방향은 곡면의 법벡터 방향 N이라고 할 수 있다. 그러면 **양의 방향**(즉 왼쪽)은 다음과 같은 벡터의 방향이다.

$$N \times \mathbf{v}$$

곡면 전체에서 정의된 미분가능한 단위법벡터장 N이 존재한다면 어디에서나 양의 방향을 정의할 수 있다. 그러므로 미분가능한 단위법벡터장이 존재하는 곡면을 양의 방향을 정할 수 있는 곡면, 즉 **방향을 정할 수 있는 곡면**(orientable surface)이라고 한다.

미분가능한 단위법벡터장 N이 존재하면 $-N$도 미분가능한 단위법벡터장이다. $N\times\mathbf{v}$와 $-N\times\mathbf{v}$는 다른 벡터이므로, 단위법벡터장을 어느 것을 택하는가에 따라 양의 방향이 달라진다. 그러므로 두 개의 단위법벡터장 중에서 하나를 선택하는 것을[1] **방향을 정한다**고 하고, 단위법벡터장이 정해진 곡면을 **방향이 정해진 곡면**(oriented surface)이라고 부른다. 그런데 방향을 정할 수 없는 곡면도 존재할까? 뫼비우스의 띠라고 불리는 곡면을 살펴보자.

보기 5.3 **뫼비우스의 띠**는 다음과 같이 만들어진다. 공간 $\mathbb{R}^3$에서 xy평면에 놓인 중심이 원점이고 반지름이 1인 원 $C : x^2 + y^2 = 1$과 z축에 평행하고 길이가 1인 선분 l을 생각한다. 선분 l의 중점 p가 원의 한 점 $(1, 0, 0)$에 놓여있다. 이제 선분 l을 pz평면(z축을 포함하고 p를 지나는 평면)에서 중점 p를 중심으로 반시계 방향으로 회전시킨다. 이때 중점 p는 원 C를 따라 반시계 방향으로 한 바퀴 움직이는데, p가 한 바퀴 완전히 돌아서 $(1, 0, 0)$으로 돌아왔을 때, l은 pz평면에서 중점을 중심으로 반 바퀴 회전된 상태가 되게 한다 (그림 5.1). 그러므로

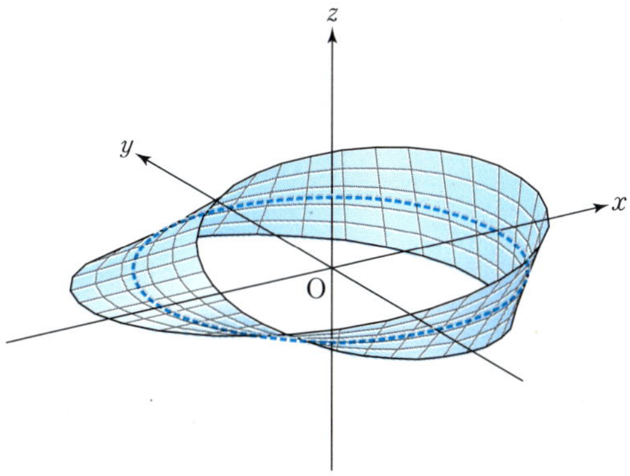

그림 5.1 뫼비우스의 띠

[1]사실 양의 방향을 정하는 것은 우리가 약속하기 나름이다.

뫼비우스의 띠는 아래와 같이 매개곡면으로 표현할 수 있다.

$$X(t,\theta) = \left(\left(1 - t\sin\frac{\theta}{2}\right)\cos\theta,\ \left(1 - t\sin\frac{\theta}{2}\right)\sin\theta,\ t\cos\frac{\theta}{2}\right) \tag{5.1}$$

이때, $-\frac{1}{2} < t < \frac{1}{2}$, $0 \le \theta \le 2\pi$ 이다. 곡면 X 의 단위법벡터장을

$$N(t,\theta) = \frac{X_t(t,\theta)\times X_\theta(t,\theta)}{\|X_t(t,\theta)\times X_\theta(t,\theta)\|}$$

로 선택했다고 가정하자. 점 $X(0,0) = (1,0,0) = X(0,2\pi)$ 를 지나는 곡선 $\alpha(\theta) = X(0,\theta)$ 를 생각하자.

$$X_t(0,\theta) = \left(-\sin\frac{\theta}{2}\cos\theta,\ -\sin\frac{\theta}{2}\sin\theta,\ \cos\frac{\theta}{2}\right)$$

$$X_\theta(0,\theta) = (-\sin\theta,\ \cos\theta,\ 0)$$

모두 단위벡터이므로 점 $\alpha(\theta)$ 에서 곡면의 단위법벡터장은

$$\begin{aligned} N(0,\theta) &= X_t(0,\theta)\times X_\theta(0,\theta) \\ &= \left(-\cos\theta\cos\frac{\theta}{2},\ -\sin\theta\cos\frac{\theta}{2},\ -\sin\frac{\theta}{2}\right) \end{aligned}$$

이다. 그런데

$$\lim_{\theta\to 0^+} N(0,\theta) = (-1,0,0)$$
$$\lim_{\theta\to 2\pi^-} N(0,\theta) = (1,0,0)$$

이므로 법벡터장 $N(t,\theta)$ 가 곡면의 점 $(1,0,0)$ 에서 연속이 아니다(즉 미분가능하지 않다). 법벡터장을 $-\frac{X_t(t,\theta)\times X_\theta(t,\theta)}{\|X_t(t,\theta)\times X_\theta(t,\theta)\|}$ 로 선택했다고 해도 똑같은 이유로 점 $(1,0,0)$ 에서 연속이 아니다. 그러므로 뫼비우스의 띠는 방향을 정할 수 없는 곡면이다.

사실 뫼비우스의 띠를 전체가 아닌 일부분만 생각하면 방향을 정할 수도 있다. 방향을 정할 수 있는가 없는가는 곡면의 일부분이 아닌 전체에 대한 문제로 대역적 성질이다. 앞으로 특별한 언급이 없으면 모든 곡면은 방향을 정할 수 있는 곡면, 즉 미분가능한 단위법벡터장을 정의할 수 있다고 가정하겠다.

5.3 곡면에 놓인 곡선의 휨

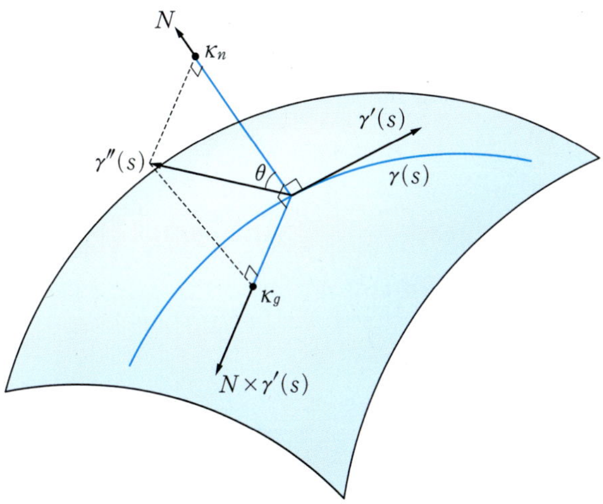

그림 5.2 법곡률과 측지곡률

곡면 $X : U \to \mathbb{R}^3$의 단위법벡터장을 N이라 하고, X에 놓인 **단위속력곡선**

$$\gamma(s) = X(u(s), v(s))$$

를 생각하자. 속도벡터 $\gamma'(s)$는 단위벡터이고 접벡터이므로 $\gamma'(s) \perp N$이다. 그러므로 세 벡터 $\{\gamma'(s), N, N \times \gamma'(s)\}$는 점 $\gamma(s)$를 원점으로 하는 3차원 벡터공간 $\mathbb{R}^3_{\gamma(s)}$의 정규직교기저를 이룬다. 그러므로 $\gamma(s)$의 가속도벡터(곡률벡터) $\gamma''(s)$를 $\{\gamma'(s), N, N \times \gamma'(s)\}$의 일차결합으로 표시할 수 있다. 그런데 $\gamma'(s)$는 단위벡터이므로 $\gamma''(s) \perp \gamma'(s)$이다. 그러므로 적당한 실수 κ_n, κ_g에 대하여

$$\gamma''(s) = \kappa_n N + \kappa_g (N \times \gamma'(s)) \tag{5.2}$$

로 쓸 수 있다. 이때, 계수 κ_n과 κ_g를 각각 곡선 γ의 점 $\gamma(s)$에서의 **법곡률**(normal curvature)과 **측지곡률**(geodesic curvature)이라고 부른다.

단위법벡터장을 $-N$으로 선택하면 κ_n과 κ_g의 부호가 바뀐다. 그러므로 κ_n과 κ_g는 단위법벡터장의 선택에 의존하지만 절댓값은 같다.

정리 5.1

곡면 $X : U \to \mathbb{R}^3$에 놓인 단위속력곡선 $\gamma(s)$에 대해서 다음이 성립한다.

$$\kappa_n = \gamma''(s) \cdot N \tag{5.3}$$

$$\kappa_g = \gamma''(s) \cdot N \times \gamma'(s) \tag{5.4}$$

$$\kappa^2 = \kappa_n^2 + \kappa_g^2 \tag{5.5}$$

$$\kappa_n = \kappa \cos\theta, \quad \kappa_g = \kappa \sin\theta \tag{5.6}$$

이때, N은 곡면 X의 단위법벡터장이고, θ는 N과 $\gamma(s)$의 단위주법벡터장 $\mathbf{n}$이 이루는 각이다.

증명 식 (5.2)로부터 식 (5.3), (5.4), (5.5)를 얻는다 (그림 5.2). $\gamma(s)$가 단위속력곡선이므로

$$\gamma''(s) = \kappa\mathbf{n}$$

으로부터 식 (5.6)을 얻는다. □

보기 5.4 **구면** $X(u, v) = (\cos u \cos v, \sin u \cos v, \sin v)$에서 경선 $\alpha(t)$와 위선 $\beta(t)$의 법곡률과 측지곡률을 구해보자.

$$\alpha(t) = X(u, t) = (\cos u \cos t, \sin u \cos t, \sin t)$$
$$\beta(t) = X(t, v) = (\cos v \cos t, \cos v \sin t, \sin v)$$

먼저 구면의 단위법벡터장을

$$N(u, v) = X(u, v)$$

로 선택하자.

곡선 $\alpha(t)$는 단위속력곡선이고 $\alpha''(t) = -\alpha(t)$이다. 구면의 점 $\alpha(t)$에서의 단위법벡터장은 $N(u, t) = (\cos u \cos t, \sin u \cos t, \sin t)$이다. 그러므로 곡선 $\alpha(t)$의 법곡률 $\kappa_n(\alpha(t))$과 측지곡률 $\kappa_g(\alpha(t))$는 각각 다음과 같다.

$$\begin{aligned} \kappa_n(\alpha(t)) &= \alpha''(t) \cdot N(t, v) = -1 \\ \kappa_g(\alpha(t)) &= \alpha''(t) \cdot N(t, v) \times \alpha'(t) = 0 \end{aligned} \tag{5.7}$$

곡선 $\beta(t)$는 단위속력곡선이 아니므로 단위속력곡선이 되도록 재매개화하자.

$$\beta'(t) = (-\cos v \sin t, \cos v \cos t, 0), \quad \|\beta'(t)\|^2 = \cos^2 v$$

이므로 $s = (\cos v)t$, $\widetilde{\beta}(s) = \beta(\frac{s}{\cos v})$라 하면

$$\begin{aligned}
\widetilde{\beta}(s) &= \left(\cos v \cos\left(\frac{s}{\cos v}\right), \cos v \sin\left(\frac{s}{\cos v}\right), \sin v\right) \\
\widetilde{\beta}''(s) &= \left(-\frac{1}{\cos v}\cos\left(\frac{s}{\cos v}\right), -\frac{1}{\cos v}\sin\left(\frac{s}{\cos v}\right), 0\right) \\
\|\widetilde{\beta}''(s)\|^2 &= \frac{1}{\cos^2 v}
\end{aligned}$$

이다. 구면의 점 $\widetilde{\beta}(s)$에서의 단위법벡터장은

$$N\left(\frac{s}{\cos v}, v\right) = \left(\cos v \cos\left(\frac{s}{\cos v}\right), \cos v \sin\left(\frac{s}{\cos v}\right), \sin v\right)$$

이므로 법곡률은

$$\kappa_n(\widetilde{\beta}) = \widetilde{\beta}''(s) \cdot N\left(\frac{s}{\cos v}, v\right) = -1$$

이다. $\widetilde{\beta}(s)$는 반지름이 $\cos v$인 원이므로 $\kappa_g^2 = \kappa^2 - \kappa_n^2$를 이용하면 측지곡률은

$$\kappa_g^2(\widetilde{\beta}(s)) = \frac{1}{\cos^2 v} - 1 = \frac{\sin^2 v}{\cos^2 v}$$

즉 $|\kappa_g| = \left|\frac{\sin v}{\cos v}\right|$이다.

구면의 단위법벡터장을 $N(u, v) = -X(u, v)$로 선택하면 법곡률과 측지곡률에 모두 -1이 곱해질 것이다. 그러므로 법곡률과 측지곡률을 다룰 때 부호는 종종 무시하고 크기를 중요하게 생각한다. 이런 이유로 β의 측지곡률은 절댓값을 구했다.

정리 5.2

곡면 $X : U \to \mathbb{R}^3$에 놓인 곡선 $\gamma(t)$의 법곡률과 측지곡률은 다음과 같다. 이때 N은 곡면의 단위법벡터장이다.

$$\kappa_n = \frac{\gamma''(t) \cdot N}{\|\gamma'(t)\|^2} \tag{5.8}$$

$$\kappa_g = \frac{\det(N, \gamma'(t), \gamma''(t))}{\|\gamma'(t)\|^3} \tag{5.9}$$

증명 곡선 $\gamma(t)$를 호의 길이로 재매개화한 단위속력곡선을 $\beta(s)$라고 하자. 즉 $\beta(s) = \gamma(t(s))$이고 $\frac{ds}{dt} = \|\gamma'(t)\|$이다.

$$\beta'(s) = \gamma'(t)\frac{dt}{ds}$$
$$\beta''(s) = \gamma''(t)\left(\frac{dt}{ds}\right)^2 + \gamma'(t)\frac{d^2t}{ds^2}$$

이므로 법곡률과 측지곡률은 아래와 같다.

$$\begin{aligned}
\kappa_n &= \beta''(s)\cdot N(\beta(s)) \\
&= \left(\gamma''(t)\left(\frac{dt}{ds}\right)^2 + \gamma'(t)\frac{d^2t}{ds^2}\right)\cdot N(\beta(s)) = \frac{\gamma''(t)\cdot N(\beta(s))}{\|\gamma'(t)\|^2} \\
\kappa_g &= \beta''(s)\cdot(N \times \beta'(s)) \\
&= N\cdot(\beta'(s) \times \beta''(s)) = N\cdot\left(\gamma'(t)\frac{dt}{ds} \times \gamma''(t)\left(\frac{dt}{ds}\right)^2\right) \\
&= \left(\frac{dt}{ds}\right)^3 \det(N, (\gamma'(t), \gamma''(t))
\end{aligned}$$

□

5.4 연습문제

5.1 다음 곡면의 단위법벡터장을 구하여라.

a) 원주면 $X(u, v) = (a\cos u, a\sin u, v)$

b) 현수면 $X(u, v) = (\cosh u\cos v, \cosh u\sin v, u)$

5.2 함수 $z = f(x, y)$의 그래프로 주어지는 곡면 M의 단위법벡터장을 구하여라.

5.3 곡면 $X(u,v) = (u, v, u^2 + v^2)$의 곡선 $\gamma(t) = (\cos t, \sin t, 1)$의 법곡률을 구하여라.

5.4 원주면 $X(u,v) = (a\cos u, a\sin u, v)$에 놓인 곡선 $\gamma(t) = (a\cos t, a\sin t, bt)$의 법곡률과 측지곡률을 구하여라.

5.5 곡면에 놓인 곡선의 법곡률과 측지곡률이 모두 0이면 직선임을 보여라.

5.6 곡면에 놓인 곡선이 각 점에서 법곡률이 $\kappa_n = 0$이면 **점근곡선**(asymptotic curve)이라고 부른다. 다음을 보여라.

a) 직선은 점근곡선이다.

b) 곡률이 양인 곡선이 점근곡선이기 위한 필요충분조건은 모든 점에서 곡선의 단위 부법벡터장 $\mathbf{b}$와 곡면의 단위법벡터장 N이 평행한 것이다.

제 6 장

제2기본형

이제까지 알아본 곡면에 놓인 곡선의 휨에 대하여 정리하면 다음과 같다.

- 곡선을 공간 곡선으로 생각하여 가속도벡터장을 구한다.
- 가속도벡터장을 곡면의 접평면 방향과 법벡터 방향의 일차결합으로 표현한다.
  이때 접평면 성분이 측지곡률이고, 법벡터 성분이 법곡률이다.

이제 법곡률을 다른 방법으로 구해보자.

6.1 제2기본형

곡면 $X : U \to \mathbb{R}^3$의 단위법벡터장을 N이라고 하자. 지도 U에서 함수 $e, f, g : U \to \mathbb{R}$를 다음과 같이 정의하자.

$$\begin{aligned} e(u,v) &= X_{uu}(u,v) \cdot N(u,v) \\ f(u,v) &= X_{uv}(u,v) \cdot N(u,v) = X_{vu}(u,v) \cdot N(u,v) \\ g(u,v) &= X_{vv}(u,v) \cdot N(u,v) \end{aligned} \tag{6.1}$$

함수 $e(u,v)$, $f(u,v)$, $g(u,v)$ 또는 이 함수로 이루어진 대칭행렬 $\begin{pmatrix} e(u,v) & f(u,v) \\ f(u,v) & g(u,v) \end{pmatrix}$를 곡면 X의 점 $X(u,v)$에서의 **제2기본형**(second fundamental form)이라고 부른다. 제2기본형은

$$e\,du^2 + 2f\,dudv + g\,dv^2$$

로 표현하기도 한다. 식 (6.1)에서 보듯이 제2기본형은 단위법벡터장에 의존한다.

보기 6.1 공간에 놓인 **평면**은 벡터 $\mathbf{x}$, $\mathbf{y}$, $\mathbf{z} \in \mathbb{R}^3$에 대해서

$$X(u, v) = \mathbf{x}u + \mathbf{y}v + \mathbf{z}$$

로 표현할 수 있다. 이때, $\mathbf{x} \times \mathbf{y} \neq O$이다. $X_u = \mathbf{x}, X_v = \mathbf{y}$가 모두 상수벡터이므로 평면의 단위법벡터 $N = \frac{X_u \times X_v}{\|X_u \times X_v\|}$도 상수벡터이다. 그러므로 $X_{uu} = X_{uv} = X_{vv} = O$이고 따라서 평면의 제2기본형은 0이다.

보기 6.2 반지름이 r인 **구면**

$$X(u, v) = (r \cos u \cos v, r \sin u \cos v, r \sin v)$$

$0 < u < 2\pi$, $-\frac{\pi}{2} < v < \frac{\pi}{2}$에 대하여 단위법벡터장을

$$N(u, v) = -\frac{X_u \times X_v}{\|X_u \times X_v\|} = (-\cos u \cos v, -\sin u \cos v, -\sin v)$$

라 하자.

$$\begin{aligned} X_{uu} &= (-r \cos v \cos u, -r \cos v \sin u, 0) \\ X_{uv} &= (r \sin v \sin u, -r \sin v \cos u, 0) \\ X_{vv} &= (-r \cos v \cos u, -r \cos v \sin u, -\sin v) \end{aligned}$$

로부터

$$\begin{aligned} e &= X_{uu} \cdot N = r \cos^2 v \\ f &= X_{uv} \cdot N = 0 \\ g &= X_{vv} \cdot N = r \end{aligned}$$

이므로 제2기본형은 $r \cos^2 v \, du^2 + r \, dv^2$ 또는

$$\begin{pmatrix} r \cos^2 v & 0 \\ 0 & r \end{pmatrix} \tag{6.2}$$

이다.

문제 6.1 다음 곡면의 제2기본형 $e \, du^2 + 2f \, dudv + g \, dv^2$을 구하여라.

a) 원주면 $X(u, v) = (a \cos u, a \sin u, v)$

b) 현수면 $X(u, v) = (\cosh u \cos v, \cosh u \sin v, u)$

c) 나선면 $X(u, v) = (-\sinh u \sin v, \sinh u \cos v, -v)$

6.2 제2기본형과 법곡률

곡면 $X : U \to \mathbb{R}^3$에 놓인 곡선 $\gamma(t)$는 지도 U에 있는 적당한 곡선 $\alpha(t) = (u(t), v(t))$에 대하여 다음과 같이 표시된다 (그림 6.1).

$$\gamma(t) = X(\alpha(t)) = X(u(t), v(t))$$

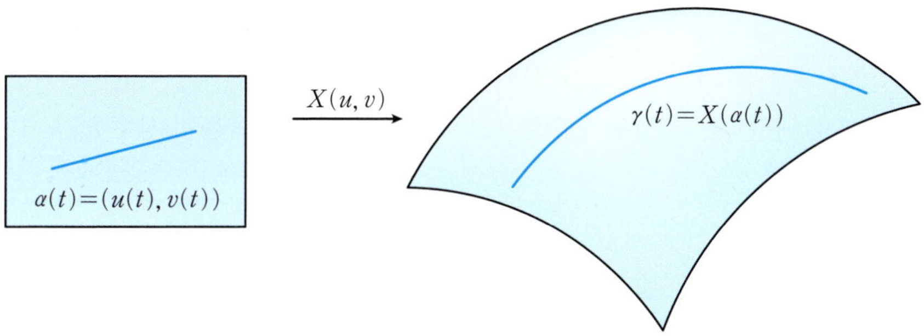

그림 6.1 곡면에 놓인 곡선 $\gamma(t)$

항상 그랬듯이 $\gamma(t)$가 단위속력곡선이라고 가정하고 법곡률을 구해보자.

$$\begin{aligned}\gamma'(t) = &\ u'(t)X_u(u(t), v(t)) + v'(t)X_v(u(t), v(t))\\ \gamma''(t) = &\ u''(t)X_u(u(t), v(t)) + v''(t)X_v(u(t), v(t)) + u'(t)^2X_{uu}(u(t), v(t))\\ &+2u'(t)v'(t)X_{uv}(u(t), v(t)) + v'(t)^2X_{vv}(u(t), v(t))\end{aligned}$$

이므로 법벡터장 N과 내적하여 법곡률 κ_n을 구하면

$$\begin{aligned}\kappa_n &= \gamma''(t) \cdot N(\gamma(t))\\ &= u'(t)^2(X_{uu} \cdot N) + 2u'(t)v'(t)(X_{uv} \cdot N) + v'(t)^2(X_{vv} \cdot N) \qquad (6.3)\\ &= e(u(t), v(t))u'(t)^2 + 2f(u(t), v(t))u'(t)v'(t) + g(u(t), v(t))v'(t)^2\end{aligned}$$

$$= \begin{pmatrix} u'(t) & v'(t) \end{pmatrix} \begin{pmatrix} e(u(t),v(t)) & f(u(t),v(t)) \\ f(u(t),v(t)) & g(u(t),v(t)) \end{pmatrix} \begin{pmatrix} u'(t) \\ v'(t) \end{pmatrix}$$

이다. 즉 제2기본형을 이용하여 곡선의 법곡률을 계산할 수 있다.

보기 6.3 보기 5.4의 구면 $X(u,v) = (\cos u \cos v, \sin u \cos v, \sin v)$, $0 < u < 2\pi$, $-\frac{\pi}{2} < v < \frac{\pi}{2}$에 놓인 단위속력곡선

$$\begin{aligned} \widetilde{\beta}(s) &= X\left(\frac{s}{\cos v}, v\right) \\ &= \left(\cos v \cos\left(\frac{s}{\cos v}\right),\ \cos v \sin\left(\frac{s}{\cos v}\right),\ \sin v\right) \end{aligned} \tag{6.4}$$

의 법곡률을 구해보자. 여기서 $u(s) = \frac{s}{\cos v}$, $v(s) = v$이므로 $u'(s) = \frac{1}{\cos v}$, $v'(s) = 0$이다. 식 (6.2)로부터 구면의 제2기본형은 $\cos^2 v du^2 + dv^2$이다. 그러므로 법곡률은

$$\kappa_n = \begin{pmatrix} \frac{1}{\cos v} & 0 \end{pmatrix} \begin{pmatrix} \cos^2 v & 0 \\ 0 & 1 \end{pmatrix} \begin{pmatrix} \frac{1}{\cos v} \\ 0 \end{pmatrix} = 1 \tag{6.5}$$

이다. 식 (6.4)에서 v는 고정된 상수였으므로 모든 위선은 법곡률이 상수 $\kappa_n = 1$로 다 같다는 것을 알 수 있다.

정리 6.1

곡면 $X(u,v)$에 놓인 곡선 $\gamma(t) = X(u(t), v(t))$의 법곡률은 다음과 같다.

$$\kappa_n = \frac{\begin{pmatrix} u'(t) & v'(t) \end{pmatrix} \begin{pmatrix} e & f \\ f & g \end{pmatrix} \begin{pmatrix} u'(t) \\ v'(t) \end{pmatrix}}{\begin{pmatrix} u'(t) & v'(t) \end{pmatrix} \begin{pmatrix} E & F \\ F & G \end{pmatrix} \begin{pmatrix} u'(t) \\ v'(t) \end{pmatrix}} \tag{6.6}$$

이때 E, F, G와 e, f, g는 각각 곡면 $X(u,v)$의 제1기본형과 제2기본형이다.

증명 곡면의 단위법벡터장을 N이라 하고 정리 5.2를 이용하면 법곡률은

$$\kappa_n = \frac{\gamma''(t) \cdot N}{\|\gamma'(t)\|^2}$$

이다. 식 (6.3)과

$$\|\gamma'(t)\|^2 = \begin{pmatrix} u'(t) & v'(t) \end{pmatrix} \begin{pmatrix} E(u(t), v(t)) & F(u(t), v(t)) \\ F(u(t), v(t)) & G(u(t), v(t)) \end{pmatrix} \begin{pmatrix} u'(t) \\ v'(t) \end{pmatrix}$$

를 이용하면 정리를 얻는다. □

법곡률을 다시 생각해보자. 곡면 $X(u, v)$에 놓인 단위속력곡선 $\gamma(t) = X(u(t), v(t))$의 한 점 $\mathbf{x}_0 = X(u(0), v(0))$에서의 법곡률을 구하는 식 (6.3)에는 곡면에서의 위치를 나타내는 $\mathbf{x}_0$와 속도벡터를 나타내는 $u'(0)$, $v'(0)$만 쓰인다. 그러므로 만일 곡면에 놓인 다른 단위속력곡선 $\delta(t)$가 같은 점 $\delta(0) = \mathbf{x}_0$을 지나고 속도벡터가 같다면 $\delta'(0) = \gamma'(0)$ 법곡률도 같다.[1] 그러므로

곡면 $X(u, v)$의 점 $\mathbf{x}_0 = X(u_0, v_0)$에서의 단위접벡터 $\mathbf{v}$ 방향의 법곡률 $\kappa_n(\mathbf{x}_0, \mathbf{v})$

는 $\gamma(0) = \mathbf{x}_0$이고, $\gamma'(0) = \mathbf{v}$를 만족하는 곡면에 놓인 단위속력곡선 γ의 $\mathbf{x}_0$에서의 법곡률로 정의한다.

6.3 주곡률

곡면 $X : U \to \mathbb{R}^3$의 점 $\mathbf{x}_0 = X(u_0, v_0)$에서의 단위접벡터 $\mathbf{v}$ 방향의 법곡률 $\kappa_n(\mathbf{x}_0, \mathbf{v})$를 생각하자. 단위접벡터 $\mathbf{v}$가 접평면 $T_{\mathbf{x}_0}X$에서 변할 때 법곡률 $\kappa_n(\mathbf{x}_0, \mathbf{v})$의 최댓값 또는 최솟값을 **주곡률**(principal curvature)이라고 정의하고, 주곡률을 주는 단위접벡터를 **주방향**(principal vector)이라고 정의한다. 주곡률과 주방향을 구체적으로 구해보자.

곡면의 점 $\mathbf{x}_0$에서의 접평면 $T_{\mathbf{x}_0}X$의 기저는 $\{X_u(u_0, v_0), X_v(u_0, v_0)\}$이므로 임의의 접벡터 $\mathbf{v} = xX_u(u_0, v_0) + yX_v(x_o, v_0) \in T_{\mathbf{x}_0}X$가 단위벡터가 되려면

$$(xX_u(u_0, v_0) + yX_v(u_0, v_0)) \cdot (xX_u(u_0, v_0) + yX_v(u_0, v_0)) = Ex^2 + 2Fxy + Gy^2 = 1$$

이어야 한다. 그러므로 점 $T_{\mathbf{x}_0}X$의 단위접벡터를 모은 집합은

$$\{(x, y) \in \mathbb{R}^2 \mid Ex^2 + 2Fxy + Gy^2 = 1\}$$

[1] 그러면 $\gamma''(0)$과 $\delta''(0)$의 달라질 수 있는 것은 접평면의 성분(측지곡률)이겠다.

이다. 단위벡터 $\mathbf{v} = xX_u(u_0, v_0) + yX_v(u_0, v_0)$ 방향으로의 법곡률은

$$\kappa_n(\mathbf{x}_0, \mathbf{v}) = ex^2 + 2fxy + gy^2$$

이다. 그러므로 법곡률의 주곡률을 구하는 것은 결국 아래의 문제가 된다.

> 식 $h(x,y) = Ex^2 + 2Fxy + Gy^2 = 1$을 만족시키는 점 (x,y)에 대해서 함수 $k(x,y) = ex^2 + 2fxy + gy^2$의 최댓값과 최솟값을 구하여라.

이제 정리 4.2의 라그랑주 승수를 이용하여 풀 수 있다. 즉 최댓값 또는 최솟값을 주는 점을 $(\tilde{x}, \tilde{y})$라고 하면 적당한 실수 λ에 대하여 $\nabla k(\tilde{x}, \tilde{y}) = \lambda \nabla h(\tilde{x}, \tilde{y})$이다.

$$(e\tilde{x} + f\tilde{y}, f\tilde{x} + g\tilde{y}) = \lambda(E\tilde{x} + F\tilde{y}, F\tilde{x} + G\tilde{y})$$

행렬을 이용하여 다시 쓰면

$$\begin{pmatrix} e & f \\ f & g \end{pmatrix} \begin{pmatrix} \tilde{x} \\ \tilde{y} \end{pmatrix} = \lambda \begin{pmatrix} E & F \\ F & G \end{pmatrix} \begin{pmatrix} \tilde{x} \\ \tilde{y} \end{pmatrix} \tag{6.7}$$

이므로

$$\begin{aligned} k(\tilde{x}, \tilde{y}) &= \begin{pmatrix} \tilde{x} & \tilde{y} \end{pmatrix} \begin{pmatrix} e & f \\ f & g \end{pmatrix} \begin{pmatrix} \tilde{x} \\ \tilde{y} \end{pmatrix} \\ &= \lambda \begin{pmatrix} \tilde{x} & \tilde{y} \end{pmatrix} \begin{pmatrix} E & F \\ F & G \end{pmatrix} \begin{pmatrix} \tilde{x} \\ \tilde{y} \end{pmatrix} \\ &= \lambda h(\tilde{x}, \tilde{y}) = \lambda \end{aligned}$$

이다. 즉 라그랑주 승수 λ가 $k(x,y)$의 최댓값 또는 최솟값이 된다. 그러므로 식 (6.7)에서 다음과 같이 λ를 구한다.

$$\begin{pmatrix} e - \lambda E & f - \lambda F \\ f - \lambda F & g - \lambda G \end{pmatrix} \begin{pmatrix} \tilde{x} \\ \tilde{y} \end{pmatrix} = 0$$

벡터 $(\tilde{x}, \tilde{y}) \in h^{-1}(1)$이므로 영벡터가 아니기 때문에 행렬 $\begin{pmatrix} e - \lambda E & f - \lambda F \\ f - \lambda F & g - \lambda G \end{pmatrix}$는 가역행렬이 아니다. 그러므로

$$\det\begin{pmatrix} e-\lambda E & f-\lambda F \\ f-\lambda F & g-\lambda G \end{pmatrix} = 0$$

을 만족하는 λ가 주곡률이 된다. 각각의 주곡률 λ에 대하여

$$\begin{pmatrix} e-\lambda E & f-\lambda F \\ f-\lambda F & g-\lambda G \end{pmatrix}\begin{pmatrix} \tilde{x} \\ \tilde{y} \end{pmatrix} = 0$$

을 만족하는 벡터 $(\tilde{x}, \tilde{y}) \in h^{-1}(1)$이 주방향이 된다.

이제 제1기본형과 제2기본형의 행렬 표현을 $\mathcal{F}_I$, $\mathcal{F}_{II}$라 하고, 식 (6.7)을 다시 표현하자. 이때 $\mathbf{v} = (\tilde{x}, \tilde{y})$는 단위접벡터, 즉 $E\tilde{x}^2 + 2F\tilde{x}\tilde{y} + G\tilde{y}^2 = 1$을 만족한다.

$$\mathcal{F}_{II}\mathbf{v} = \lambda\mathcal{F}_I\mathbf{v}$$

제1기본형 $\mathcal{F}_I$은 가역행렬이므로

$$\mathcal{F}_I^{-1}\mathcal{F}_{II}\mathbf{v} = \lambda\mathbf{v}$$

이다. 그러므로 행렬 $\mathcal{F}_I^{-1}\mathcal{F}_{II}$의 **고윳값**이 주곡률이고, **고유벡터**가 주방향이다.

6.4 연습문제

6.1 곡면 $X(u,v)$에서 정의된 단위법벡터장 $N(u,v)$와 제2기본형 $e(u,v)$, $f(u,v)$, $g(u,v)$에 대해서 다음을 보여라.

a) $e = -N_u \cdot X_u$

b) $f = -N_u \cdot X_v$

c) $g = -N_v \cdot X_v$

6.2 곡면 $X(u,v)$에 놓인 단위속력곡선 $\gamma(s)$의 법곡률 κ_n이 다음과 같음을 보여라. 이때 N은 곡면 X의 단위법벡터장이다.

$$\kappa_n = -D_{\gamma'(s)}N(\gamma(s))\cdot\gamma'(s) \tag{6.8}$$

6.3 **현수면** $X(u,v) = (\cosh u \cos v, \cosh u \sin v, u)$에 놓인 곡선 $\alpha(t) = X(u,t)$와 $\beta(t) = X(t,v)$의 법곡률을 구하여라.

6.4 곡면 $X(u,v) = (u\cos v, u\sin v, \ln u)$의 곡선이 $\ln u = \pm(v+c)$를 만족하면 **점근곡선**, 즉 모든 점에서 법곡률이 $\kappa_n = 0$인 곡선임을 보여라. 이때, c는 임의의 상수이다.

6.5 **원기둥** $X(u,v) = (\cos u, \sin u, v)$, $0 < u < 2\pi, v \in \mathbb{R}$의 임의의 점 $X(u_0, v_0)$에서 주곡률과 주방향을 구하여라.

6.6 xz평면에 있는 중심이 $(R,0)$이고 반지름이 r인 원을 z축을 중심으로 회전하여 얻은 **원환면** $X(u,v)$의 각 점에서 주곡률과 주방향을 구하여라. 이때, $R > r > 0$이다.

$$X(u,v) = ((R + r\cos u)\cos v, (R + r\cos u)\sin v, r\sin u) \tag{6.9}$$

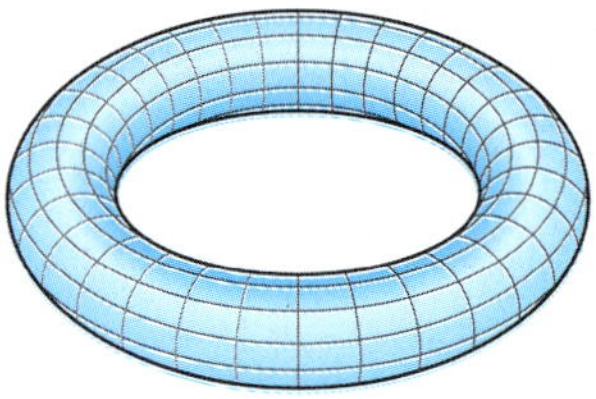

그림 6.2 원환면

제 7 장

가우스 곡률과 평균곡률

7.1 가우스 곡률과 평균곡률

정의 7.1

곡면 $X : U \to \mathbb{R}^3$의 점 $\mathbf{x}_0 = X(u_0, v_0)$에서의 주곡률을 각각 κ_1, κ_2라고 하자. 주곡률의 곱(기하평균의 제곱)을 점 $\mathbf{x}_0$에서의 **가우스 곡률**(Gaussian curvature)이라 정의하고 $K(\mathbf{x}_0)$으로 쓴다.

$$K(\mathbf{x}_0) = \kappa_1 \kappa_2$$

또 주곡률의 산술평균을 점 $\mathbf{x}_0$에서의 **평균곡률**(mean curvature)이라 정의하고 $H(\mathbf{x}_0)$으로 쓴다.

$$H(\mathbf{x}_0) = \frac{1}{2}(\kappa_1 + \kappa_2)$$

주곡률은 행렬 $\mathcal{S} = \mathcal{F}_I^{-1}\mathcal{F}_{II}$의 고윳값이므로 가우스 곡률과 평균곡률은 $\mathcal{S}$의 행렬식과 대각합(의 반)이다.

$$K = \det(\mathcal{F}_I^{-1}\mathcal{F}_{II}) = \frac{eg - f^2}{EG - F^2} \tag{7.1}$$

$$H = \frac{1}{2}\mathrm{tr}(\mathcal{F}_I^{-1}\mathcal{F}_{II}) = \frac{eG - 2fF + gE}{2(EG - F^2)} \tag{7.2}$$

보기 7.1 **평면**의 단위법벡터장 N은 상수벡터장이므로 $N_u = N_v = O$이고, 따라서 제2 기본형은

$$e = f = g = 0$$

이다 (보기 6.1). 그러므로 평면의 모든 점에서 가우스 곡률과 평균곡률은 모두 0이다.

보기 7.2 반지름이 r인 **구면** $X(u,v) = (r\cos u\cos v, r\sin u\cos v, r\sin v)$, $0 < u < 2\pi$, $-\frac{\pi}{2} < v < \frac{\pi}{2}$의 제1기본형과 제2기본형은

$$\mathcal{F}_I = \begin{pmatrix} r^2\cos^2 v & 0 \\ 0 & r^2 \end{pmatrix}, \quad \mathcal{F}_{II} = \begin{pmatrix} r\cos^2 v & 0 \\ 0 & r \end{pmatrix}$$

이므로(보기 4.3, 6.2) 가우스 곡률과 평균곡률은 각각

$$\begin{aligned} K &= \det(\mathcal{F}_I^{-1}\mathcal{F}_{II}) = \frac{\det\mathcal{F}_{II}}{\det\mathcal{F}_I} = \frac{1}{r^2} \\ H &= \frac{1}{2}\mathrm{tr}(\mathcal{F}_I^{-1}\mathcal{F}_{II}) = \frac{1}{r} \end{aligned} \tag{7.3}$$

이다.

매개곡면의 제1기본형과 제2기본형을 나타내는 두 행렬 $\mathcal{F}_I$, $\mathcal{F}_{II}$는 매개방정식의 표현에 의존한다. 즉 곡면을 재매개화하면 제1기본형과 제2기본형의 행렬 표현도 바뀔것이다. 그렇다면 이 행렬을 이용하여 구한 가우스 곡률과 평균곡률이 정말로 곡면의 기하적 성질을 나타낸다고 할 수 있을까? 구체적으로 매개곡면 $X(u,v)$를 미분동형사상 $\phi(s,t) = (u(s,t), v(s,t))$를 이용하여 재매개화한 곡면 $Y(s,t) = X(\phi(s,t))$를 생각하자. $\phi(s,t)$의 야코비 행렬을 $J = \begin{pmatrix} u_s & u_t \\ v_s & v_t \end{pmatrix}$라 하자. X의 제1기본형 E, F, G와 Y의 제1기본형 $\tilde{E}$, $\tilde{F}$, $\tilde{G}$의 관계는

$$\begin{pmatrix} \tilde{E} & \tilde{F} \\ \tilde{F} & \tilde{G} \end{pmatrix} = J^T \begin{pmatrix} E\circ\phi & F\circ\phi \\ F\circ\phi & G\circ\phi \end{pmatrix} J$$

이다(식 (4.12) 참고). 마찬가지로 곡면 X의 제2기본형 e, f, g와 Y의 제2기본형 $\tilde{e}$, $\tilde{f}$, $\tilde{g}$의 관계는

$$\begin{pmatrix} \tilde{e} & \tilde{f} \\ \tilde{f} & \tilde{g} \end{pmatrix} = J^T \begin{pmatrix} e\circ\phi & f\circ\phi \\ f\circ\phi & g\circ\phi \end{pmatrix} J$$

이다. 그러므로

$$\widetilde{\mathcal{F}}_I^{-1}\widetilde{\mathcal{F}}_{II} = (J^T\mathcal{F}_I J)^{-1}(J^T\mathcal{F}_{II}J) = J^{-1}\mathcal{F}_I^{-1}\mathcal{F}_{II}J$$

이다. 선형대수학에서 배운 것을 되새기면 양변의 **행렬식**(determinant)과 **대각합**(trace)이 같다는 것을 안다.[1]

[1]사실 행렬 $\mathcal{F}_I^{-1}\mathcal{F}_{II}$는 접평면에서 정의된 모양연산자라는 선형사상의 행렬표현이다. 선형사상을 행렬로 표현할 때 기저의 선택에 따라 다른 행렬을 얻지만 **행렬식**과 **대각합**은 변하지 않는다. 모양연산자는 8장에서 다룬다.

그러므로 가우스 곡률과 평균곡률은 곡면의 매개변수 표현과 상관없이 곡면 자체의 기하적 성질을 나타낸다. 예를 들어서 반지름이 1인 구의 가우스 곡률과 평균곡률을 구하기 위하여 구면좌표계를 이용한 지도

$$X_1(u,v) = (\cos u \cos v, \sin u \cos v, \sin v)$$

를 사용하나, 극사영을 이용한 지도

$$X_2(u,v) = \left(\frac{2u}{1+u^2+v^2}, \frac{2v}{1+u^2+v^2}, \frac{u^2+v^2-1}{1+u^2+v^2}\right) \tag{7.4}$$

을 사용해도 같은 값을 얻는다.

문제 7.1 구의 가우스 곡률과 평균곡률을 식 (7.4)를 사용하여 구하여라.

평균곡률이 모든 점에서 0인 곡면을 **극소곡면**(minimal surface)이라고 한다.

보기 7.3 평면은 보기 7.1에서 보았듯이 평균곡률이 0이므로 극소곡면이다.

보기 7.4 xz평면에 있는 곡선 $x = \cosh z$를 z축을 중심으로 회전시켜서 얻은 **현수면**이 극소곡면임을 보이자. 현수면을 아래와 같이 매개곡면으로 나타내고

$$X(u,v) = (\cosh u \cos v, \cosh u \sin v, u) \tag{7.5}$$

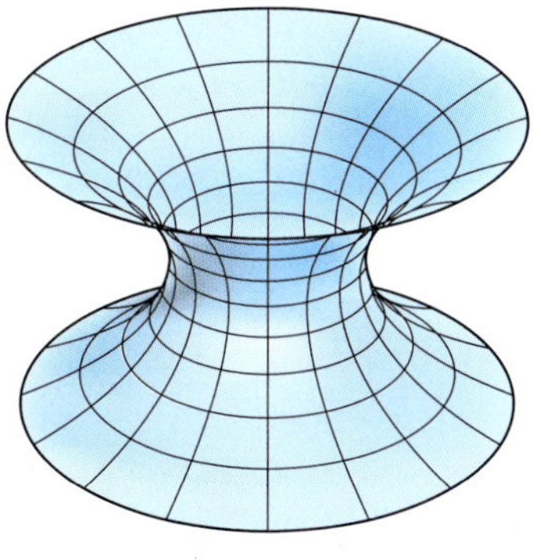

그림 7.1 현수면

단위법벡터장을 $N(u,v) = (-\mathrm{sech} u \cos v, -\mathrm{sech} u \sin v, \tanh u)$로 선택하자. 그러면 제1기본형과 제2기본형은

$$\mathcal{F}_I = \begin{pmatrix} \cosh^2 u & 0 \\ 0 & \cosh^2 u \end{pmatrix}, \quad \mathcal{F}_{II} = \begin{pmatrix} -1 & 0 \\ 0 & 1 \end{pmatrix} \tag{7.6}$$

이다. 그러므로 평균곡률은

$$\begin{aligned} H &= \frac{1}{2}\mathrm{tr}(\mathcal{F}_I^{-1}\mathcal{F}_{II}) \\ &= \frac{1}{2}\left(\frac{-1}{\cosh^2 u} + \frac{1}{\cosh^2 u}\right) \\ &= 0 \end{aligned}$$

이다. 회전면 중에서 극소곡면은 현수면과 평면뿐이다.

보기 7.5 **나선면**(helicoid)은 어떤 직선 L을 L과 수직으로 만나는 다른 직선 A를 중심으로 일정한 속도로 회전하며 동시에 A를 따라 움직여서 얻어진 곡면이다. 예를 들어 x축이 z축을 중심으로 v만큼 회전하며 동시에 z축을 따라서 v시간 뒤에 두 직선의 교점인 원점이 $(0, 0, cv)$가 되도록 움직이자 (그림 7.2). 이때 c는 고정된 상수다. 이 나선면을 매개곡면으로 표현하면 아래와 같다.

$$X(u, v) = (u\cos v, u\sin v, cv) \tag{7.7}$$

나선면은 극소곡면이다. 나선면은 또한 직선들이 모여서 이룬 **선직면**이다. 선직면 중에서 극소곡면은 나선면과 평면뿐이다.

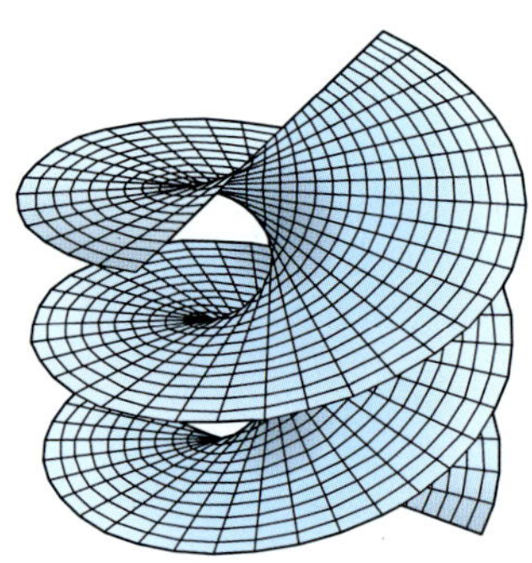

그림 7.2 나선면

7.2 가우스 곡률과 곡면의 휨

가우스 곡률의 부호가 곡면의 휨에 대하여 무엇을 알려주는지 생각해보자.

정의 7.2

곡면 $X(u,v)$의 한 점 $\mathbf{x}_0 = X(u_0,v_0)$과 접벡터 $\mathbf{v}_0 \in T_{\mathbf{x}_0}X$가 주어졌다. 점 $\mathbf{x}_0$을 지나고 $\mathbf{v}_0$과 법벡터 $N(u_0,v_0)$을 포함하는 평면을 Π라고 하자. 평면 Π와 곡면 X가 만나서 이루는 곡선 $\Pi \cap X(u,v)$를 점 $\mathbf{x}_0$에서 $\mathbf{v}_0$ 방향으로의 **법곡선**(normal section) 혹은 **법단면**이라고 한다 (그림 7.3).

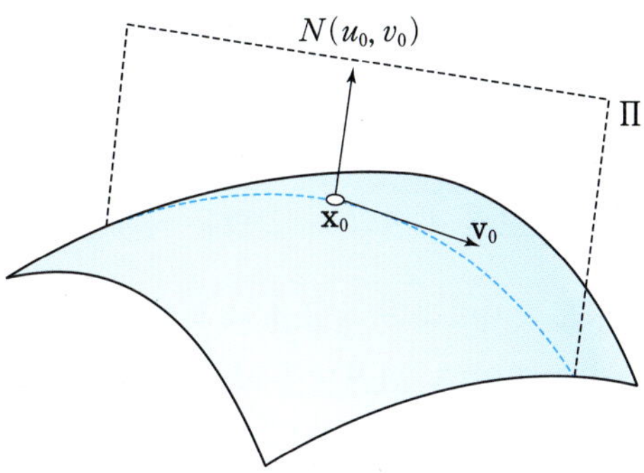

그림 **7.3** 법곡선

보기 7.6 구면의 대원은 법곡선이다.

정리 7.1

곡면 X에 놓인 단위속력곡선 $\gamma(s)$가 점 $\gamma(0) = \mathbf{x}_0$에서 $\gamma'(0) = \mathbf{v}$ 방향으로의 법곡선이라고 하자. 그러면 $\gamma(s)$의 $\mathbf{x}_0$에서의 곡률 $\kappa(\mathbf{x}_0)$과 곡면 X에서의 법곡률 $\kappa_n(\mathbf{x}_0,\mathbf{v})$가 다음과 같은 관계를 가진다.

$$\kappa(\mathbf{x}_0) = \pm\kappa_n(\mathbf{x}_0,\mathbf{v}) \tag{7.8}$$

이때, 부호는 γ의 단위주법벡터장 $\mathbf{n}$과 곡면의 법벡터장 N이 $\mathbf{x}_0$에서 같은 방향이면 양수, 반대방향이면 음수이다.

증명 법곡선 $\gamma(s)$는 평면 $\Pi = \langle \mathbf{v}, N(u_0, v_0) \rangle$에 들어있으므로 $\gamma''(s) \in \Pi$이다. $\gamma(s)$가 단위속력곡선이므로 단위주법벡터장은 $\mathbf{n}(s) = \frac{\gamma''(s)}{\|\gamma''(s)\|}$이므로 $\mathbf{n}(0) \in \Pi$이다. 또한 단위속력곡선이므로 $\gamma''(s) \perp \gamma'(s)$이고, 특별히 $s = 0$에서 $\mathbf{n}(0) \perp \mathbf{v}$이다. 따라서 $\mathbf{n}(0)$은 $N(u_0, v_0)$과 평행하다. $\kappa(\mathbf{x}_0) = \gamma''(0) \cdot \mathbf{n}(0)$이고 $\kappa_n(\mathbf{x}, \mathbf{v}) = \gamma''(0) \cdot N(u_0, v_0)$이므로

$$\begin{cases} \mathbf{n}(0) = N(u_0, v_0)\text{이면} & \kappa(\mathbf{x}_0) = \kappa_n(\mathbf{x}_0, \mathbf{v}) \\ \mathbf{n}(0) = -N(u_0, v_0)\text{이면} & \kappa(\mathbf{x}_0) = -\kappa_n(\mathbf{x}_0, \mathbf{v}) \end{cases} \tag{7.9}$$

이다. □

곡면의 한 점 $\mathbf{x}_0$의 주곡률이 κ_1, κ_2이고, 주곡률을 법곡률로 가지는 법곡선을 각각 γ_1, γ_2라고 하자. 정리 7.1에 의해 주곡률의 부호는 법곡선의 휘는 방향, 즉 오목과 볼록에 대한 정보를 알려준다.

(1) 만일 가우스 곡률 $K > 0$이라면 주곡률 κ_1과 κ_2의 부호가 같다. 즉 두 법곡선 γ_1과 γ_2가 같은 방향으로 휘어있으므로 곡면의 $\mathbf{x}_0$ 근방은 극대점 혹은 극소점으로 보일 것이다.

(2) 만일 가우스 곡률이 $K < 0$이라면 주곡률 κ_1과 κ_2의 부호가 다르다. 즉 법곡선 γ_1과 γ_2가 서로 반대 방향으로 휘었다. 그러므로 곡면의 $\mathbf{x}_0$ 근방은 안장점처럼 보일 것이다.

(3) 만일 어떤 영역에서 가우스 곡률이 0이라면 어떤 모양일까?

보기 7.7 xz평면에 있는 중심이 $(R, 0)$이고 반지름이 r인 원을 z축을 중심으로 회전하여 얻은 **원환면**(torus) $X(u, v)$를 생각하자. 이때, $R > r > 0$이다.

$$X(u, v) = ((R + r\cos u)\cos v, (R + r\cos u)\sin v, r\sin u)$$

원환면의 임의의 점 $X(u, v)$에서의 주곡률은 각각

$$\kappa_1 = \frac{1}{r}, \quad \kappa_2 = \frac{\cos u}{R + r\cos u} \tag{7.10}$$

이므로 가우스 곡률은

$$K = \frac{\cos u}{r(R + r\cos u)} \tag{7.11}$$

이다. 가우스 곡률의 부호가 어떻게 변하는가?

보기 7.8 함수 $z = f(x, y)$의 **그래프**로 주어진 곡면의 가우스 곡률을 구하자. 주어진 그래프를 매개곡면

$$X(u, v) = (u, v, f(u, v))$$

로 표현하자. $X_u = (1, 0, f_u)$, $X_v = (0, 1, f_v)$이므로 제1기본형은

$$\mathcal{F}_I = \begin{pmatrix} X_u \cdot X_u & X_u \cdot X_v \\ X_v \cdot X_u & X_v \cdot X_v \end{pmatrix} = \begin{pmatrix} 1 + f_u^2 & f_u f_v \\ f_u f_v & 1 + f_v^2 \end{pmatrix}$$

이다. 곡면의 단위법벡터장은

$$N = \frac{X_u \times X_v}{\|X_u \times X_v\|} = \frac{1}{\sqrt{1 + f_u^2 + f_v^2}}(-f_u, -f_v, 1)$$

이라 하자.

$$X_{uu} = (0, 0, f_{uu})$$
$$X_{uv} = (0, 0, f_{uv})$$
$$X_{vv} = (0, 0, f_{vv})$$

이므로 제2기본형은

$$\mathcal{F}_{II} = \frac{1}{\sqrt{1 + f_u^2 + f_v^2}} \begin{pmatrix} f_{uu} & f_{uv} \\ f_{uv} & f_{vv} \end{pmatrix}$$

이다. 그러므로 가우스 곡률은

$$K = \det(\mathcal{F}_I^{-1} \mathcal{F}_{II}) = \frac{f_{uu} f_{vv} - f_{uv}^2}{(1 + f_u^2 + f_v^2)^2} \tag{7.12}$$

이다.

보기 7.8에서 만약 지도의 점 (u_0, v_0)이 f의 특이점 즉 $\nabla f(u_0, v_0) = 0$이라면, 곡면의 점 $X_0 = X(u_0, v_0)$에서의 가우스 곡률은

$$K = f_{uu} f_{vv} - f_{uv}^2 = \begin{vmatrix} f_{uu} & f_{uv} \\ f_{uv} & f_{vv} \end{vmatrix} = Hf(u_0, v_0)$$

이다. 즉 가우스 곡률이 f의 **헤시안**(Hessian)과 같다. 또한 $K = Hf(u_0, v_0) > 0$이면 f가 (u_0, v_0)에서 극댓값 혹은 극솟값을 가지고, $K = Hf(u_0, v_0) < 0$이면 (u_0, v_0)이 f의 안장점

이다.

유계이고 경계가 없이 닫힌 곡면을 **폐곡면**이라고 한다(폐곡면의 예는 그림 10.3과 10.4이다). 구와 원환면은 폐곡면이다. 폐곡면에는 직관적으로 가우스 곡률이 양이 되는 점이 반드시 존재하여야 할 것 같지 않은가?

정리 7.2

폐곡면 S에는 가우스 곡률이 양의 값이 되는 점이 반드시 존재한다.

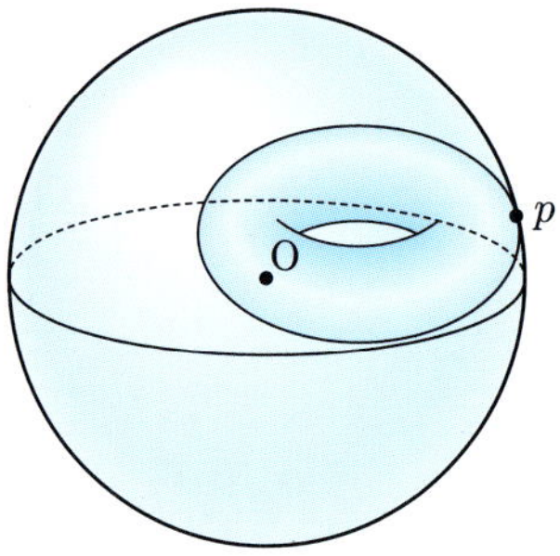

그림 7.4 폐곡면과 가우스 곡률

증명 연속함수 $f:\mathbb{R}^3\to\mathbb{R}$, $f(x)=\|x\|^2$를 생각하자. 폐곡면은 옹골집합이므로 연속함수 f는 S에서 최댓값을 가진다. 즉 폐곡면 S의 점 p가 존재하여 임의의 점 $x\in S$에 대하여 $f(x)\le f(p)$ (즉 $\|x\|\le\|p\|$)이다. 그러므로 중심이 원점이고 반지름이 $\|p\|$인 구를 B라고 하면

$$B=\{x\in\mathbb{R}^3 \mid \|x\|\le\|p\|\}$$

곡면 S는 B에 포함되고 구면 ∂B와 p에서 접한다 (그림 7.4). 그러므로 직관적으로 p에서 S의 가우스 곡률은 구면 ∂B의 가우스 곡률 $\frac{1}{\|p\|^2}$보다 크거나 같기 때문에 양수이다. 이를 엄밀하게 보이면 다음과 같다.

곡선 $\gamma(t)$는 $\gamma(0)=p$인 곡면 S에 놓인 단위속력곡선이라고 하자. 그러면 $f(\gamma(t))$는 $t=0$에서 극댓값을 가진다. 그러므로

$$\left.\frac{d}{dt}\right|_{t=0} f(\gamma(t))=0,\quad \left.\frac{d^2}{dt^2}\right|_{t=0} f(\gamma(t))\le 0 \tag{7.13}$$

이다. $f(\gamma(t))=\|\gamma(t)\|^2=\gamma(t)\cdot\gamma(t)$이므로 식 (7.13)은 각각

$$\gamma(0)\cdot\gamma'(0) = 0 \tag{7.14}$$

$$\gamma(0)\cdot\gamma''(0) + \gamma'(0)\cdot\gamma'(0) \le 0 \tag{7.15}$$

이다. 곡선 $\gamma(t)$는 $\gamma(0) = p$이고 곡면에 놓인 단위속력곡선이었으므로 $\gamma'(0) \in T_pS$, $\gamma'(0)\cdot\gamma'(0) = 1$이다. 그러므로 식 (7.14)는 벡터 $\gamma(0) = p$가 접평면 T_pS에 수직임을 말해준다. 따라서 곡면 S의 단위법벡터장을 N이라 하면 점 p에서

$$N = \pm\frac{p}{\|p\|}$$

이다. 식 (7.15)에 $p = \pm\|p\|N$과 $\gamma'(0)\cdot\gamma'(0) = 1$을 대입하면

$$\pm\|p\|N\cdot\gamma''(0) + 1 \le 0$$

이다. 그러므로 γ의 p에서의 법곡률 κ_n은 $\kappa_n \le -\frac{1}{\|p\|}$이거나 $\kappa_n \ge \frac{1}{\|p\|}$이다.

곡선 $\gamma(t)$는 f가 극댓값을 가지는 점 p를 지나는 임의의 곡선이었으므로 속도벡터 $\gamma'(0)$도 접평면 T_pS의 임의의 단위벡터이다. 그러므로 임의의 단위접벡터 $\mathbf{v} \in T_pS$에 대하여 $\kappa_n(p, \mathbf{v})$는 항상 $-\frac{1}{\|p\|}$보다 작거나 같거나 항상 $\frac{1}{\|p\|}$보다 크거나 같다는 것을 알 수 있다. 따라서 S의 p에서의 가우스 곡률은 어떤 경우에도 $\frac{1}{\|p\|^2}$보다 크거나 같아야 하므로 양수이다. □

7.3 곡면의 방정식

제1기본형 E, F, G와 제2기본형 e, f, g는 곡면에서 정의된 함수이고, 이들을 이용하여 가우스 곡률을 계산할 수 있다 (식 (7.1)). 그런데 어떤 함수들이 곡면의 제1기본형과 제2기본형이 될 수 있을까? 또 제1기본형과 제2기본형은 어떤 관계일까?

정리 7.3 가우스 방정식

매개곡면 $X(u,v)$에 대하여 다음 관계식이 성립한다.

$$X_{uu} = \Gamma^1_{11}X_u + \Gamma^2_{11}X_v + eN$$
$$X_{uv} = \Gamma^1_{12}X_u + \Gamma^2_{12}X_v + fN$$

$$X_{vv} = \Gamma_{22}^1 X_u + \Gamma_{22}^2 X_v + gN$$

여기서 N은 곡면의 단위법벡터장이고,

$$\Gamma_{11}^1 = \frac{GE_u - 2FF_u + FE_v}{2(EG - F^2)}, \qquad \Gamma_{11}^2 = \frac{2EF_u - EE_v - FE_u}{2(EG - F^2)}$$

$$\Gamma_{12}^1 = \frac{GE_v - FG_u}{2(EG - F^2)}, \qquad \Gamma_{12}^2 = \frac{EG_u - FE_v}{2(EG - F^2)}$$

$$\Gamma_{22}^1 = \frac{2GF_v - GG_u - FG_v}{2(EG - F^2)}, \qquad \Gamma_{22}^2 = \frac{EG_v - 2FF_v + FG_u}{2(EG - F^2)}$$

이다.

이 여섯 개의 Γ_{jk}^i를 **크리스토펠 기호**(Christoffel symbol)라고 부른다.

증명 세 벡터 $\{X_u, X_v, N\}$이 $\mathbb{R}^3$의 기저이므로 X_{uu}는 실숫값을 가지는 함수 a_1, a_2, a_3에 대하여 다음과 같이 쓸 수 있다.

$$X_{uu} = a_1 X_u + a_2 X_v + a_3 N \tag{7.16}$$

양변에 N을 내적하면

$$X_{uu} \cdot N = e = a_3$$

을 얻는다. 이제 식 (7.16)의 양변에 X_u와 X_v를 각각 내적하여 아래의 두 식을 얻는다.

$$Ea_1 + Fa_2 = X_{uu} \cdot X_u = \frac{1}{2}E_u \tag{7.17}$$

$$Fa_1 + Ga_2 = X_{uu} \cdot X_v = (X_u \cdot X_v)_u - X_u \cdot X_{uv} = F_u - \frac{1}{2}E_v \tag{7.18}$$

이 두 방정식을 풀어서

$$a_1 = \frac{GE_u - 2FF_u + FE_v}{2(EG - F^2)} = \Gamma_{11}^1$$

$$a_2 = \frac{2EF_u - EE_v - FE_u}{2(EG - F^2)} = \Gamma_{11}^2$$

를 얻는다. 나머지 관계식도 같은 방법으로 얻는다. □

정리 7.4 Codazzi-Mainardi 방정식

매개곡면 $X(u,v)$에 대하여 다음 관계식이 성립한다.

$$e_v - f_u = e\Gamma_{12}^1 + f(\Gamma_{12}^2 - \Gamma_{11}^1) - g\Gamma_{11}^2 \tag{7.19}$$

$$f_v - g_u = e\Gamma_{22}^1 + f(\Gamma_{22}^2 - \Gamma_{12}^1) - g\Gamma_{12}^2 \tag{7.20}$$

증명 등식 $(X_{uu})_v = (X_{uv})_u$에 가우스 방정식을 대입하면

$$(\Gamma_{11}^1 X_u + \Gamma_{11}^2 X_v + eN)_v = (\Gamma_{12}^1 X_u + \Gamma_{12}^2 X_v + fN)_u$$

를 얻는다. 미분을 하고 가우스 방정식을 다시 대입하면 아래와 같다.

$$\begin{aligned}
&\left(\frac{\partial\Gamma_{11}^1}{\partial v} - \frac{\partial\Gamma_{12}^1}{\partial u}\right) X_u + \left(\frac{\partial\Gamma_{11}^2}{\partial v} - \frac{\partial\Gamma_{12}^2}{\partial u}\right) X_v + (e_v - f_v)N \\
&= \Gamma_{12}^1 X_{uu} + (\Gamma_{12}^2 - \Gamma_{11}^1)X_{uv} - \Gamma_{11}^2 X_{vv} - eN_v + fN_u \\
&= \Gamma_{12}^1(\Gamma_{11}^1 X_u + \Gamma_{11}^2 X_v + eN) + (\Gamma_{12}^2 - \Gamma_{11}^1)(\Gamma_{12}^1 X_u + \Gamma_{12}^2 X_v + fN) \\
&\quad - \Gamma_{11}^2(\Gamma_{22}^1 X_u + \Gamma_{22}^2 X_v + gN) - eN_v + fN_u
\end{aligned}$$

그런데 N은 단위벡터장이므로 N_u, N_v와 수직하고, X_u와 X_v도 접벡터이므로 N과 수직하다. 그러므로 양변에 벡터 N을 내적하면

$$e_v - f_u = e\Gamma_{12}^1 + f(\Gamma_{12}^2 - \Gamma_{11}^1) - g\Gamma_{11}^2$$

식 (7.19)를 얻는다. 같은 방법을 등식 $(X_{uv})_v = (X_{vv})_u$에 적용하면 식 (7.20)을 얻는다. □

가우스 방정식과 Codazzi-Mainardi 방정식은 어떤 의미일까? 가우스 방정식을 살펴보면 크리스토펠 기호 Γ_{jk}^i는 모두 제1기본형이 결정한다. 그리고 Codazzi-Mainardi 방정식 또한 제1기본형과 제2기본형이 얽혀 있다. 그러므로 곡면에서 정의된 임의의 함수가 모두 제1기본형과 제2기본형이 될 수 있는 것이 아니라 최소한 가우스 방정식과 Codazzi-Mainardi 방정식을 만족시켜야 한다. 즉 가우스 방정식과 Codazzi-Mainardi 방정식은 함수가 곡면의 제1기본형이나 제2기본형이 되는 필요조건이다. 다른 관계식을 더 찾을 수 있을까? 다음 정리에 의하면 더 이상의 관계식은 존재하지 않는다.

정리 7.5 보네 정리 Bonnet theorem

(1) 열린 집합 $U \subset \mathbb{R}^2$에서 정의된 미분가능한 함수 E, F, G, e, f, g가 $E > 0$, $G > 0$, $EG - F^2 > 0$이고, 가우스 방정식과 Codazzi-Mainardi 방정식을 만족한다고 하자. 그러면 적당한 매개곡면 $X : V \subset U \to \mathbb{R}^3$이 존재하여 E, F, G는 X의 제1기본형이고 e, f, g는 제2기본형이 된다.

(2) 두 매개곡면 $X : U \to \mathbb{R}^3$과 $\tilde{X} : U \to \mathbb{R}^3$의 제1기본형과 제2기본형이 같다면 X와 $\tilde{X}$는 합동이다. 다시 말하면, 등장사상 $T : \mathbb{R}^3 \to \mathbb{R}^3$이 존재하여

$$\tilde{X} = T \circ X$$

이다.

보네 정리가 주장하는 바를 다시 쓰면, 합동인 곡면들은 같은 것으로 간주하면 곡면은 제1기본형과 제2기본형에 의하여 유일하게 결정된다. 보네 정리의 가정에서 $E = X_u \cdot X_u$이고 $G = X_v \cdot X_v$이므로 $E > 0$, $G > 0$은 당연한 조건이다. 세 번째 $EG - F^2$는 두 벡터 X_u와 X_v가 이루는 평행사변형의 넓이를 나타낸다 (식 (4.7)). X_u와 X_v가 일차독립이면(매개곡면이 정칙이라는 조건) 평행사변형의 넓이는 0이 될 수 없다. 보네 정리의 증명은 곡선에 대한 정리 1.9처럼 미분방정식의 해의 존재성을 이용하므로 증명은 하지 않겠다. 대신 보네 정리가 어떤 의미인지를 더 생각해보자.

문제 7.2 보네 정리는 어떻게 곡면의 제1기본형과 제2기본형을 이루는 함수들 사이에 가우스 방정식과 Codazzi-Mainardi 방정식 외의 다른 관계식이 존재하지 않는다는 것을 알려줄까?

7.4 연습문제

7.1 정리 7.3의 가우스 방정식의 X_{uv}, X_{vv}에 대한 나머지 관계식을 유도하여라.

7.2 정리 7.4의 Codazzi-Mainardi 방정식의 식 (7.20)을 증명하여라.

7.3 평면의 **추적선** $\alpha(t)$를 x축을 중심으로 회전시켜 얻은 회전면을 **의구**(pseudosphere) 혹은 가짜공이라고 부른다 (그림 7.5). 왜 의구라고 부르는지는 가우스 곡률을 보면 알 수 있다. 의구의 가우스 곡률을 구하여라.

$$\alpha(t) = \left(\int_0^t \sqrt{1 - e^{-2u}} du, e^{-t} \right), \quad t > 0 \tag{7.21}$$

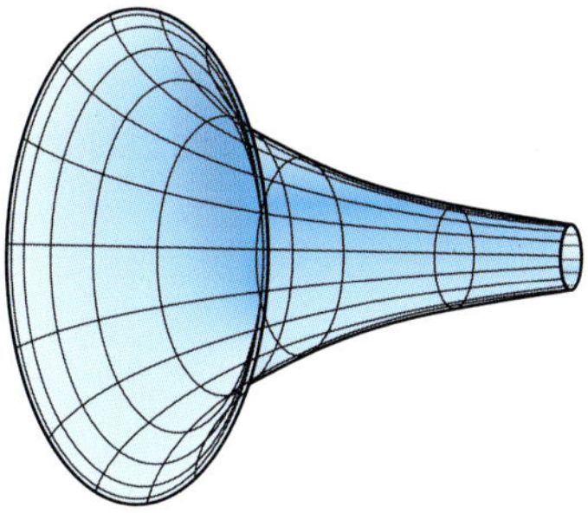

그림 7.5 의구

7.4 **원뿔** $X(u, v)$의 가우스 곡률이 $K = 0$임을 보여라.

$$X(u, v) = (u \cos v, u \sin v, u) \tag{7.22}$$

7.5 함수 $y = f(x)$의 그래프로 주어진 곡선을 x축을 중심으로 회전시켜서 얻은 **회전면**의 가우스 곡률 K가 다음과 같음을 증명하라. 이때 $y > 0$이다.

$$K = \frac{-f''(x)}{(1 + f'^2(x))^2} \tag{7.23}$$

7.6 보기 7.5의 **나선면**이 극소곡면임을 보여라.

7.7 에너퍼 곡면(Enneper surface) $X(u,v)$가 극소곡면임을 보여라 (그림 7.6).

$$X(u,v) = \left(u - \frac{u^3}{3} + uv^2, v - \frac{v^3}{3} + u^2v, u^2 - v^2\right)$$

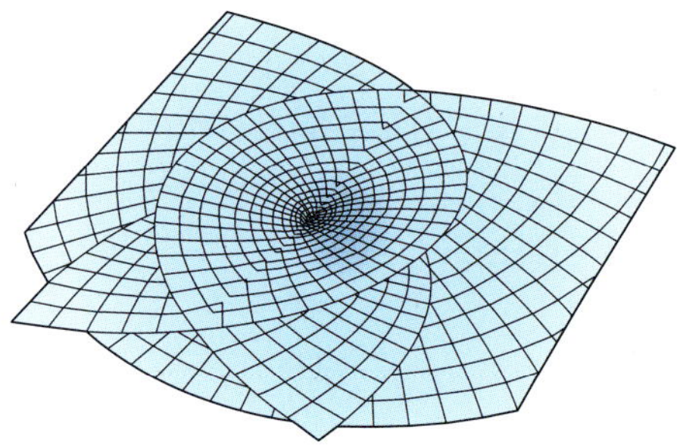

그림 7.6 에너퍼 곡면

7.8 미분가능한 곡선 $\alpha : \mathbb{R} \to \mathbb{R}^3$과 $\alpha(u)$에서 정의된 벡터장 $\mathbf{w}(u) \neq 0 \in \mathbb{R}^3$으로부터 아래와 같이 **선직면**이 주어졌다 (그림 7.7).

$$X(u,v) = \alpha(u) + v\mathbf{w}(u) \tag{7.24}$$

a) 선직면의 가우스 곡률은 항상 $K \leq 0$임을 보여라.

b) 주어진 벡터장 $\mathbf{w}(u)$가 α의 단위주법벡터장 $\mathbf{n}$이거나 단위부법벡터장 $\mathbf{b}$라고 하자. 선직면의 가우스 곡률 $K = 0$이 되는 필요충분조건이 $\alpha(u)$가 평면 곡선임을 보여라.

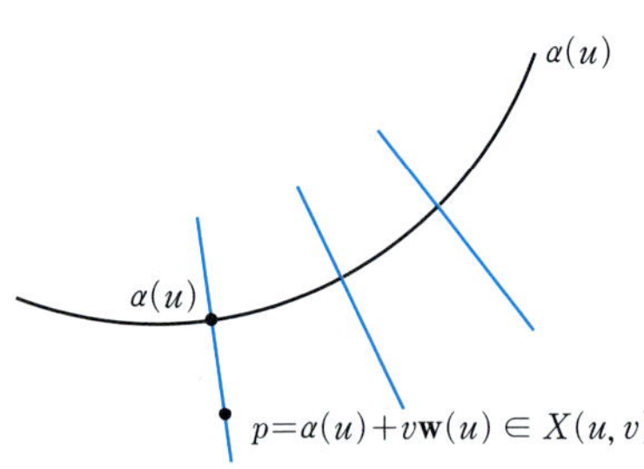

그림 7.7 선직면

7.9 곡면 X는 yz평면 위에 놓인 직선 $l_0 : x = 0, z = 2y$를 xz평면에 놓인 곡선 $C : y = 0, z = x^3$을 따라 평행이동시켜서 얻었다. 곡면 X의 식을 구하고 가우스 곡률을 구하여라.

7.10 곡면 $X(u,v)$의 점 $\mathbf{x}_0 = X(u_0, v_0)$에서의 단위접벡터 $\mathbf{v} \in T_{\mathbf{x}_0}X$를 생각하자. 평면 Π_ψ는 점 $\mathbf{x}_0$을 지나고 $\mathbf{v}$와 평행한 직선을 포함하고, $\mathbf{x}_0$에서의 접평면 $T_{\mathbf{x}_0}X$와 만나는 각이 ψ이다. 이때 $\psi \neq 0$이다. 곡선 $\gamma(s)$는 평면 Π_ψ와 곡면 X가 만나서 이룬 단위속력곡선으로 $\gamma(0) = \mathbf{x}_0$이고 $\gamma'(0) = \mathbf{v}$라고 하자 (그림 7.8). 그러면 곡선 $\gamma(s)$의 $t = 0$에서의 곡률 κ와 법곡률 κ_n이 다음을 만족함을 보여라.

$$\kappa \sin \psi = \kappa_n \tag{7.25}$$

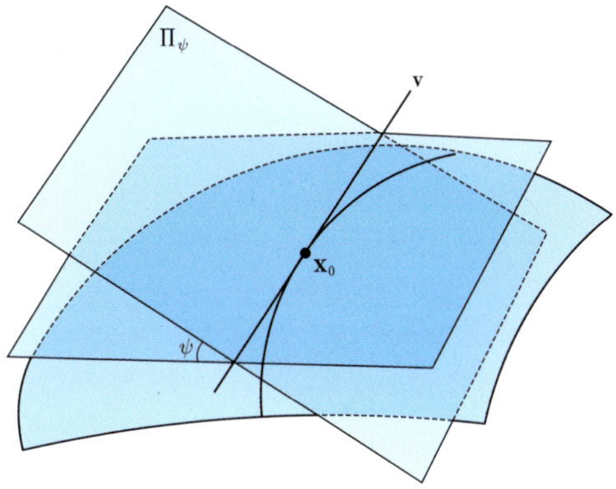

그림 7.8 곡면과 평면 Π_ψ

7.11 제1기본형과 제2기본형이 다음과 같은 곡면 $X(u,v)$는 존재하지 않음을 보여라.

$$E(u,v) = 1, \quad F(u,v) = 0, \quad G(u,v) = \cos^2 u$$
$$e(u,v) = \cos^2 u, \quad f(u,v) = 0, \quad g(u,v) = 1$$

7.12 곡면 $X(u,v)$에 직교좌표계가 주어졌다고 하자. 즉 $F(u,v) = 0 = f(u,v)$이다.

a) Codazzi-Mainardi 방정식을 다음과 같이 나타낼 수 있음을 보여라.

$$\begin{aligned} e_v &= \frac{1}{2}E_v\left(\frac{e}{E} + \frac{g}{G}\right) \\ g_u &= \frac{1}{2}G_u\left(\frac{e}{E} + \frac{g}{G}\right) \end{aligned}$$

b) 주곡률 κ_1, κ_2가 다음과 같이 계산됨을 보여라.

$$\kappa_1 = \frac{e}{E}, \quad \kappa_2 = \frac{g}{G}$$

c) 다음 식이 성립함을 보여라.

$$\frac{\partial \kappa_1}{\partial v} = \frac{E_v}{2E}(\kappa_2 - \kappa_1)$$
$$\frac{\partial \kappa_2}{\partial u} = \frac{G_u}{2G}(\kappa_1 - \kappa_2)$$

제 8 장

모양 연산자, 제2기본형, 주곡률

이제 단위법벡터장의 변화를 이용하여 곡면의 휨을 이해하자. 그런데 도대체 어떤 방향으로 단위법벡터장의 변화를 살펴봐야 할까? 접벡터 방향의 변화량은 말이 되는 것 같지만 접평면에는 접벡터가 너무 많지 않은가? 혹시 특별한 접벡터를 생각해야 될까? 어떤 의미로 특별해야 할까? 흠......

8.1 가우스 사상과 가우스 곡률

곡면 $X : U \to \mathbb{R}^3$의 점 $\mathbf{x} = X(u,v)$에서의 단위법벡터 $N(u,v)$를 시작점이 원점 O이 되도록 평행이동시키는 사상을 생각하자. 그러면 평행이동된 벡터의 끝점은 중심이 원점이고 반지름의 길이가 1인 구면 $\mathbb{S}^2$에 놓일 것이다. 이와 같은 방법으로 정의역이 곡면 $X(U)$이고 치역이 $\mathbb{S}^2$인 사상 N을 정의하고

$$N : X(U) \to \mathbb{S}^2$$

곡면 X의 **가우스 사상**(Gauss map)이라고 부른다.[1, 2]

---

[1] 김홍종 교수님은 이 사상을 '천정 사상'이라고 번역하였다. 깊은 생각... 멋있다고 생각한다.

[2] 벡터장의 값을 (화살표의 시작점; 화살표의 성분들)로 표현하자. 벡터장의 벡터를 시작점이 원점이 되도록 평행이동하면 (원점; 화살표의 성분들)이 된다. 시작점이 원점인 경우는 보통 생략하고 표현하므로 결국 (화살표의 성분들)이다. 예를 들어서, 함수 $f(x,y,z) = x + 2y^2 + 3x^3$의 그래디언트 벡터장은 $\nabla f(x,y,z) = (x,y,z;1,4y,9x^2)$이다. 이 벡터를 시작점이 원점이 되도록 평행이동시키면 $(0,0,0;1,4y,9x^2) \equiv (1,4y,9x^2)$이다. 이것은 가우스 사상이 결국 무엇인가를 보여주려는 시도일 뿐 실제 계산에서는 잘 사용하지 않는다. 앞으로 배울 모양 연산자는 가우스 사상의 미분이다.

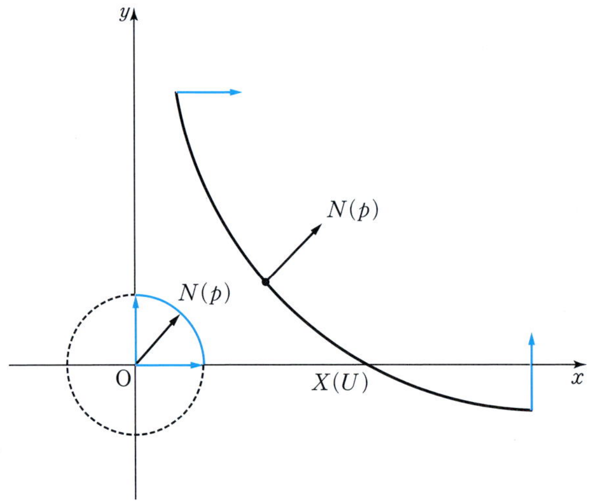

그림 8.1 가우스 사상

문제 8.1 다음 곡면의 가우스 사상의 상은?

a) 원기둥 $x^2 + y^2 = 1$

b) 포물면 $-x + y^2 + z^2 = 0$

c) 구면 $x^2 + y^2 + z^2 = 1$

정리 8.1

곡면 S가 폐곡면(즉 유계이고 경계가 없이 닫힌 곡면)이면 S의 가우스 사상 N은 전사이다(즉 구면을 모두 덮는다).

8.2 모양 연산자

곡면의 접평면에서 접평면으로 가는 사상을 생각하자. 곡면 $X : U \to \mathbb{R}^3$의 점 $\mathbf{x}_0 = X(u_0, v_0)$에서의 접벡터 $\mathbf{v}$ 방향으로 단위법벡터장 N을 미분한 사상을 $D_{\mathbf{v}}N$으로 정의하자. 여기에서 잠시 이 벡터를 어떻게 계산하는지 생각해보자.[3]

[3]다변수 함수의 $\mathbf{v}$ 방향으로의 도함수

곡면에 놓인 곡선 $\gamma(t)$가 $\gamma(0) = \mathbf{x}_0$, $\gamma'(0) = \mathbf{v}$라고 하자. 곡선 $\gamma(t)$를 따라 곡면의 단위법벡터장 $N(\gamma(t))$를 생각한다. 곡선 γ가 매개변수 t에 따라서 변하므로 곡선을 따라 정의된 N의 값도 t에 따라서 변한다. 이 t의 함수 $N(\gamma(t))$를 $t = 0$에서 미분하면 $D_{\mathbf{v}}N$이다. 또한 곡면에 놓인 곡선으로서 $t = 0$일 때 $\mathbf{x}_0$을 지나고 그때의 속도벡터가 $\mathbf{v}$인 곡선은 무수히 많겠지만 어떠한 것을 골라서 계산하여도 $D_{\mathbf{v}}N$은 같다.

구체적으로 곡면 X에 놓인 곡선

$$\gamma(t) = X(u(t), v(t))$$

를 생각하자. 이때, 지도의 곡선 $(u(t), v(t))$의 한 점을 $(u(0), v(0)) = (u_0, v_0)$, 곡면의 점을 $\mathbf{x}_0 = X(u_0, v_0)$, 곡선 γ의 속도벡터를 $\mathbf{v} = \gamma'(0)$라고 하자.

$$\mathbf{v} = \gamma'(0) = u'(0)X_u(u_0, v_0) + v'(0)X_v(u_0, v_0)$$

곡선 γ에서의 벡터장 N을 지도를 사용하여 (즉 매개변수 u, v를 사용하여) 나타내면 $N(u(t), v(t))$이다. 이것을 t로 미분하고 $t = 0$을 대입하면 $D_{\mathbf{v}}N$을 얻는다.

$$\begin{aligned} D_{\mathbf{v}}N &= \left.\frac{d}{dt}\right|_{t=0} N(u(t), v(t)) \\ &= u'(0)N_u(u(0), v(0)) + v'(0)N_v(u(0), v(0)) \\ &= u'(0)N_u(u_0, v_0) + v'(0)N_v(u_0, v_0) \end{aligned} \tag{8.1}$$

N은 단위법벡터이므로 $N \cdot N = 1$이 상수함수이다. 이 상수함수를 $\mathbf{v}$ 방향으로 미분하면 $D_{\mathbf{v}}(N \cdot N) = 0$이다.

$$0 = D_{\mathbf{v}}(N \cdot N) = D_{\mathbf{v}}N \cdot N + N \cdot D_{\mathbf{v}}N = 2D_{\mathbf{v}}N \cdot N$$

즉 벡터 $D_{\mathbf{v}}N$은 단위법벡터 N에 수직이므로 다시 $\mathbf{x}_0$에서의 접벡터가 된다. 그러므로 접벡터 $\mathbf{v}$에 $D_{\mathbf{v}}N$을 대응하는 사상을 정의하면

$$\mathbf{v} \mapsto D_{\mathbf{v}}N$$

접평면 $T_{\mathbf{x}_0}X$에서 $T_{\mathbf{x}_0}X$로 가는 사상이다.

정의 8.1

곡면 $X : U \to \mathbb{R}^3$과 곡면의 점 $\mathbf{x}_0$에서의 접평면 $T_{\mathbf{x}_0}X$에서 정의된 사상

$$\begin{aligned} \mathcal{S} : T_{\mathbf{x}_0}X &\longrightarrow T_{\mathbf{x}_0}X \\ \mathcal{S}(\mathbf{v}) = -D_{\mathbf{v}}N, &\quad \mathbf{v} \in T_{\mathbf{x}_0}X \end{aligned} \tag{8.2}$$

를 **모양 연산자**(shape operator) 혹은 **Weingarten 사상**이라고 부른다. 여기서 N은 곡면의 단위법벡터장이다.

도함수의 성질로부터 두 접벡터 $\mathbf{v}, \mathbf{w} \in T_{\mathbf{x}_0}X$와 실수 a, b에 대하여

$$D_{a\mathbf{v}+b\mathbf{w}}N = aD_{\mathbf{v}}N + bD_{\mathbf{w}}N$$

이다. 그러므로 모양 연산자 $\mathcal{S}$는 선형사상이다. $D_{\mathbf{v}}N$이 아니고 $-D_{\mathbf{v}}N$인 이유는 약간의 편의를 위한 것이다. 왜 그런지는 잠시 뒤에 알 수 있다.

보기 8.1 반지름이 $r > 0$인 구면의 모양 연산자를 구해보자. 먼저 반지름이 r인 구면을 함수 $f(x, y, z) = x^2 + y^2 + z^2 - r^2$의 등위곡면 $X = f^{-1}(0)$으로 생각하자. 구면의 임의의 점 $p = (x, y, z) \in X$에서 그래디언트 벡터는 $\nabla f(p) = (2x, 2y, 2z)$이므로 $\|\nabla f(p)\| = 2r$이다. 그러므로 단위법벡터장은

$$N(p) = -\frac{1}{r}(x, y, z)$$

로 선택할 수 있다. 접벡터 $\mathbf{v} \in T_pX$에 대하여

$$\mathcal{S}(\mathbf{v}) = -D_{\mathbf{v}}N = \frac{1}{r}\mathbf{v}$$

이다. 즉 구의 모양 연산자는 접벡터에 단순히 $\frac{1}{r}$을 곱하는 선형사상이다.

모양 연산자를 접평면 $T_{\mathbf{x}_0}X$의 기저 $\{X_u, X_v\}$에 대한 행렬로 표현해보자. 적당한 실수 a_{11}, a_{12}, a_{21}, a_{22}에 대하여

$$\begin{aligned} \mathcal{S}(X_u) &= -N_u = a_{11}X_u + a_{21}X_v \\ \mathcal{S}(X_v) &= -N_v = a_{12}X_u + a_{22}X_v \end{aligned} \tag{8.3}$$

라고 하자. 식 (8.3)의 양변에 X_u, X_v를 차례로 내적하여 다음을 얻는다.

$$
\begin{aligned}
e &= -N_u \cdot X_u = a_{11}E + a_{21}F \\
f &= -N_u \cdot X_v = a_{11}F + a_{21}G \\
f &= -N_v \cdot X_u = a_{12}E + a_{22}F \\
g &= -N_v \cdot X_v = a_{12}F + a_{22}G
\end{aligned}
$$

이를 행렬로 나타내면

$$
\begin{pmatrix} e & f \\ f & g \end{pmatrix} = \begin{pmatrix} E & F \\ F & G \end{pmatrix} \begin{pmatrix} a_{11} & a_{12} \\ a_{21} & a_{22} \end{pmatrix}
$$

이므로, 모양 연산자 S를 기저 $\{X_u, X_v\}$에 대한 행렬로 표현하면 다음과 같이 제1기본형과 제2기본형으로 이루어진다.

$$
\begin{pmatrix} a_{11} & a_{12} \\ a_{21} & a_{22} \end{pmatrix} = \begin{pmatrix} E & F \\ F & G \end{pmatrix}^{-1} \begin{pmatrix} e & f \\ f & g \end{pmatrix} = \mathcal{F}_I^{-1}\mathcal{F}_{II} \tag{8.4}
$$

그리고 이 행렬의 고윳값과 고유벡터가 바로 주곡률과 주방향이었다!!!

정리 8.2

주곡률과 주방향은 모양 연산자의 고윳값과 고유벡터이다.

정의 8.2

곡면 X 위에 놓인 곡선 $\gamma(t)$가 모든 t에 대하여 접벡터 $\gamma'(t)$가 곡면의 점 $\gamma(t)$에서의 주방향이면 **주곡선**(principal curve)이라고 한다.

곡면 X의 단위법벡터장을 N이라 하면 정의에 의해서 곡선 $\gamma(t)$가 주곡선이 되는 필요충분조건은 모든 t에 대해서 $\gamma'(t)$가 모양 연산자의 고유벡터가 되는 것이다. 즉 미분가능한 함수 $\lambda(t)$가 존재하여 모든 t에 대하여 $\frac{d}{dt}N(\gamma(t)) = \lambda(t)\gamma'(t)$를 만족하는 것이다. 이때 점 $\gamma(t)$에서 $-\lambda(t)$가 주곡률이고 $\gamma'(t)$가 주방향이다.

정리 8.3

곡면 X와 곡면 위의 한 점 $\mathbf{x}_0 \in X$가 있다. 곡면의 임의의 법벡터장 Z와 접평면 $T_{\mathbf{x}_0}X$의 임의의 기저 $\{\mathbf{v}, \mathbf{w}\}$에 대해서 $\mathbf{x}_0$에서의 가우스 곡률 K를 다음과 같이 구할 수 있다.

$$K = \frac{\det \begin{pmatrix} D_{\mathbf{v}} Z \\ D_{\mathbf{w}} Z \\ Z(\mathbf{x}_0) \end{pmatrix}}{\|Z(\mathbf{x}_0)\|^2 \det \begin{pmatrix} \mathbf{v} \\ \mathbf{w} \\ Z(\mathbf{x}_0) \end{pmatrix}} \tag{8.5}$$

증명 주어진 법벡터장 Z로부터 단위법벡터장 $N = \frac{Z}{\|Z\|}$를 생각하자. $Z = \|Z\|N$으로부터

$$\begin{aligned} \det \begin{pmatrix} D_{\mathbf{v}} Z \\ D_{\mathbf{w}} Z \\ Z(\mathbf{x}_0) \end{pmatrix} &= \det \begin{pmatrix} (D_{\mathbf{v}}\|Z\|)N + \|Z\|D_{\mathbf{v}}N \\ (D_{\mathbf{w}}\|Z\|)N + \|Z\|D_{\mathbf{w}}N \\ \|Z\|N \end{pmatrix} \\ &= \|Z\|^2 \det \begin{pmatrix} D_{\mathbf{v}}N \\ D_{\mathbf{w}}N \\ \|Z\|N \end{pmatrix} = \|Z\|^2 \det \begin{pmatrix} -\mathcal{S}(\mathbf{v}) \\ -\mathcal{S}(\mathbf{w}) \\ Z(\mathbf{x}_0) \end{pmatrix} \\ &= \|Z\|^2 \det \left[\begin{pmatrix} \mathcal{S} & 0 \\ 0 & 1 \end{pmatrix} \begin{pmatrix} \mathbf{v} \\ \mathbf{w} \\ Z(\mathbf{x}_0) \end{pmatrix} \right] \\ &= \|Z\|^2 \det\mathcal{S} \det \begin{pmatrix} \mathbf{v} \\ \mathbf{w} \\ Z(\mathbf{x}_0) \end{pmatrix} \end{aligned} \tag{8.6}$$

이다. 행렬식 $\det\mathcal{S}$가 $\mathbf{x}_0$에서의 가우스 곡률 K이므로 식 (8.5)를 얻는다. □

8.3 제1기본형, 제2기본형 그리고 모양 연산자

내적 $\langle\ ,\ \rangle$이 주어진 유한차원 벡터공간 V를 생각하자. 벡터공간 V에서 정의된 **자기수반 선형사상**(자기동반 선형사상, self-adjoint transformation) $T : V \to V$에 대하여 아래와 같이 함수 $\Pi : V \to \mathbb{R}$를 정의하고 Π를 T의 **2차 형식**(quadratic form)이라고 한다.

$$\Pi(\mathbf{v}) = \langle T(\mathbf{v}), \mathbf{v}\rangle$$

이때, $\mathbf{v} \in V$이다.[4]

여기서는 자기수반 선형사상과 2차 형식의 관계를 이용하여 제1기본형과 제2기본형 그리고 모양 연산자의 관계를 설명한다. 곡면 $X : U \to \mathbb{R}^3$의 점 $\mathbf{x}_0 = X(u_0, v_0)$에서의 접평면 $T_{\mathbf{x}_0}X$에 대하여 지금까지 등장한 행렬을 나열해보자.

- 제1기본형을 나타내는 행렬 $\mathcal{F}_I = \begin{pmatrix} E & F \\ F & G \end{pmatrix}$
- 제2기본형을 나타내는 행렬 $\mathcal{F}_{II} = \begin{pmatrix} e & f \\ f & g \end{pmatrix}$
- 모양 연산자를 나타내는 행렬 $\mathcal{S} = \begin{pmatrix} E & F \\ F & G \end{pmatrix}^{-1} \begin{pmatrix} e & f \\ f & g \end{pmatrix}$

먼저 제1기본형은 접벡터의 크기를 재는 도구다. 임의의 접벡터 $\mathbf{v} = aX_u + bX_v \in T_{\mathbf{x}_0}X$의 크기는

$$\begin{aligned} \|\mathbf{v}\|^2 &= (aX_u + bX_v) \cdot (aX_u + bX_v) \\ &= \begin{pmatrix} a & b \end{pmatrix} \begin{pmatrix} E & F \\ F & G \end{pmatrix} \begin{pmatrix} a \\ b \end{pmatrix} \end{aligned} \tag{8.7}$$

이다. 접벡터 $\mathbf{v} = aX_u + bX_v$를 순서기저 $\{X_u, X_v\}$에 대한 벡터로 쓴다면 $\begin{pmatrix} a \\ b \end{pmatrix}$인데, 이를 2×1 행렬로 생각하고 식 (8.7)을 다시 쓰면

$$\|\mathbf{v}\|^2 = \mathbf{v}^T \mathcal{F}_I \mathbf{v} \tag{8.8}$$

[4]자기수반 선형사상과 2차 형식은 부록에서 자세히 설명했다.

이다. 벡터공간에서 벡터의 크기를 잴 수 있는 노름(norm) $\|\cdot\|$이 주어지면 벡터 $\mathbf{v}, \mathbf{w}$의 내적 $\langle\cdot,\cdot\rangle$을 다음과 같이 노름을 이용하여 정의할 수 있다.

$$\langle \mathbf{v}, \mathbf{w}\rangle = \frac{1}{4}\left(\|\mathbf{v}+\mathbf{w}\|^2 - \|\mathbf{v}-\mathbf{w}\|^2\right) \tag{8.9}$$

그러므로 2차원 벡터공간인 접평면 $T_{\mathbf{x}_0}X$에 제1기본형으로 주어진 노름으로부터 접벡터 $\mathbf{v}, \mathbf{w} \in T_{\mathbf{x}_0}X$의 내적을 정의하면 다음과 같다.[5]

$$\langle \mathbf{v}, \mathbf{w}\rangle = \mathbf{v}^T \mathcal{F}_I \mathbf{w} \tag{8.10}$$

이제 접평면 $T_{\mathbf{x}_0}X$는 제1기본형을 내적으로 갖는 2차원 벡터공간이다.

다음으로 제2기본형은 곡면에 놓인 곡선의 법곡률을 재는 도구다. 단위접벡터 $\mathbf{v} = aX_u + bX_v \in T_{\mathbf{x}_0}X$ 방향의 법곡선의 곡률(또는 속도벡터가 $\mathbf{v}$인 곡선의 법곡률)은 식 (6.3)을 이용하여 다음과 같다.

$$\kappa_n(\mathbf{x}_0, \mathbf{v}) = \mathbf{v}^T \mathcal{F}_{II} \mathbf{v} \tag{8.11}$$

마지막으로 접평면 $T_{\mathbf{x}_0}X$에서 정의된 모양 연산자 $\mathcal{S} : T_{\mathbf{x}_0}X \longrightarrow T_{\mathbf{x}_0}X$는

$$\mathcal{S}(\mathbf{v}) = -D_{\mathbf{v}}N, \quad \mathbf{v} \in T_{\mathbf{x}_0}X$$

자기수반 선형사상이다.[6] 즉 $\mathbf{v}, \mathbf{w} \in T_{\mathbf{x}_0}X$에 대하여 $\langle \mathbf{v}, \mathcal{S}(\mathbf{w})\rangle = \langle \mathcal{S}(\mathbf{v}), \mathbf{w}\rangle$가 아래와 같이 성립한다.

$$\begin{aligned}\langle \mathbf{v}, \mathcal{S}(\mathbf{w})\rangle &= \mathbf{v}^T \mathcal{F}_I \mathcal{S}\mathbf{w} = \mathbf{v}^T \mathcal{S}^T \mathcal{F}_I \mathbf{w} \\ &= (\mathcal{S}\mathbf{v})^T \mathcal{F}_I \mathbf{w} = \langle \mathcal{S}(\mathbf{v}), \mathbf{w}\rangle\end{aligned}$$

모양 연산자의 2차형식을 구하면

$$\text{II}(\mathbf{v}) = \langle \mathcal{S}(\mathbf{v}), \mathbf{v}\rangle = (\mathcal{S}\mathbf{v})^T \mathcal{F}_I \mathbf{v} = \mathbf{v}^T \mathcal{S}^T \mathcal{F}_I \mathbf{v} = \mathbf{v}^T \mathcal{F}_{II}^T (\mathcal{F}_I^{-1})^T \mathcal{F}_I \mathbf{v} = \mathbf{v}^T \mathcal{F}_{II} \mathbf{v} \tag{8.12}$$

즉 제2기본형은 모양 연산자의 2차형식이다. 이런 관점에서 제1기본형은 접평면에서 항등함

---

[5] $\mathbb{R}^3$의 표준내적은 $\cdot$로 나타내고, 접평면의 내적은 $\langle\cdot,\cdot\rangle$로 나타내기로 한다. 그러면 접벡터 $\mathbf{v}, \mathbf{w}$는 또한 $\mathbb{R}^3$의 벡터이기도 하므로 $\mathbf{v}\cdot\mathbf{w} = \langle \mathbf{v}, \mathbf{w}\rangle$이 성립한다. 그러나 법벡터 N에 대하여 $\mathbf{v}\cdot N$는 말이 되지만, $\langle N, \mathbf{v}\rangle$는 말이 되지 않는다. 왜 그럴까?

[6] $\mathcal{S}$는 자기수반 선형사상이지만 행렬 표현을 얻기 위하여 사용한 기저 $\{X_u, X_v\}$가 일반적으로 정규직교기저가 아니므로 $\mathcal{F}_I^{-1}\mathcal{F}_{II}$는 일반적으로 대칭행렬이 아니다. 그 대신에 다음이 성립한다.

$$\mathcal{S}^T \mathcal{F}_I = \mathcal{F}_I \mathcal{S}$$

수로 정의된 선형사상 $Id : T_{\mathbf{x}_0}X \longrightarrow T_{\mathbf{x}_0}X$ 의 2차 형식이다.

특별히 $\mathbf{v}$가 단위접벡터일 때, 식 (8.12)에서 단위접벡터 $\mathbf{v}$ 방향의 법곡률을 구할 수 있다.

$$\Pi(\mathbf{v}) = \langle \mathcal{S}(\mathbf{v}), \mathbf{v} \rangle = \mathbf{v}^T \mathcal{F}_{II} \mathbf{v} = \kappa_n(\mathbf{x}_0, \mathbf{v}) \tag{8.13}$$

이제 가우스 곡률이 어떤 의미인지 생각해보자. 편의상 곡면의 단위 법벡터장을 $N = \frac{X_u \times X_v}{\|X_u \times X_v\|}$로 택하자. 곡면의 한 점 $\mathbf{x}_0$의 아주 작은 근방을 R이라고 하면, R의 넓이는 $X_u \times X_v \cdot N$이다. 그리고 R의 가우스 사상의 상인 $N(R)$의 넓이 또한 $\pm(N_u \times N_v) \cdot N$이다. 부호는 만일 $N_u \times N_v$와 N이 같은 방향이면 $+$이고, $N_u \times N_v$와 N이 반대 방향이면 $-$이다. $N_u, N_v \in T_pX$이므로 적당한 실함수 a_{11}, a_{12}, a_{21}, a_{22}에 대하여

$$\begin{aligned} N_u &= a_{11}X_u + a_{21}X_v \\ N_v &= a_{12}X_u + a_{22}X_v \end{aligned} \tag{8.14}$$

로 쓸 수 있다. 그러므로

$$\begin{aligned} \pm\text{Area}(N(R)) &= (N_u \times N_v) \cdot N \\ &= (a_{11}X_u + a_{21}X_v) \times (a_{12}X_u + a_{22}X_v) \cdot N \\ &= (a_{11}a_{22} - a_{12}a_{21})(X_u \times X_v) \cdot N \\ &= \det(\mathcal{F}_I^{-1}\mathcal{F}_{II})(X_u \times X_v) \cdot N \\ &= K\text{Area}(R) \end{aligned}$$

이다. 여기서 식 (8.3)과 (8.4)를 이용하여 $(a_{11}a_{22} - a_{12}a_{21}) = \det(\mathcal{F}_I^{-1}\mathcal{F}_{II})$로 바꾸었다. 이제 $\mathbf{x}_0$의 근방 R를 무한히 작게 줄여나갈 때의 극한을 생각하면 $\mathbf{x}_0$에서의 가우스 곡률 K는

$$K = \lim_{R \to \mathbf{x}_0} \frac{N(R)\text{의 부호넓이}}{R\text{의 넓이}}$$

이다. 소문에 의하면 이것이 가우스 곡률의 처음 의미였다고 한다.

8.4 연습문제

8.1 곡면 $X(u,v)$의 단위법벡터장 $N(u,v)$에 대하여 다음 식을 보여라. 이때 K는 가우스 곡률이다.

$$N_u \times N_v = K(X_u \times X_v) \tag{8.15}$$

8.2 다음 곡면의 모양 연산자를 구하여라.

a) 평면 $ax + by + cz + d = 0, \quad (a,b,c) \neq O$

b) 원기둥 $x^2 + y^2 = a^2, \quad a \neq 0$

8.3 아래와 같이 주어진 **타원면**(ellipsoid)의 가우스 곡률을 구하여라. 이때 $a, b, c \neq 0$이다.

$$\frac{x^2}{a^2} + \frac{y^2}{b^2} + \frac{z^2}{c^2} = 1 \tag{8.16}$$

8.4 모양 연산자를 나타내는 행렬을 $\mathcal{S}$라고 하면 아래의 식을 만족한다는 것을 보여라.

$$\mathcal{S}^2 - 2H\mathcal{S} + K = 0 \tag{8.17}$$

이때 H와 K는 각각 평균곡률과 가우스 곡률이다.

8.5 공간 $\mathbb{R}^3$에서 두 곡면 X와 Y가 구간 I에서 정의된 단위속력곡선 $\gamma : I \to X \cap Y$를 따라 수직으로 만난다. 그리고 다음 두 조건을 만족한다.

(1) 곡선 γ는 X의 주곡선이다.

(2) 모든 $s \in I$에 대하여 $\gamma''(s)$가 X와 수직이다.

이때, 곡선 γ의 모든 점에서 Y의 가우스 곡률이 0임을 보여라.

8.6 벡터공간에 주어진 노름 $\|\cdot\|$에 대해서 식 (8.9)로 정의된 함수 $\langle\cdot,\cdot\rangle : V \times V \to \mathbb{R}$가 다음을 만족하여 내적이 됨을 보여라.

$$\langle \mathbf{v}, \mathbf{w} \rangle = \frac{1}{4}\left(\|\mathbf{v}+\mathbf{w}\|^2 - \|\mathbf{v}-\mathbf{w}\|^2\right)$$

(1) $\langle \mathbf{v}, \mathbf{w} \rangle = \langle \mathbf{w}, \mathbf{v} \rangle$

(2) $\langle a\mathbf{v}_1 + b\mathbf{v}_2, \mathbf{w} \rangle = a\langle \mathbf{v}_1, \mathbf{w} \rangle + b\langle \mathbf{v}_2, \mathbf{w} \rangle$

(3) $\langle \mathbf{v}, a\mathbf{w}_1 + b\mathbf{w}_2 \rangle = a\langle \mathbf{v}, \mathbf{w}_1 \rangle + b\langle \mathbf{v}, \mathbf{w}_2 \rangle$

(4) $\mathbf{v} \neq 0$이면 $\langle \mathbf{v}, \mathbf{v} \rangle > 0$

여기서 $\mathbf{v}, \mathbf{w}, \mathbf{v}_i, \mathbf{w}_i$ $(i = 1, 2)$는 임의의 벡터이고 a, b는 임의의 실수이다.

8.7 식 (8.9)와 (8.10)에서

$$\frac{1}{4}\left(\|\mathbf{v}+\mathbf{w}\|^2 - \|\mathbf{v}-\mathbf{w}\|^2\right) = \mathbf{v}^T \mathcal{F}_I \mathbf{w}$$

임을 보여라.

8.8 접평면 $T_{\mathbf{x}_0}X$에서 모양 연산자 $\mathcal{S} : T_{\mathbf{x}_0}X \longrightarrow T_{\mathbf{x}_0}X$의 행렬표현과 제1기본형의 행렬표현 $\mathcal{F}_I$에 대해 다음 등식이 성립함을 보여라.

$$\mathcal{S}^T \mathcal{F}_I = \mathcal{F}_I \mathcal{S} \tag{8.18}$$

8.9 공간에서 단위속력곡선 γ가 두 개의 방향을 줄 수 있는 곡면 X_1, X_2의 교집합으로 주어졌다. 공간 곡선으로서 γ의 단위주법벡터장을 $\mathbf{n}$이라 하고 곡률을 $\kappa > 0$이라고 하자. 곡선 γ는 또한 각각의 곡면 X_i 위의 곡선으로서 법곡률 κ_i를 가진다$(i = 1, 2)$.

a) 아래와 같은 식을 만족한다는 것을 보여라.

$$\kappa_1 N_2 - \kappa_2 N_1 = \kappa(N_1 \times N_2) \times \mathbf{n} \tag{8.19}$$

이때 N_1, N_2를 각각 곡면 X_1과 X_2의 단위법벡터장이라고 하자.

b) 만약 두 곡면 X_1, X_2가 곡선 γ에서 만나는 각이 θ라면

$$\kappa^2 \sin^2 \theta = \kappa_1^2 + \kappa_2^2 - 2\kappa_1\kappa_2 \cos\theta \tag{8.20}$$

임을 보여라.

8.10 곡면 X의 한 점 $\mathbf{x}_0 \in X$의 접평면 $T_{\mathbf{x}_0}X$에서 정의된 모양 연산자 $\mathcal{S}$의 고유벡터를 $\mathbf{v}_1$, $\mathbf{v}_2$라고 하고, 이 고유벡터들이 접평면의 정규직교기저를 이룬다고 하자.

a) 접평면 $T_{\mathbf{x}_0}X$의 임의의 단위접벡터는 주어진 정규직교기저 $\{\mathbf{v}_1, \mathbf{v}_2\}$를 이용하여 $\mathbf{v}(\theta) = \cos\theta\mathbf{v}_1 + \sin\theta\mathbf{v}_2 \in T_{\mathbf{x}_0}X$로 쓸 수 있다. 이때 $\theta \in [0, 2\pi]$이고, $k_i(i = 1, 2)$는 $\mathbf{v}_i$의 법곡률 $\kappa_n(\mathbf{v}_i)$이다. 단위접벡터 $\mathbf{v}(\theta)$의 법곡률이 아래와 같음을 보여라.

$$\kappa_n(\mathbf{v}(\theta)) = k_1 \cos^2\theta + k_2 \sin^2\theta \tag{8.21}$$

b) 점 $\mathbf{x}_0$에서의 평균곡률 H가 아래와 같음을 보여라.

$$H = \frac{1}{2\pi}\int_0^{2\pi} \kappa_n(\mathbf{v}(\theta))\, d\theta \tag{8.22}$$

제 9 장

측지선과 놀라운 정리

9.1 측지선

정의 9.1

곡면 $X : U \to \mathbb{R}^3$에 놓인 곡선 $\gamma(t) = X(u(t), v(t))$가 각 점에서 가속도벡터가 $\gamma''(t) = O$이거나 접평면에 수직이면

$$\gamma''(t) \perp T_{\gamma(t)}X$$

곡면 X의 **측지선**(geodesic)이라고 부른다.

보기 9.1

(1) 벡터 $\mathbf{a}, \mathbf{b} \in \mathbb{R}^3$에 대해서 직선 $\alpha(t) = \mathbf{a}t + \mathbf{b}$의 가속도벡터는 $\alpha''(t) = O$이므로 어떤 곡면에 놓여있든지 직선은 측지선이다. 그러므로 보기 3.10의 선직면을 이루는 직선들은 모두 측지선이고 원뿔의 모선도 측지선이다.

(2) 원주면 $X(u, v) = (\cos u, \sin u, v)$에 들어있는 다음 곡선은 측지선이다.

$$\alpha(t) = X(t, v) = (\cos t, \sin t, v)$$
$$\beta(t) = X(u, t) = (\cos u, \sin u, t)$$

(3) 구면의 대원을 생각하자. 원의 가속도벡터는 원의 중심을 향하게 되는데, 대원이므로 구면의 중심을 향한다. 그러므로 대원의 가속도벡터는 구면의 단위법벡터장과 평행하므로 접평면과 수직이다. 따라서 대원은 구면의 측지선이다.

정리 9.1

곡면 X 의 측지선 $\gamma(t)$는 속력이 일정하다.

증명 모든 t에 대해 $\gamma'(t)\cdot\gamma'(t)$가 상수라는 것을 보이자. 매개변수 t에 대해 미분하면

$$\frac{d}{dt}(\gamma'(t)\cdot\gamma'(t)) = 2\gamma''(t)\cdot\gamma'(t) \tag{9.1}$$

인데, 측지선이므로 $\gamma''(t) = O$ 이거나 접평면에 수직하므로 $\gamma'(t)$와도 수직한다. 그러므로

$$\frac{d}{dt}(\gamma'(t)\cdot\gamma'(t)) = 0$$

이다. □

보기 9.2 xy 평면에 놓인 곡선 $\gamma(t) = (t^3+t, t^3+t, 0)$은 속력이 일정하지 않다. 그러므로 $\gamma(t)$는 측지선이 아니다. 그러나 $\gamma(t)$는 정칙이므로 단위속력곡선 $\tilde{\gamma}(s)$으로 재매개화하면 $\tilde{\gamma}(s)$는 xy 평면의 측지선이고 $\gamma(t)$와 궤적이 같다.

정의 9.1에서 다루고 있는 대상은 매개곡선이다. 즉 매개곡면 위에 놓인 매개곡선이 언제 측지선이라고 불리는지를 정의했다는 것에 주의하자. 왜냐하면 보기 9.2처럼 궤적이 같아도 어떻게 매개화하느냐에 따라 측지선이 될 수도 아닐 수도 있기 때문이다. 사실 보기 9.2의 $\gamma(t)$는 직선이다. 이것은 기하적 모양을 이해하고 싶은 우리에게 그리 좋은 소식은 아니다. 그러나 매개변수를 이용하여 곡선을 나타내면 곡률 같은 기하적 불변량을 쉽게 구할 수 있다는 장점이 있다. 또한 매개변수의 선택에 의존하지 않는 기하적 불변량이 얼마나 심오한 것인지 생각해보게 된다. 한편 왜 측지곡률이라는 이름을 붙였는지 다음 정리에서 알 수 있다.

정리 9.2

곡면 $X : U \to \mathbb{R}^3$ 의 단위속력곡선 $\gamma(t) = X(u(t), v(t))$가 있다. $\gamma(t)$가 측지선이 되는 필요충분조건은 측지곡률이 0이다.

증명 $N(u,v)$를 곡면 $X(u,v)$의 단위법벡터장이라고 하자. 먼저 단위속력곡선 $\gamma(t)$가 측지선이면 측지곡률이 0이라는 것을 증명하자. $\gamma(t)$의 측지곡률은

$$\kappa_g(\gamma(t)) = \gamma''(t)\cdot(N\times\gamma'(t)) \tag{9.2}$$

이다. $\gamma(t)$가 측지선이므로 $\gamma''(t)$는 0이거나 N과 평행하다. 어느 경우나 $\gamma''(t)\cdot(N\times\gamma'(t)) = 0$이다.

역으로 측지곡률이 $\kappa_g = 0$이라고 가정하자. $\gamma''(t) = O$이면 정의에 의해 측지선이다. 이제 $\gamma''(t) \neq O$이라고 하자. $\{\gamma'(t), N, N \times \gamma'(t)\}$는 서로 수직인 단위벡터들이다. $\gamma(t)$의 속도가 일정하므로 $\gamma''(t)$와 $\gamma'(t)$는 수직이다. 측지곡률이 0이므로 $\gamma''(t)\cdot(N\times\gamma'(t)) = 0$, 즉 $\gamma''(t)$는 $N\times\gamma'(t)$와 수직이다. 따라서 $\gamma''(t)$는 N과 평행하고, 이것은 정의에 의해 $\gamma(t)$가 측지선임을 말해준다. □

정리 7.1과 정리 9.2로부터 다음을 얻는다.

정리 9.3

곡면의 법곡선은 측지선이다.

그러므로 구면의 대원이나 주면의 모선이 모두 측지선이라는 것을 또 한번 확인한다.

9.2 측지선의 방정식

지금까지 구체적인 곡면의 측지선을 몇 가지 보았는데 측지선을 찾는 일반적인 방법은 측지선의 성질을 만족하는 미분방정식을 푸는 것이다.

정리 9.4

매개곡면 $X : U \to \mathbb{R}^3$의 곡선 $\gamma(t) = X(u(t), v(t))$가 측지선이 될 필요충분조건은 다음의 두 미분방정식을 만족하는 것이다.

$$\frac{d}{dt}(Eu' + Fv') = \frac{1}{2}\left(E_u(u'(t))^2 + 2F_u u'(t)v'(t) + G_u(v'(t))^2\right) \tag{9.3}$$

$$\frac{d}{dt}(Fu' + Gv') = \frac{1}{2}\left(E_v(u'(t))^2 + 2F_v u'(t)v'(t) + G_v(v'(t))^2\right) \tag{9.4}$$

여기에서 E, F, G는 주어진 매개곡면의 제1기본형이다.

식 (9.3)과 (9.4)를 **측지선의 방정식**이라고 부른다.

증명 두 벡터 X_u와 X_v가 접평면의 기저를 이루므로 $\gamma(t)$가 측지선이기 위한 필요충분조건은 정의 9.1에 의해서 $\gamma''(t)$가 X_u, X_v와 내적하면 모두 0이라는 것이다. 즉 $\gamma'(t) = u'(t)X_u + v'(t)X_v$이므로

$$\left(\frac{d}{dt}(u'(t)X_u + v'(t)X_v)\right)\cdot X_u = 0 \tag{9.5}$$

$$\left(\frac{d}{dt}(u'(t)X_u + v'(t)X_v)\right)\cdot X_v = 0 \tag{9.6}$$

이다. 식 (9.5)의 좌변은 다음과 같다.

$$\begin{aligned}&\frac{d}{dt}\left((u'(t)X_u + v'(t)X_v)\cdot X_u\right) - (u'(t)X_u + v'(t)X_v)\cdot\frac{dX_u}{dt}\\ &\quad = \frac{d}{dt}\left(Eu' + Fv'\right) - (u'(t)X_u + v'(t)X_v)\cdot\left(u'(t)X_{uu} + v'(t)X_{uv}\right)\\ &\quad = \frac{d}{dt}(Eu' + Fv') - ((u'(t))^2(X_u\cdot X_{uu}) + u'(t)v'(t)(X_u\cdot X_{uv} + X_v\cdot X_{uu}) + (v'(t))^2(X_v\cdot X_{uv})\end{aligned}$$

그런데

$$E_u = 2X_u\cdot X_{uu}, \quad G_u = 2X_v\cdot X_{uv}$$

이고

$$X_u\cdot X_{uv} + X_v\cdot X_{uu} = (X_u\cdot X_v)_u = F_u$$

이므로 이들을 위의 식에 대입하여 다음 식을 얻는다.

$$\begin{aligned}&\left(\frac{d}{dt}(u'(t)X_u + v'(t)X_v)\right)\cdot X_u\\ &\quad = \frac{d}{dt}(Eu' + Fv') - \frac{1}{2}(E_u(u'(t))^2 + 2F_u u'v'(t) + G_u(v'(t))^2)\end{aligned}$$

이 식으로부터 (9.3)과 (9.5)가 동치임을 알 수 있다. 같은 방법으로 식 (9.4)와 (9.6)이 동치임을 증명할 수 있다. □

측지선의 방정식에는 제1기본형만 등장할 뿐 제2기본형은 나오지 않는다. 즉 제2기본형 또는 단위법벡터장에 대한 정보가 없어도 측지선을 계산할 수 있다는 말이다.

보기 9.3 측지선의 방정식을 이용하여 **원주면** $X(u, v)$의 측지선을 구해보자.

$$X(u, v) = (\cos u, \sin u, v)$$

곡선 $\gamma(t) = X(u(t), v(t))$가 X의 측지선이라고 하자. 원주면 X의 제1기본형은

$$E = 1, \quad F = 0, \quad G = 1$$

이므로 $u(t), v(t)$는 식 (9.3)과 (9.4)로부터 다음의 미분방정식을 만족시켜야 한다.

$$u''(t) = 0, \quad v''(t) = 0$$

그러므로 상수 a, b, c, d에 대하여

$$u(t) = at + b, \quad v(t) = ct + d$$

이다. 따라서 측지선은 다음과 같은 곡선이다.

$$\gamma(t) = (\cos(at + b), \sin(at + b), ct + d) \tag{9.7}$$

만일 $a = 0$이면 $\gamma(t)$는 원주면의 축과 평행한 직선이고, $c = 0$이면 축과 수직인 평면에 놓인 원이며, $ac \neq 0$이면 원나선이다 (그림 9.1).

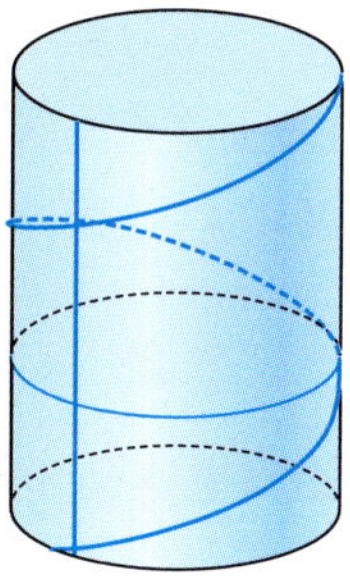

그림 **9.1** 원주면의 측지선

측지선의 방정식은 비선형 미분방정식이다. 그래서 푸는 과정이 보통 쉽지 않고 경우에 따라서는 정확한 해를 구하는 것이 불가능하기도 하다. 이 보기는 운이 아주 좋았다.

문제 9.1 점 P와 Q가 보기 9.3의 원주면의 점이라고 하자. 그러면 P와 Q를 잇는 측지선은 꼭 두 개 있거나 아니면 무수히 많음을 보여라. 측지선이 오직 두 개만 존재하는 경우는 점 P와 Q가 어떠한 위치에 있을 때인가?

9.3 가우스의 놀라운 정리

가우스 곡률 K의 공식은 다음과 같다.

$$K = \frac{eg - f^2}{EG - F^2}$$

여기서 E, F, G는 제1기본형이고 e, f, g는 제2기본형을 나타낸다. 그런데 가우스는 다음과 같은 놀라운 사실을 알아냈다.

정리 9.5 가우스의 놀라운 정리 Theorema Egregium[1]

가우스 곡률은 제1기본형만으로 구할 수 있다.

등거리 사상은 제1기본형을 보존하므로(식 (4.13) 참조) 가우스 곡률도 보존한다는 것을 가우스의 놀라운 정리로부터 알 수 있다. 가우스 곡률과 같이 등거리 사상에 의해 보존되면 **불변량**(invariance)이라고 한다. 곡면의 다른 불변량에는 두 점 사이의 최단거리, 각도, 넓이, 측지곡률, 측지선이 있다.

따름정리 9.1

가우스 곡률은 등거리 사상에 의해 보존된다. 즉 $f : X \to Y$가 등거리 사상이면 X의 임의의 점 $\mathbf{x} \in X$에서의 가우스 곡률 $K(\mathbf{x})$와 Y의 점 $f(\mathbf{x})$에서의 가우스 곡률 $K(f(\mathbf{x}))$가 같다.

가우스의 놀라운 정리를 증명하자. 곡면 $X(u, v)$의 각 점에서의 접평면의 기저를 $\{X_u, X_v\}$라고 하자. $\{X_u, X_v\}$로부터 정규직교기저를 만들어 $\{L, M\}$이라고 하자(그람-슈미트 정규직교화 과정). 곡면 X의 단위법벡터장 N을 $\det(L, M, N) = 1$이 성립하도록 정하자. 이제 세 벡터 $\{L, M, N\}$은 3차원 공간 $\mathbb{R}^3$의 양의 방향의 정규직교기저를 이룬다. 그러므로 L과 M을 미분하여 얻은 벡터들을 정규직교기저 $\{L, M, N\}$의 일차결합으로 나타낼 수 있다.[2]

$$\begin{aligned} L_u &= aM + \alpha N, \qquad & L_v &= bM + \beta N \\ M_u &= a'L + \alpha' N, \qquad & M_v &= b'L + \beta' N \end{aligned} \tag{9.8}$$

[1] '놀라운 정리'라는 이름은 가우스 자신이 붙였다고 한다.

[2] 공간 곡선의 프레네 틀을 기억해 보아라.

그런데 $L \cdot M = 0$이므로 $L_u \cdot M = -L \cdot M_u$, $L_v \cdot M = -L \cdot M_v$, 즉 $a' = -a$, $b' = -b$이다. 이를 이용하여 식 (9.8)을 정리하면

$$\begin{aligned} L_u &= aM + \alpha N, & L_v &= bM + \beta N \\ M_u &= -aL + \alpha' N, & M_v &= -bL + \beta' N \end{aligned} \tag{9.9}$$

이다.

보조정리 9.1

다음과 같은 관계가 성립한다.

$$L_u \cdot M_v - M_u \cdot L_v = \alpha\beta' - \alpha'\beta \tag{9.10}$$

$$= a_v - b_u \tag{9.11}$$

$$= \frac{eg - f^2}{\sqrt{EG - F^2}} \tag{9.12}$$

증명 세 벡터 $\{L, M, N\}$이 정규직교기저이므로 식 (9.10)은 식 (9.9)에서 바로 얻을 수 있다.

$$\begin{aligned} a &= L_u \cdot M = -L \cdot M_u \\ b &= L_v \cdot M = -L \cdot M_v \end{aligned} \tag{9.13}$$

이므로

$$\begin{aligned} a_v - b_u &= \frac{\partial}{\partial u}(L \cdot M_v) - \frac{\partial}{\partial t}(L \cdot M_u) \\ &= L_u \cdot M_v + L \cdot M_{uv} - L_v \cdot M_u - L \cdot M_{uv} \\ &= L_u \cdot M_v - L_v \cdot M_u \end{aligned}$$

식 (9.11)을 얻는다. 마지막으로 식 (9.12)를 증명하기 위하여 다음 세 식을 생각하자.

$$\begin{aligned} N_u \times N_v &= K(X_u \times X_v) \\ N &= \frac{X_u \times X_v}{\|X_u \times X_v\|} \\ \|X_u \times X_v\| &= \sqrt{EG - F^2} \end{aligned}$$

참고로 첫 번째 줄은 식 (8.15)이다. 그렇다면

$$N_u \times N_v = \frac{eg - f^2}{\sqrt{EG - F^2}} N$$

이고, 따라서

$$N_u \times N_v \cdot N = \frac{eg - f^2}{\sqrt{EG - F^2}}$$

이다. $N = L \times M$이므로

$$\begin{aligned} N_u \times N_v \cdot N &= (N_u \times N_v) \cdot (L \times M) \\ &= (N_u \cdot L)(N_v \cdot M) - (N_u \cdot M)(N_v \cdot L) \\ &= (N \cdot L_u)(N \cdot M_v) - (N \cdot M_u)(N \cdot L_v) \quad \text{식 (9.8)을 이용} \\ &= \alpha\beta' - \alpha'\beta \end{aligned}$$

이다. 이 계산에서는 등식 $N \cdot L = 0 = N \cdot M$을 u와 v로 각각 미분하여 얻은 다음 관계식들을 사용하였다.

$$\begin{aligned} N_u \cdot L &= -N \cdot L_u \qquad & N_u \cdot M &= -N \cdot M_u \\ N_v \cdot L &= -N \cdot L_v \qquad & N_v \cdot M &= -N \cdot M_v \end{aligned}$$

이제 관계식들을 정리하면 식 (9.12)를 얻는다. □

이제 놀라운 정리의 증명으로 돌아가자. 보조정리의 식 (9.11)과 (9.12)를 이용하면 가우스 곡률 K를 아래와 같이 쓸 수 있다.

$$K = \frac{a_v - b_u}{\sqrt{EG - F^2}} \tag{9.14}$$

그러므로 증명을 끝내기 위해서 a와 b가 오직 E, F, G에만 의존하도록 정규직교기저 $\{L, M\}$를 고를 수 있다는 것만 보이면 된다. 접평면의 기저 $\{X_u, X_v\}$로부터 그람-슈미트 정규직교화 과정을 이용하여 우리가 원하는 성질을 만족하는 정규직교기저 $\{L, M\}$을 구체적으로 어떻게 얻는지 살펴보자.

먼저 L을 다음과 같이 정의하자.

$$L = \frac{X_u}{\|X_u\|} = \epsilon X_u$$

물론 여기서 $\epsilon = \frac{1}{\sqrt{E}}$ 이다. 이제 벡터

$$M = \gamma X_u + \delta X_v$$

가 L과 수직한 단위벡터가 되도록 적당한 실수 γ와 δ를 고르자. 즉

$$0 = L \cdot M = \epsilon X_u \cdot (\gamma X_u + \delta X_v) = \epsilon(\gamma E + \delta F) \tag{9.15}$$

$$1 = M \cdot M = (\gamma X_u + \delta X_v) \cdot (\gamma X_u + \delta X_v) = \gamma^2 E + 2\gamma\delta F + \delta^2 G \tag{9.16}$$

식 (9.15)로부터 $\gamma = -\delta \frac{F}{E}$ 이고, 이를 식 (9.16)에 대입하면

$$\delta^2 \left(\frac{F^2}{E} - 2\frac{F^2}{E} + G \right) = 1$$

을 얻는다. 따라서 다음과 같은 관계를 얻는다.

$$\delta = \frac{\sqrt{E}}{\sqrt{EG - F^2}}, \quad \gamma = -\frac{F}{\sqrt{E(EG - F^2)}} \tag{9.17}$$

여기에서 δ와 γ의 부호를 달리 택할 수도 있지만 계산 결과는 같다. 이렇게 구한 정규직교기저 $\{L, M\}$에 대해서 a와 b는 오직 E, F, G에만 의존하는 함수로 아래와 같이 쓸 수 있다.

$$\begin{aligned}
a &= L_u \cdot M \\
&= (\epsilon_u X_u + \epsilon X_{uu}) \cdot (\gamma X_u + \delta X_v) \\
&= \frac{\epsilon_u}{\epsilon} (\epsilon X_u) \cdot (\gamma X_u + \delta X_v) + \epsilon\gamma X_{uu} \cdot X_u + \epsilon\delta X_{uu} \cdot X_v \\
&= \frac{\epsilon_u}{\epsilon} L \cdot M + \frac{1}{2}\epsilon\gamma (X_u \cdot X_u)_u + \epsilon\delta((X_u \cdot X_v)_u - X_u \cdot X_{uv}) \\
&= \frac{1}{2}\epsilon\gamma E_u + \epsilon\delta \left(F_u - \frac{1}{2} E_v \right) \\
b &= L_v \cdot M \\
&= (\epsilon_v X_u + \epsilon X_{uv}) \cdot (\gamma X_u + \delta X_v) \\
&= \frac{\epsilon_v}{\epsilon} L \cdot M + \epsilon\gamma X_{uv} \cdot X_u + \epsilon\delta X_{uv} \cdot X_v \\
&= \frac{1}{2}\epsilon\gamma E_v + \frac{1}{2}\epsilon\delta G_u
\end{aligned}$$

그러므로 식 (9.14)로 돌아가서 가우스 곡률은 제1기본형 E, F, G만의 함수임을 증명했다. □

가우스 곡률은 정의 7.1에서 매개곡면 $X : U \to \mathbb{R}^3$을 이용하여 정의했다. 그러나 놀라운 정리는 곡면을 정의하는 사상 X를 알지 못하더라도(즉 곡면이 어떻게 생겼는지 전혀 알지 못해도) 지도 U에서 정의된 제1기본형 E, F, G만 있으면 가우스 곡률을 구할 수 있다고 말한다. 정말 놀라운 정리가 아닐 수 없다. 이렇게 제2기본형과 상관없이 제1기본형에만 의존하는 곡면의 성질을 **내재적**(intrinsic) 혹은 **본질적** 성질이라고 한다. 곡선의 길이와 곡면의 넓이도 내재적 성질이다. 정리 9.4에서 보았듯이 측지선도 내재적 성질이다.

지금까지의 계산을 이용하여 가우스 곡률 K를 제1기본형만의 식으로 표현하면 다음과 같다.

따름정리 9.2

$$K = \frac{\begin{vmatrix} -\frac{1}{2}E_{vv} + F_{uv} - \frac{1}{2}G_{uu} & \frac{1}{2}E_u & F_u - \frac{1}{2}E_v \\ F_v - \frac{1}{2}G_u & E & F \\ \frac{1}{2}G_v & F & G \end{vmatrix} - \begin{vmatrix} 0 & \frac{1}{2}E_v & \frac{1}{2}G_u \\ \frac{1}{2}E_v & E & F \\ \frac{1}{2}G_u & F & G \end{vmatrix}}{(EG - F^2)^2} \tag{9.18}$$

다음은 곡면에 **직교좌표계**가 주어진 경우, 즉 제1기본형의 $F = 0$(직교좌표계)인 특별한 경우로 퍽 유용하게 쓸 수 있다.

따름정리 9.3

(1) 만일 $F = 0$이면

$$K = -\frac{1}{2\sqrt{EG}}\left\{\frac{\partial}{\partial u}\left(\frac{G_u}{\sqrt{EG}}\right) + \frac{\partial}{\partial v}\left(\frac{E_v}{\sqrt{EG}}\right)\right\} \tag{9.19}$$

(2) 만일 $E = 1$, $F = 0$이면

$$K = -\frac{1}{\sqrt{G}}\frac{\partial^2 \sqrt{G}}{\partial u^2} \tag{9.20}$$

이다.

보기 9.4 제1기본형이 $E(u,v) = G(u,v) = \frac{1}{v^2}$, $F(u,v) = 0$인 곡면의 가우스 곡률은 식 (9.19)를 이용하여 $K = -1$이다.

보기 9.5 **회전면**

$$X(u,v) = (f(u)\cos v, f(u)\sin v, g(u)) \tag{9.21}$$

의 매개변수 u를 적당히 조정하여

$$f(u) > 0, \quad f'(u)^2 + g'(u)^2 = 1$$

이라고 하자. 그러면 제1기본형은

$$E = 1,\ F = 0,\ G = f(u)^2$$

이다. 식 (9.20)을 적용하면 가우스 곡률은 다음과 같다.

$$K = -\frac{1}{\sqrt{G}}\frac{\partial^2\sqrt{G}}{\partial u^2} = -\frac{f_{uu}}{f} \tag{9.22}$$

9.4 연습문제

9.1 식 (9.4)와 식 (9.6)이 동치임을 보여라.

9.2 측지선의 방정식을 이용하여 구면의 측지선은 대원뿐임을 보여라.

9.3 **나선면** $X(u,v) = (u\cos v, u\sin v, v)$에 놓여있는 단위속력곡선 $\gamma(s) = X(u(s), v(s))$에 대하여 다음 물음에 답하여라.

a) $u(s), v(s)$는 다음 미분방정식을 만족시킴을 보여라.

$$(u'(s))^2 + (1 + u(s)^2)(v'(s))^2 = 1$$

b) 만일 $\gamma(s)$가 측지선이면 적당한 상수 a에 대하여 다음 식을 만족시킴을 보여라.

$$v'(s) = \frac{a}{1 + u(s)^2}$$

c) $a = 0$일 때와 $a = 1$일 때의 측지선을 각각 구하여라.

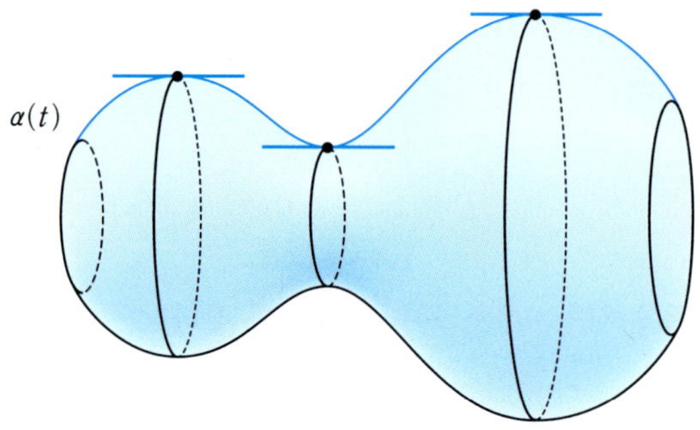

그림 9.2 회전면의 측지선

9.4 xy 평면에 놓여 있는 단위속력곡선 $\alpha(t) = (x(t), y(t))$, $y(t) > 0$을 x축을 중심으로 회전하여 아래와 같은 **회전면**을 얻었다 (그림 9.2).

$$X(t,\theta) = (x(t), y(t)\cos\theta, y(t)\sin\theta)$$

각각의 $\theta \in \mathbb{R}$에 대해서 곡선 α_θ는 **모선**(meridian)이다.

$$\alpha_\theta(t) = (x(t), y(t)\cos\theta, y(t)\sin\theta) \tag{9.23}$$

또한 각각의 $t \in \mathbb{R}$에 대해서 곡선 β_t는 **평행선**(parallel)이다.

$$\beta_t(\theta) = (x(t), y(t)\cos\theta, y(t)\sin\theta) \tag{9.24}$$

모선과 평행선에 대해서 다음을 보여라.

a) 모선 α_θ와 평행선 β_t는 항상 수직으로 만난다.

b) 모선 α_θ는 측지선이다.

c) t_0에 대하여 평행선 β_{t_0}이 측지선이라는 것과 xy평면에서 단위속력곡선 $\alpha(t)$의 t_0에서의 접선의 기울기가 0이라는 것은 동치이다.[3]

[3]측지선에 대한 유용한 역학적 해석이 있다. 고무줄을 회전면에 감으면 고무줄에 장력이라는 힘이 생긴다. 유명한 식

9.5 미분가능한 함수 $u(s,t)$에 대하여 곡면 $X(s,t)$의 제1기본형이

$$E(s,t) = G(s,t) = e^{u(s,t)},\ F(s,t) = 0$$

으로 주어졌다. 곡면 X의 가우스 곡률 K가 다음 식을 만족시킴을 보여라.

$$\triangle u(s,t) + 2Ke^{u(s,t)} = 0 \tag{9.25}$$

여기서 $\triangle$은 **라플라시안**(Laplacian) $\frac{\partial^2}{\partial s^2} + \frac{\partial^2}{\partial t^2}$이다.

힘 = 질량 × 가속도를 생각해보면 이 장력이 가속도벡터이다. 그런데 고무줄을 감을 때 장력의 방향, 즉 가속도의 방향이 회전면에 수직한 방향이 갖도록 감는다면 고무줄은 가만히 있을 것이다. 그렇지 않고 장력(가속도벡터)에 접평면 방향의 성분이 있으면 고무줄이 접평면 방향으로 움직일 것이다. 그러므로 b)와 c)의 곡선(고무줄)은 측지선의 궤적이다.

제 10 장

가우스-보네 정리

10.1 국소적 가우스-보네 정리

다음 사실을 증명 없이 사용하겠다.

> 어떤 곡면이든지 주어진 점의 조그마한 근방은 **직교좌표계**, 즉 $F = 0$인 매개곡면으로 표현할 수 있다.

직교좌표계에서 가우스 곡률 K는 다음과 같다 (식 (9.19)).

$$K = -\frac{1}{2\sqrt{EG}}\left\{\frac{\partial}{\partial u}\left(\frac{G_u}{\sqrt{EG}}\right) + \frac{\partial}{\partial v}\left(\frac{E_v}{\sqrt{EG}}\right)\right\} \tag{10.1}$$

곡면 $\Sigma = X(U)$에서 그림 10.1과 같이 시작점과 끝점이 만나는 세 단위속력곡선 $\gamma_i : [0,1] \to \Sigma$, $(i = 1,2,3)$

$$\gamma_1(1) = \gamma_2(0),\ \gamma_2(1) = \gamma_3(0),\ \gamma_3(1) = \gamma_1(0)$$

을 $\gamma = \gamma_1 \cup \gamma_2 \cup \gamma_3$이라 쓰고 **삼각형**이라 부르자. 특별히 γ_i가 모두 측지선이면 γ를 **측지 삼각형**이라고 하자. 만일 γ가 곡면에서 단순 연결 영역을 반시계 방향으로 둘러싸고 있으면 이를 삼각형 영역이라고 부르겠다. 우리는 삼각형 영역을 이루는 γ만 생각하고, 그 삼각형 영역에 직교좌표계가 주어졌다고 가정하겠다. 이제 삼각형의 꼭짓점을 $v_1 = \gamma_1(1) = \gamma_2(0)$, $v_2 = \gamma_2(1) = \gamma_3(0)$, $v_3 = \gamma_3(1) = \gamma_1(0)$이라고 하자. 각 꼭짓점에서의 **외각**을 아래와 같이 정의한다.

- 꼭짓점 v_1에서의 외각 θ_1은 벡터 $\gamma_1'(1)$과 $\gamma_2'(0)$이 이루는 각
- 꼭짓점 v_2에서의 외각 θ_2는 벡터 $\gamma_2'(1)$과 $\gamma_3'(0)$이 이루는 각

- 꼭짓점 v_3에서의 외각 θ_3은 벡터 $\gamma_3'(1)$과 $\gamma_1'(0)$이 이루는 각

그리고 꼭짓점 v_i에서의 내각은 $\iota_i = \pi - \theta_i$ $(i = 1, 2, 3)$으로 정의한다.

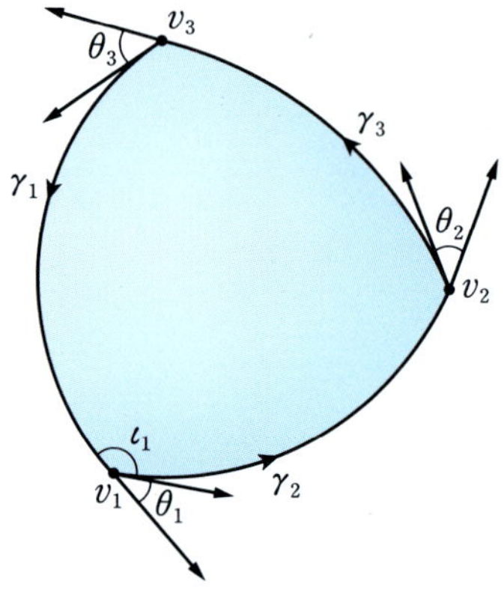

그림 10.1 삼각형 $\gamma = \gamma_1 \cup \gamma_2 \cup \gamma_3$

삼각형의 각 점 $\gamma(s)$에서 벡터장 X_u와 $\gamma'(s)$가 이루는 각을 $\varphi(s)$라고 하자. 즉 $i = 1, 2, 3$에 대해서 곡선 γ_i의 각점에서 X_u와 $\gamma_i'(s)$가 이루는 각을 $\varphi_i(s)$라고 하면 각도함수 φ는 φ_1, φ_2, φ_3으로 이루어져 있다. 각도함수 φ는 꼭짓점 v_1, v_2, v_3에서는 정의되지 않을 수 있다.

보조정리 10.1

$$\frac{d\varphi}{ds}(s) = \kappa_g(s) - \frac{1}{2}\frac{1}{\sqrt{E(\gamma(s))G(\gamma(s))}}\left(G_u(\gamma(s))\frac{dv}{ds} - E_v(\gamma(s))\frac{du}{ds}\right) \tag{10.2}$$

증명

$$e_1 = \frac{X_u}{\sqrt{E}}, \quad e_2 = \frac{X_v}{\sqrt{G}}$$

라고 하자. 곡면이 직교좌표계를 가지고 있으므로, 즉 $F = X_u \cdot X_v = 0$이므로 $\{e_1, e_2\}$는 접평면의 정규직교기저를 이룬다. $\gamma'(s)$가 X_u와 이루는 각이 φ이므로 e_1과 이루는 각도 φ이다.

$$\begin{aligned}
\gamma' &= \cos\varphi e_1 + \sin\varphi e_2 \\
N \times \gamma' &= \cos\left(\varphi + \frac{\pi}{2}\right)e_1 + \sin\left(\varphi + \frac{\pi}{2}\right)e_2 = -\sin\varphi e_1 + \cos\varphi e_2
\end{aligned}$$

곡선 γ의 측지곡률을 계산하자.

$$\gamma'' = -\sin\varphi\varphi' e_1 + \cos\varphi e_1' + \cos\varphi\varphi' e_2 + \sin\varphi e_2'$$

이므로

$$
\begin{aligned}
\kappa_g &= \gamma''\cdot(N \times \gamma') \\
&= (-\sin\varphi\varphi' e_1 + \cos\varphi e_1' + \cos\varphi\varphi' e_2 + \sin\varphi e_2')\cdot(-\sin\varphi e_1 + \cos\varphi e_2) \qquad (10.3)\\
&= \varphi' + \cos^2\varphi(e_1'\cdot e_2) - \sin^2\varphi(e_1\cdot e_2') = \varphi' + e_1'\cdot e_2 = \varphi' + u'(e_1)_u\cdot e_2 + v'(e_1)_v\cdot e_2
\end{aligned}
$$

여기서 $\{e_1, e_2\}$가 정규직교기저이므로

$$
\begin{aligned}
e_1\cdot {e_1}' &= e_2\cdot {e_2}' = 0 \\
{e_1}'\cdot e_2 &= -e_1\cdot {e_2}'
\end{aligned}
$$

이다. 따라서

$$
\begin{aligned}
(e_1)_u\cdot e_2 &= \left(\frac{X_u}{\sqrt{E}}\right)_u \cdot \frac{X_v}{\sqrt{G}} = \left(\frac{X_{uu}}{\sqrt{E}} + X_u\left(\frac{1}{\sqrt{E}}\right)_u\right)\cdot\frac{X_v}{\sqrt{G}} \\
&= \frac{X_{uu}\cdot X_v}{\sqrt{EG}} = -\frac{1}{2}\frac{E_v}{\sqrt{EG}}
\end{aligned} \qquad (10.4)
$$

이고, 같은 방법으로

$$
\langle (e_1)_v, e_2 \rangle = \frac{1}{2}\frac{G_u}{\sqrt{EG}} \qquad (10.5)
$$

를 얻는다. 이제 식 (10.3)에 식 (10.4), (10.5)를 대입하여 도움정리를 얻는다. □

이제 삼각형 γ에서 정의된 각도함수의 변화량 $\sum \triangle\varphi_i = \triangle\varphi_1 + \triangle\varphi_2 + \triangle\varphi_3$을 보조정리 10.1을 이용하여 구하자.

$$
\begin{aligned}
\sum \triangle\varphi_i &= \sum \int \frac{d\varphi_i}{ds} ds \\
&= \int_\gamma \kappa_g(s)ds + \int_\gamma \frac{1}{2}\frac{1}{\sqrt{EG}}(E_v u' - G_u v')ds \\
&= \int_\gamma \kappa_g(s)ds + \int_\gamma \frac{1}{2}\left(\frac{E_v}{\sqrt{EG}}du - \frac{G_u}{\sqrt{EG}}dv\right) \qquad (10.6)\\
&= \int_\gamma \kappa_g(s)ds - \iint_{\text{int}(\gamma)} \frac{1}{2}\left\{\left(\frac{G_u}{\sqrt{EG}}\right)_u + \left(\frac{E_v}{\sqrt{EG}}\right)_v\right\} dudv \\
&= \int_\gamma \kappa_g(s)ds + \iint_{\text{int}(\gamma)} K d\Sigma
\end{aligned}
$$

그런데 γ는 단순 폐곡선이므로 그림 10.1에서 알 수 있듯이

$$\sum \triangle\varphi_i = 2\pi - \sum_{i=1,2,3} \theta_i = \left(\sum_{i=1,2,3} \iota_i\right) - \pi$$

이므로 다음 정리를 얻는다.

정리 10.1 **국소적 가우스-보네 정리**

곡면 Σ의 삼각형 γ에 대하여 다음이 성립한다.

$$\iint_{\text{int}(\gamma)} K d\Sigma + \int_\gamma \kappa_g ds = 2\pi - (\text{외각의 합}) = (\text{내각의 합}) - \pi \tag{10.7}$$

보기 10.1 반지름이 r인 **구면**의 측지삼각형 γ에 대하여 국소적 **가우스-보네 정리**(Gauss-Bonnet theorem)를 적용해보자. γ가 측지선이므로 측지곡률이 $\kappa_g = 0$이고, 구면의 모든 점에서 가우스 곡률은 상수 $K = \frac{1}{r^2}$이다. 그러므로 식 (10.7)에서

$$\iint_{\text{int}(\gamma)} K d\Sigma = \frac{1}{r^2}(\text{삼각형 } \gamma\text{의 넓이}), \quad \int_\gamma \kappa_g ds = 0$$

이므로

$$\text{삼각형 } \gamma\text{의 내각의 합} = \frac{1}{r^2}(\text{삼각형 } \gamma\text{의 넓이}) + \pi$$

이다. 즉 구면에서 측지삼각형의 세 내각의 합은 π보다 크다.

보기 10.2 가우스 곡률이 상수로 -1인 곡면에서 측지삼각형을 생각하자. 국소적 가우스-보네 정리를 다시 적용하면

$$\text{측지삼각형의 내각의 합} = \pi - \text{삼각형의 넓이}$$

이다. 넓이는 항상 양의 실수이므로 이런 곡면에서 측지삼각형의 세 내각의 합은 π보다 작다. 또한

$$\text{삼각형의 넓이} = \pi - \text{측지삼각형의 내각의 합}$$

이다. 내각의 합 또한 음수가 될 수는 없으므로 이런 곡면에서 측지삼각형의 넓이는 π보다 클 수 없다.

문제 10.1 국소적 가우스-보네 정리에서 곡면 Σ의 곡선 γ가 n각형이라면 식 (10.7)의 등식의 오른쪽이 어떻게 바뀔까?

$$\iint_{\mathrm{int}(\gamma)} K d\Sigma + \int_\gamma \kappa_g ds = ? \tag{10.8}$$

10.2 폐곡면과 오일러 특성수

(곡면이 아니라) **다면체** T에 대하여

꼭짓점의 개수 − 변의 개수 + 면의 개수

를 T의 **오일러 특성수** 혹은 **오일러 지표**(Euler characteristic)라고 하고 $\chi(T)$로 나타낸다. 예를 들어서 정사면체의 오일러 특성수는 $4-6+4=2$이고, 정육면체의 오일러 특성수는 $8-12+6=2$이다. 다면체의 면을 삼각형으로 나누어서 계산하여도 오일러 특성수는 변하지 않는다. 왜 그런지 n각형의 내부에 꼭짓점을 하나 추가한 경우를 예로 생각해보고 직관적으로 이해하자. n각형의 내부에 꼭짓점을 하나 추가하고 기존의 꼭짓점과 새로 추가한 꼭짓점을 변으로 이어서 다면체를 완성하자. 그러면 꼭짓점은 1개 늘었고, 변은 n개, 면은 $(n-1)$개 늘어났다. 그러므로 (꼭짓점의 개수) − (변의 개수) + (면의 개수)는 변하지 않는다.

이번에는 **폐곡면**(유계이고 경계가 없이 닫힌 곡면)의 오일러 특성수를 생각해 보자. **방향을 정할 수 있는 곡면**만 생각하기로 한다. 먼저 몇 가지의 용어와 개념이 필요하다. 그 하나는 앞에서 등장했던 삼각형 영역인데, 지도 위의 삼각형을 매개곡면의 표현으로 보냈을 때 얻는 상이라고 생각하자. 삼각형의 변 또는 꼭짓점의 상을 각각 삼각형 영역의 변 또는 꼭짓점이라고 부르기로 하자. 매개곡면의 표현은 미분가능한 위상동형사상임을 기억하고 있기 바란다.

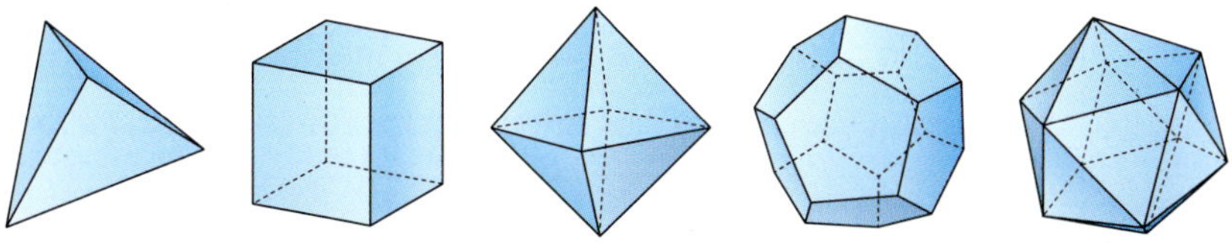

그림 10.2 여러 가지 다면체

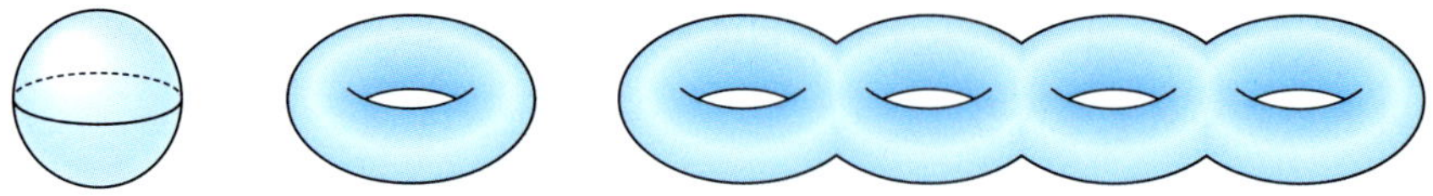

그림 10.3 폐곡면

나머지 하나는 삼각분할이라는 개념이다. 곡면의 영역 R에 대하여 다음 조건을 만족하는 삼각형 영역의 유한개의 모임 $\{T_i\}$를 R의 **삼각분할**이라고 부른다.

(1) $\cup_i T_i = R$

(2) 서로 다른 i, j에 대하여 $T_i \cap T_j \neq \emptyset$이면 $T_i \cap T_j$는 공통 변 또는 공통 꼭짓점

그림 10.4는 꼭짓점 6개, 변 12개, 면 8개로 이루어진 구면의 삼각분할의 예이다. 그림 10.5은 $T_i \cap T_j$가 변 또는 꼭짓점이 아니므로 삼각분할이 아니다.

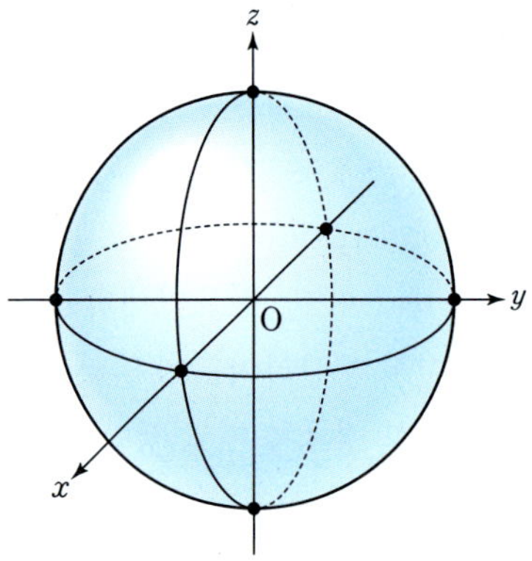

그림 10.4 구면의 삼각분할

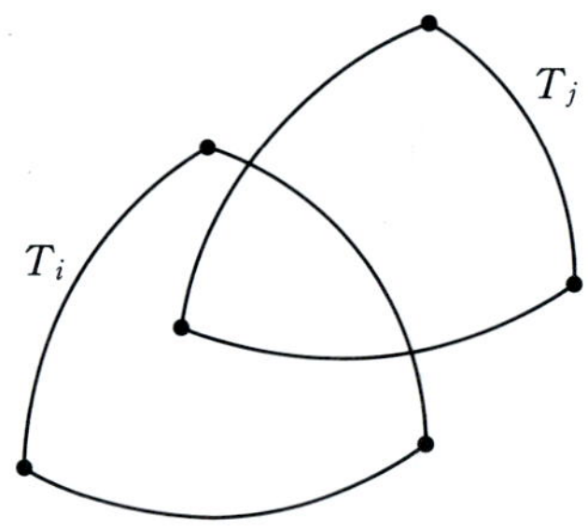

그림 10.5 삼각분할이 아닌 예

이제 $\{T_i\}$를 폐곡면 Σ의 삼각분할이라고 하자. 이 삼각분할의 꼭짓점의 개수를 V, 변의 개수를 E, 면의 개수를 F라고 할 때

$$\chi(\Sigma) = V - E + F \tag{10.9}$$

를 **Σ의 오일러 특성수**라고 한다. 폐곡면은 항상 삼각분할할 수 있고, 폐곡면을 삼각분할하는 방법은 무수히 많지만 어떤 삼각분할을 사용해도 오일러 특성수는 같다(왜 그럴까?).

보기 10.3 구면과 원환면의 오일러 특성수를 그림 10.6을 이용하여 구하면 아래와 같다.

$$\chi(\text{구면}) = 4 - 6 + 4 = 2$$
$$\chi(\text{원환면}) = 9 - 27 + 18 = 0$$

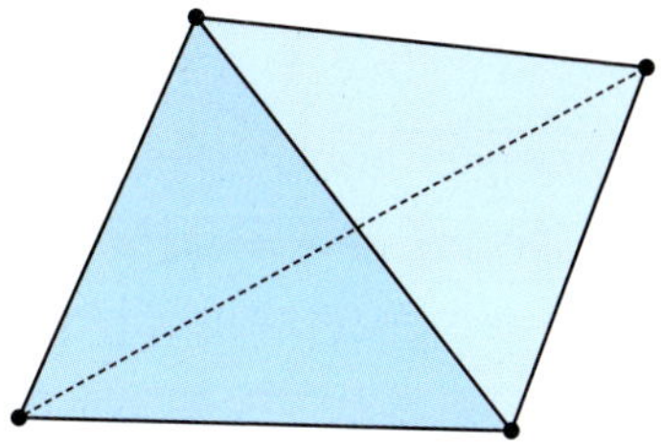

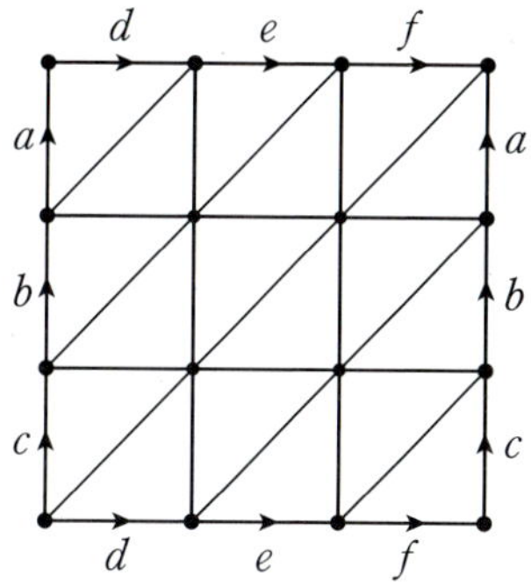

그림 10.6 구면과 원환면의 삼각분할

폐곡면의 오일러 특성수에 대하여 다음과 같은 사실이 알려져 있다.

정리 10.2

(1) 폐곡면의 오일러 특성수는 $2, 0, -2, -4, \ldots, -2n, \ldots$ 중의 하나이다.

(2) 두 폐곡면이 위상동형이기 위한 필요충분조건은 오일러 특성수가 같은 것이다.

폐곡면 Σ에 대하여

$$g(\Sigma) = 1 - \frac{\chi(\Sigma)}{2} \tag{10.10}$$

를 Σ의 **종수**(genus)라고 한다. 예를 들어서 $g(\text{구면}) = 0$이고, $g(\text{원환면}) = 1$이다.

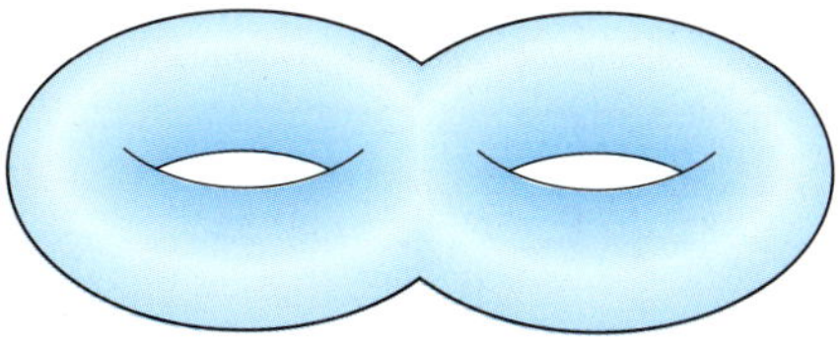

그림 10.7 종수가 2인 폐곡면 Σ_2

보기 10.4 그림 10.7의 곡면 Σ_2의 오일러 특성수를 구해 보자. 그림 10.8의 A는 원환면에서 삼각형 영역을 하나 제거한 것이다. 이때, 변과 꼭짓점은 그대로 두고 삼각형 영역의 내부만 제거한다. 원환면의 삼각분할에서 면을 하나 제거하면 면의 개수만 하나 줄고 변과 꼭짓점의 개수는 그대로이므로 A의 오일러 특성수는

$$\chi(A) = \chi(\text{원환면}) - 1 = 0 - 1 = -1$$

이다.

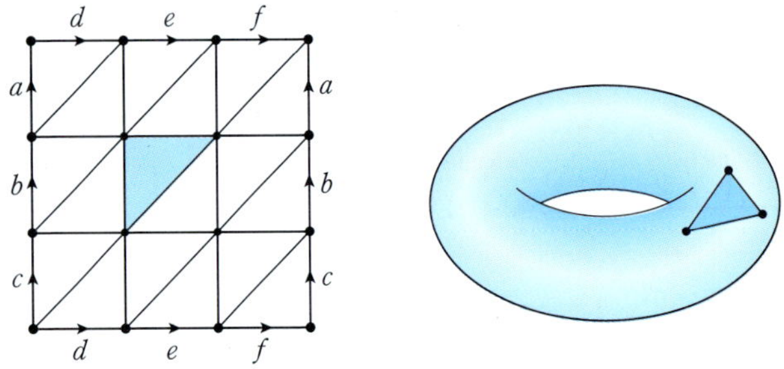

그림 10.8 면이 하나 제거된 원환면 A

한편 그림 10.9에서 곡면 A, B는 면이 하나씩 제거된 원환면이다. A와 B의 제거된 삼각형 영역의 경계인 삼각형의 변과 꼭짓점을 서로 붙이면 곡면 Σ_2를 얻을 수 있다. 이때 면의 개수는 그대로이고 꼭짓점과 변이 각각 세 개씩 줄어들기 때문에 폐곡면 Σ_2의 오일러 특성수는 아래와 같다. 여기서 A, B의 꼭짓점, 변, 면의 개수를 각각 $V(A)$, $E(A)$, $F(A)$와 $V(B)$, $E(B)$, $F(B)$라고 하자.

$$\begin{aligned}\chi(\Sigma_2) &= (V(A) + V(B) - 3) - (E(A) + E(B) - 3) + (F(A) + F(B)) \\ &= (V(A) - E(A) + F(A)) + (V(B) - E(B) + F(B)) = \chi(A) + \chi(B) = -2\end{aligned}$$

그러므로 Σ_2의 종수는

$$g(\Sigma_2) = 1 - \frac{\chi(\Sigma_2)}{2} = 2$$

이다.

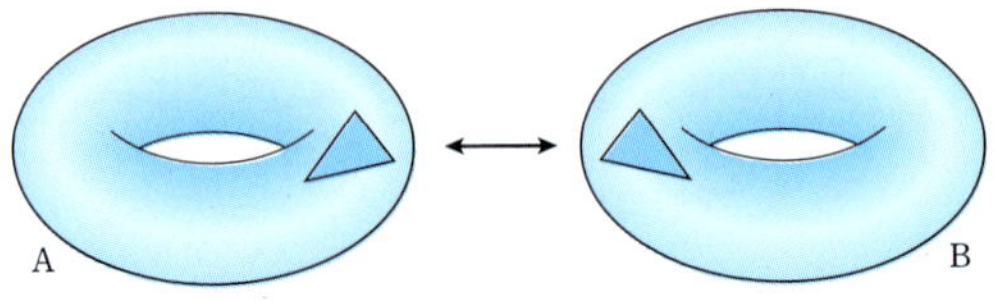

그림 10.9 종수가 2인 원환면 Σ_2 만들기

보기 10.5 종수가 2인 폐곡면 Σ_2는 그림 10.10과 같이 원환면에 손잡이(원기둥)를 하나 붙인 것으로 볼 수도 있다. 즉 원환면에서 삼각형 영역을 두 개 제거한 곡면을 C, 원기둥을 D라 하고 C의 경계인 삼각형을 따라 D의 양 끝을 각각 붙인다. 원환면의 삼각분할에서 면을 두 개 제거한 것을 C의 삼각분할로 볼 수 있으므로 (면만 제거하고 꼭짓점과 변은 그대로 둔다), C의 오일러 특성수는

$$\chi(C) = \chi(\text{원환면}) - 2 = -2$$

이다. 원기둥 D는 구면의 삼각분할에서 면을 2개 제거한 것과 위상동형이므로 D의 오일러 특성수는

$$\chi(D) = \chi(\text{구면}) - 2 = 0$$

이다. C에 원기둥 D를 붙이면 꼭짓점과 변의 개수가 세 개씩 줄어든다. 그러므로 폐곡면 Σ_2의 오일러 특성수는 아래와 같이 -2이다.

$$\begin{aligned}\chi(\Sigma_2) &= (V(C) + V(D) - 3) - (E(C) + E(D) - 3) + (F(C) + F(D)) \\ &= (V(C) - E(C) + F(C)) + (V(D) - E(D) + F(D)) = \chi(C) + \chi(D) \qquad (10.11) \\ &= \Big(\chi(\text{원환면}) - 2\Big) + 0 = -2\end{aligned}$$

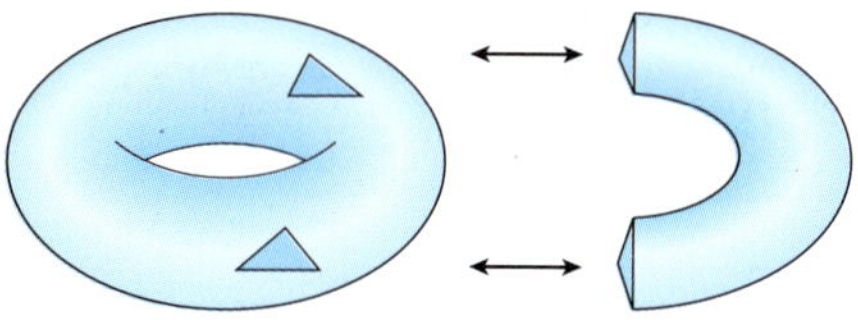

그림 10.10 원환면에 손잡이 붙이기

보기 10.6 그림 10.11의 폐곡면 Σ_3의 오일러 특성수와 종수를 구해보자. 폐곡면 Σ_3는 보기 10.5에서 한 대로 곡면 Σ_2에 손잡이를 하나 더 붙여서 얻을 수 있다. 그러므로 폐곡면 Σ_3의 오일러 특성수는

$$\chi(\Sigma_3) = \chi(\Sigma_2) - 2 = -4 \qquad (10.12)$$

이고 종수는 3이다.

$$g(\Sigma_3) = g(\Sigma_2) + 1 = 3$$

물론 폐곡면 Σ_3은 보기 10.4에서 한 대로 곡면 Σ_2와 원환면에서 삼각형 영역을 각각 하나씩 제거하고 붙여서 얻을 수도 있다.

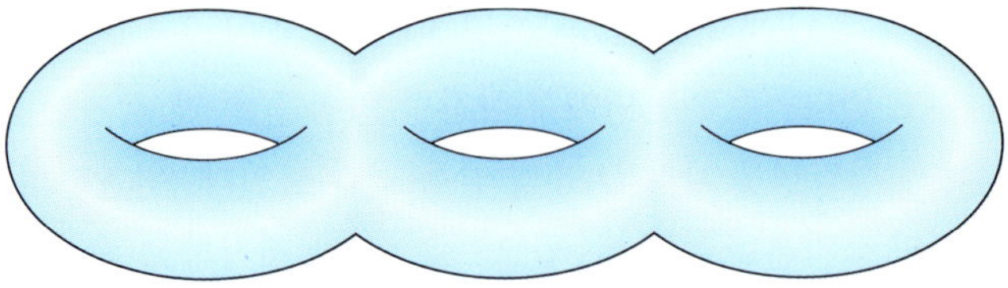

그림 10.11 종수가 3인 폐곡면 Σ_3

이제 보기를 찬찬히 들여다보면 식 (10.11)과 (10.12)로부터 곡면에 손잡이를 하나 붙일 때마다 오일러 특성수는 2씩 줄어들고, 종수는 1씩 늘어난다는 것을 알 수 있다.

종수가 g인 폐곡면 Σ_g의 오일러 특성수는 $\chi(\Sigma_g) = 2 - 2g$이다.

모든 폐곡면은 구면에 적당한 개수의 손잡이를 붙여서 얻을 수 있는 곡면과 위상동형이다. 폐곡면의 종수를 알면 오일러 특성수를 알 수 있다. 그런데 두 폐곡면이 위상동형이기 위한 동치조건이 바로 오일러 특성수가 같은 것이다. 그러므로 두 개의 폐곡면이 위상적으로 같은지 알아보려면 종수가 같은지만 알아보면 된다.

10.3 대역적 가우스-보네 정리

폐곡면 Σ가 꼭짓점의 개수가 V, 변의 개수가 E, 면의 개수가 F인 $\{T_i\}$로 삼각분할되어 있다고 하자. 각각의 삼각형 영역 T_i에 대하여 국소적 가우스-보네 정리 10.1을 적용하면

$$\iint_{T_i} K d\Sigma + \int_{\partial T_i} \kappa_g ds = \text{삼각형 } T_i \text{의 내각의 합} - \pi \tag{10.13}$$

이다. 이때, ∂T_i는 삼각형 영역 T_i의 변을 이루는 곡선이다. 이 식을 모든 삼각형 영역 $\{T_i\}$에 대해 합하면

$$\sum_i \iint_{T_i} K d\Sigma + \sum_i \int_{\partial T_i} \kappa_g ds = \sum_i (T_i \text{의 세 내각의 합} - \pi) \tag{10.14}$$

이다. 좌변의 $\sum_i \iint_{T_i} K d\Sigma$는 가우스 곡률 K를 폐곡면 전체에서 적분한 것과 같다.

$$\sum_i \iint_{T_i} K d\Sigma = \iint_{\Sigma} K d\Sigma$$

두 번째 항 $\int_{\partial T_i} \kappa_g ds$를 모든 삼각형 영역 $\{T_i\}$에 대해 합하면, 한 변을 정확하게 두 삼각형 영역이 공유하고 이때 변의 방향이 서로 반대이므로 선적분 값들이 서로 상쇄되어 합은 0이 된다.

$$\sum_i \int_{\partial T_i} \kappa_g ds = 0$$

이제 식 (10.14)의 우변을 알아보자. 삼각분할 $\{T_i\}$를 이루는 삼각형 영역의 개수는 곧 면의 개수 F이다. 폐곡면을 삼각분할했으므로 각 변을 정확히 두 개의 삼각형이 공유하고, 각 삼각형 영역은 세 개의 변을 가지므로

$$3F = 2E$$

이다. 또한 폐곡면이므로 각 꼭짓점마다 유한개의 삼각형 영역 $T_{i_1}, T_{i_2}, \ldots, T_{i_j}$가 빈 공간이 없이 붙어 있으므로 꼭짓점을 중심으로 내각을 모두 합하면 2π이다. 그러므로 우변은

$$\begin{aligned}\sum_i (T_i\text{의 세 내각의 합} - \pi) &= 2\pi V - \pi F \\ &= 2\pi V - 3\pi F + 2\pi F = 2\pi V - 2\pi E + 2\pi F \\ &= 2\pi(V - E + F) = 2\pi\chi(\Sigma)\end{aligned}$$

이다. 이것을 **대역적 가우스-보네 정리**라고 부른다.

정리 10.3 대역적 가우스-보네 정리

종수가 g인 방향을 정할 수 있는 폐곡면 Σ에 대하여

$$\iint_\Sigma K d\Sigma = 2\pi\chi(\Sigma) = 2\pi(2-2g) \tag{10.15}$$

이다. 이때, $\chi(\Sigma)$는 곡면 Σ의 오일러 특성수이다.

10.4 연습문제

10.1 식 (10.5)를 증명하여라.

10.2 반지름이 1인 구면의 북극점 N과 적도 위에 놓인 두 점 P, Q를 생각하자. 이때 적도 위의 두 점 P, Q 사이의 거리는 $\frac{\pi}{2}$이다. N, P, Q를 서로 잇는 측지선으로 만들어진 측지삼각형 T의 넓이를 구하여라.

10.3 폐곡면 Σ_3을 보기 10.4처럼 곡면 Σ_2와 원환면에서 삼각형 영역을 각각 하나씩 제거하고 붙여서 얻을 수도 있다. 이 경우도 오일러 특성수가 -4임을 확인하여라.

10.4 그림 10.12처럼 xy평면의 $y = \sqrt{1-x}$ $(0 \le x \le 1)$의 그래프를 x축을 중심으로 회전하여 얻은 곡면 $X(x,\theta) = (x, \sqrt{1-x}\cos\theta, \sqrt{1-x}\sin\theta)$가 있다.

a) 이 곡면의 경계를 이루는 곡선 $\gamma(t) = X(0,t)$의 임의의 점에서의 측지곡률을 구하여라. 이때 단위 법벡터는 $X(1,0)$에서 $(0,1,0)$이 되도록 정한다.

b) 이 곡면의 전곡률 $\iint_X K d\Sigma$를 구하여라.

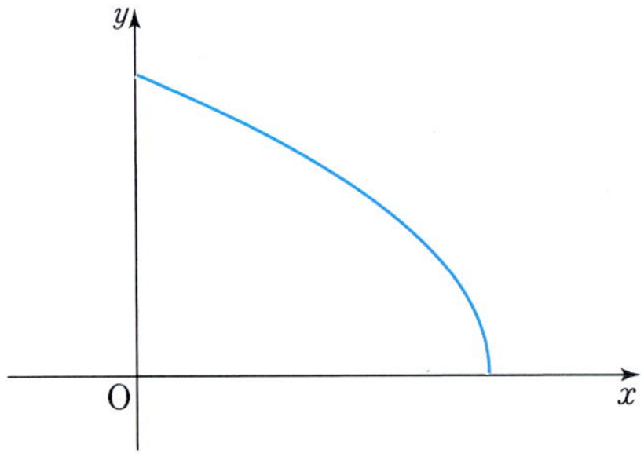

그림 10.12 $y = \sqrt{1-x}, \quad 0 \le x \le 1$

10.5 다음 곡면 X의 전곡률 $\iint_X K d\Sigma$를 구하여라.

그림 10.13

제 11 장
리만 기하

제1기본형만 사용하여 곡선의 길이, 곡면의 넓이, 가우스 곡률과 같은 중요한 기하적 양을 구할 수 있고 또 여러 가지 성질을 밝힐 수 있다. 이런 기하적 성질을 내재적이라고 한다. 여기서는 내재적인 성질을 연구하는 기하학을 알아보자.

11.1 리만 계량

거두절미하고 다음과 같은 문제를 생각해 보자.

제1기본형이 $E(u,v) = r^2\cos^2 v, \quad F(u,v) = 0, \quad G(u,v) = r^2$ 인 곡면에서

$$u(t) = t, \quad v(t) = \frac{\pi}{4}, \quad 0 \le t \le 2\pi$$

으로 주어진 곡선의 길이를 구하여라.

곡면의 식이 주어지지 않았기 때문에 길이를 구할 수 없다고 생각할지 모르겠다. 그러나 곡선의 길이를 구하는 식은

$$\int_a^b (Eu'(t)^2 + 2Fu'(t)v'(t) + Gv'(t)^2)^{\frac{1}{2}}\,dt \tag{11.1}$$

로 제1기본형만 있으면 된다. 그러므로 곡선의 길이는 $u'(t) = 1$, $v'(t) = 0$이므로

$$\int_0^{2\pi} \left(r^2\cos^2\frac{\pi}{4}\right)^{\frac{1}{2}} dt = \sqrt{2}\pi r$$

이다. 사실 문제의 곡선은 반지름이 r 인 구면의 지도에서(식 (4.4) 참고) $v = \frac{\pi}{4}$ 인 위선이다. 이 문제의 풀이가 시사하는 바는 매우 중요하다.

> 곡면을 정의하는 매개방정식을 몰라도 지도와 제1기본형을 알고 있다면 곡면에 놓여 있는 곡선의 길이를 계산할 수 있다.

문제 11.1 지도가 위반평면

$$\mathbb{R}^2_+ = \{\ (x, y) \in \mathbb{R}^2 \mid y > 0\ \}$$

이고, 제1기본형이

$$E(x, y) = \frac{1}{y^2} = G(x, y), \quad F(x, y) = 0$$

인 곡면의 지도에서 다음 곡선의 길이를 구하여라. 이때 $a, b, c > 0$이다.

a) $x(t) = c, \quad y(t) = t, \quad a \leq t \leq b$

b) $x(t) = t, \quad y(t) = c, \quad 0 \leq t \leq 1$

문제 11.2 지도가 단위원의 내부

$$D = \{\ (x, y) \in \mathbb{R}^2 \mid x^2 + y^2 < 1\ \}$$

이고 제1기본형이

$$E(x, y) = \frac{4}{(1 - x^2 - y^2)^2} = G(x, y), \quad F(x, y) = 0$$

인 곡면의 지도에서 다음 곡선의 길이를 구하여라.

a) $(x(t), y(t)) = (t, 0),\ 0 \leq t \leq 1$

b) $(x(t), y(t)) = (r\cos t, r\sin t),\ 0 < r < 1,\ 0 \leq t \leq 2\pi$

그러면 곡면을 정의하는 방정식이 알려 주는 것은 무엇일까? 바로 곡면이 3차원 공간 $\mathbb{R}^3$에서 어떤 모습을 하고 있는가이다. 그러나 방정식이 없어도 내재적인 양과 성질을 통해 곡면의 특징을 이해할 수 있다. 이제 곡면을 표현하는 방정식은 잊고 **곡면**을 추상적으로

지도와 지도에서 정의된 제1기본형

으로 이해하자. 제1기본형 E, F, G는 각각

$$g_{11}, \quad g_{12}, \quad g_{22}$$

로 쓰고 **리만 계량**(Riemannian metric)이라고 부른다. 즉 $g_{11} = E$, $g_{12} = g_{21} = F$, $g_{22} = G$이다.

그러므로 지도에서 $(u(t), v(t))$, $a \le t \le b$로 표현된 **곡선의 길이**는 다음과 같이 구한다.

$$\int_a^b (g_{11}u'(t)^2 + 2g_{12}u'(t)v'(t) + g_{22}v'(t)^2)^{\frac{1}{2}}\, dt \tag{11.2}$$

그러면 지도를 $U \subset \mathbb{R}^2$라고 할 때 U에서 정의되는 모든 함수가 다 리만 계량이 될 수 있을까? 당연히 그렇지 않다. 매개곡면에서 g_{11}과 g_{22}는 각각 접평면의 기저를 이루는 벡터의 크기의 제곱이므로 $g_{11} > 0$, $g_{22} > 0$이다. 또한 $g_{11}g_{22} - g_{12}^2$는 접평면의 기저인 두 벡터가 만드는 평행사변형의 넓이의 제곱이므로 양의 실수이다. 그러므로 리만 계량은 최소한 다음 조건을 만족해야 한다(보네 정리 7.5 참조).

$$g_{11} > 0, \quad g_{22} > 0, \quad g_{11}g_{22} - g_{12}^2 > 0$$

리만 계량 g_{ij}는 고전적으로 다음과 같이 나타낸다.

$$ds^2 = g_{11}du_1^2 + 2g_{12}du_1du_2 + g_{22}du_2^2 = \sum_{i,j=1}^{2} g_{ij}du_idu_j \tag{11.3}$$

그리고 지도 $U \subset \mathbb{R}^2$에 리만 계량 ds^2가 정의되어 있는 (추상적인) 곡면을

$$(U, ds^2)$$

로 나타내고 **리만 곡면**이라고 부른다. 매개곡면은 매개변수를 바꾸면, 즉 곡면을 재매개화하면 제1기본형도 따라서 바뀐다. 마찬가지로 리만 계량도 지도의 변수 또는 좌표를 어떻게 택하는가에 따라서 달라지는데, 식 (11.3)은 매개변수, 즉 좌표도 알려주므로 나름대로 나쁘지 않은

표현법이다. 영역 U에 놓여있는 곡선의 길이를 식 (11.2)로 구했듯이 부분 영역 $V \subset U$의 **넓이** $\mathcal{A}(V)$도 당연히 다음과 같이 구할 수 있다.

$$\mathcal{A}(V) = \iint_V (g_{11}g_{22} - g_{12}g_{21})^{\frac{1}{2}}\, du_1 du_2 \tag{11.4}$$

보기 11.1 지도 $\mathbb{R}^2_+ = \{\ (x, y) \in \mathbb{R}^2 \mid y > 0\ \}$에 대하여

$$\left(\mathbb{R}^2_+,\ \ ds^2 = \frac{1}{y^2}(dx^2 + dy^2)\right)$$

를 **푸앵카레 반평면**이라고 부른다 (그림 11.1). 이 반평면의 세 영역

$$\begin{aligned} A &= \{\ (x, y) \in \mathbb{R}^2_+ \mid 0 \le x \le 1, 2 \le y\ \} \\ B &= \{\ (x, y) \in \mathbb{R}^2_+ \mid 0 \le x \le 1, 1 \le y \le 2\ \} \\ C &= \{\ (x, y) \in \mathbb{R}^2_+ \mid 0 \le x \le 1, 0 < y \le 1\ \} \end{aligned}$$

의 넓이를 구하자 (그림 11.2). $(g_{11}g_{22} - g_{12}g_{21})^{\frac{1}{2}} = \frac{1}{y^2}$이므로

$$\begin{aligned} \mathcal{A}(A) &= \int_2^\infty \int_0^1 \frac{1}{y^2}\, dxdy = \int_2^\infty \frac{1}{y^2}\, dy = \frac{1}{2} \\ \mathcal{A}(B) &= \int_1^2 \int_0^1 \frac{1}{y^2}\, dxdy = \int_1^2 \frac{1}{y^2}\, dy = \frac{1}{2} \\ \mathcal{A}(C) &= \int_0^1 \int_0^1 \frac{1}{y^2}\, dxdy = \int_0^1 \frac{1}{y^2}\, dy = \infty \end{aligned}$$

이다.

그림 11.1 푸앵카레 반평면 [4]

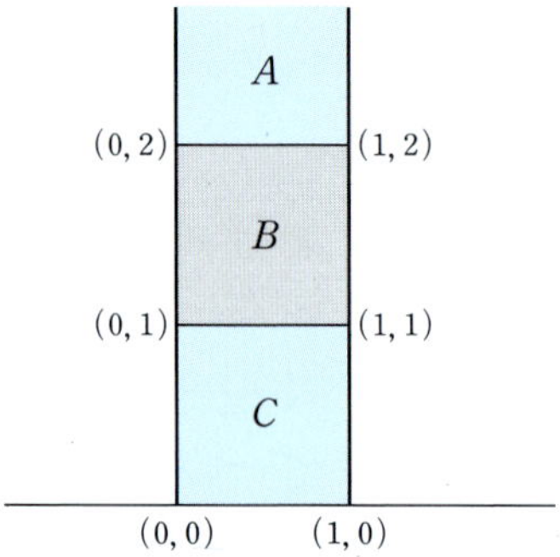

그림 11.2 푸앵카레 반평면의 세 영역 A, B, C

보기 11.2 지도 $D = \{(x,y) \in \mathbb{R}^2 \mid x^2 + y^2 < 1\}$에 대하여

$$\left(D,\ \ ds^2 = \frac{4}{(1-x^2-y^2)^2}(dx^2 + dy^2)\right)$$

를 **푸앵카레 단위원판**이라고 부른다 (그림 11.3). 양수 $0 < a < 1$에 대하여 푸앵카레 단위원판에서 정의되는 영역

$$D_a = \{(x,y) \in \mathbb{R}^2 \mid x^2 + y^2 \le a^2\}$$

의 넓이는 $\dfrac{4\pi a^2}{1-a^2}$이다.

그림 11.3 푸앵카레 단위원판 [7]

11.2 등거리 사상

두 개의 리만 곡면

$$\left(U_1, ds_1^2 = \sum_{i,j=1}^{2} g_{ij} du_i du_j\right), \ \left(U_2, ds_2^2 = \sum_{i,j=1}^{2} h_{ij} dx_i dx_j\right)$$

이 있다. 아래와 같이 지도 U_1에서 지도 U_2로 가는 사상 F를 생각하자.

$$\begin{aligned} &F : U_1 \to U_2, \\ &F(u_1, u_2) = (f_1(u_1,u_2),\ f_2(u_1,u_2)) = (x_1, x_2) \end{aligned} \tag{11.5}$$

이 사상은 U_1의 임의의 곡선 α를 U_2의 곡선 $\tilde{\alpha} = F \circ \alpha$로 보내는데, 만약 α의 길이와 $\tilde{\alpha}$의 길이가 같으면 F를 **등거리 사상**(isometry) 혹은 길이보존 사상이라고 부른다. 등거리 사상이 되는 필요충분조건은 제1기본형을 보존하는 것, 즉

$$ds_1^2(u_1, u_2) = ds_2^2(F(u_1, u_2)) \tag{11.6}$$

이다. 식 (11.5)에서 $x_i = f_i(u_1, u_2)$이므로

$$dx_i = \frac{\partial f_i}{\partial u_1} du_1 + \frac{\partial f_i}{\partial u_2} du_2, \quad i = 1, 2$$

$$\begin{pmatrix} dx_1 \\ dx_2 \end{pmatrix} = \begin{pmatrix} \frac{\partial f_1}{\partial u_1} & \frac{\partial f_1}{\partial u_2} \\ \frac{\partial f_2}{\partial u_1} & \frac{\partial f_2}{\partial u_2} \end{pmatrix} \begin{pmatrix} du_1 \\ du_2 \end{pmatrix} \tag{11.7}$$

이다. 이 식을

$$ds_2^2 = \sum_{i,j=1}^{2} h_{ij} dx_i dx_j = \begin{pmatrix} dx_1 & dx_2 \end{pmatrix} \begin{pmatrix} h_{11} & h_{12} \\ h_{21} & h_{22} \end{pmatrix} \begin{pmatrix} dx_1 \\ dx_2 \end{pmatrix}$$

에 대입하면 식 (11.6)으로부터 다음을 얻는다.

$$\begin{aligned} &\begin{pmatrix} g_{11}(u_1, u_2) & g_{12}(u_1, u_2) \\ g_{21}(u_1, u_2) & g_{22}(u_1, u_2) \end{pmatrix} \\ &= \begin{pmatrix} \frac{\partial f_1}{\partial u_1} & \frac{\partial f_1}{\partial u_2} \\ \frac{\partial f_2}{\partial u_1} & \frac{\partial f_2}{\partial u_2} \end{pmatrix}^T \begin{pmatrix} h_{11}(F(u_1, u_2)) & h_{12}(F(u_1, u_2)) \\ h_{21}(F(u_1, u_2)) & h_{22}(F(u_1, u_2)) \end{pmatrix} \begin{pmatrix} \frac{\partial f_1}{\partial u_1} & \frac{\partial f_1}{\partial u_2} \\ \frac{\partial f_2}{\partial u_1} & \frac{\partial f_2}{\partial u_2} \end{pmatrix} \end{aligned} \tag{11.8}$$

그러므로 사상 $F : U_1 \to U_2$가 등거리 사상이 되는 필요충분조건은 식 (11.8)을 만족하는 것이다. 사상 $F = (f_1, f_2)$의 **야코비 행렬**이 마지막 줄에 등장했다.

문제 11.3 복소수 $z = x + yi$를 평면의 점 (x, y)으로 대응하면 복소평면 $\mathbb{C}$를 평면 $\mathbb{R}^2$로 볼 수 있다. 아래와 같이 정의된 복소수 함수 $\psi : D \to \mathbb{R}_+^2$가 푸앵카레 단위원판에서 푸앵카레 반평면으로 가는 등거리 사상임을 보여라.

$$\psi(z) = \frac{z + i}{iz + 1} \tag{11.9}$$

이 문제로부터 푸앵카레 단위원판과 푸앵카레 반평면은 같은 리만 곡면이라고 생각할 수

있다. 다시 말하면 푸앵카레 단위원판과 푸앵카레 반평면은 추상적인 리만 곡면을 나타내는 다른 지도이다. 이 리만 곡면을 **쌍곡평면**(hyperbolic plane)이라고 부른다.

문제 11.4 행렬식이 1인 실수 계수를 가지는 행렬 $A = \begin{pmatrix} a & b \\ c & d \end{pmatrix} \in \mathrm{SL}(2,\mathbb{R})$, $ad - bc = 1$는 아래와 같이 푸앵카레 반평면 $\mathbb{R}^2_+$에서 함수 $T_A : \mathbb{R}^2_+ \to \mathbb{R}^2_+$를 정의할 수 있다. 이를 **뫼비우스 변환**(Möbius transformation) 혹은 **1차 분수변환**(fractional linear transformation)이라고 한다.

$$T_A(z) = \frac{az+b}{cz+d} \tag{11.10}$$

이때 $\mathbb{R}^2_+ = \{z = x + iy \in \mathbb{C} \mid y > 0\}$이다. 사상 T_A가 푸앵카레 반평면의 등거리 사상임을 보여라.

11.3 측지선

제1기본형이 $g_{ij}(u_1, u_2)$ $(i, j = 1, 2)$인 곡면에 놓여 있는 곡선으로서 지도에서

$$(u_1(t), u_2(t)),\ 0 \le t \le a$$

로 표현되는 곡선 $\gamma(t)$의 길이 $L(\gamma)$는

$$L(\gamma) = \int_0^a \sqrt{\sum g_{ij}(u_1(t), u_2(t)) \frac{du_i}{dt}\frac{du_j}{dt}}\, dt \tag{11.11}$$

이다. 이 곡선의 시작점을 $\gamma(0) = p$, 끝점을 $\gamma(a) = q$라고 하자. 우리가 알아보려는 것은 시작점이 p이고 끝점이 q인 곡면에 놓인 곡선 중에서 길이가 가장 짧은 곡선(이러한 곡선을 **최단곡선**이라고 부르겠다)이 되는 조건이다. 편의상 곡선의 지도에서의 표현과 곡면에서의 표현을 혼동하여 사용하겠다.

이제 그림 11.4와 같이 시작점과 끝점 p, q를 고정하고 곡선 γ를 조금 움직여보자. 즉 임의의 ϵ에 대해서 다음과 같은 곡선 $\gamma_\epsilon(t)$의 모임을 생각하자.

$$\gamma_\epsilon(t) = (u_1(t) + \epsilon\xi_1(t), u_2(t) + \epsilon\xi_2(t))$$

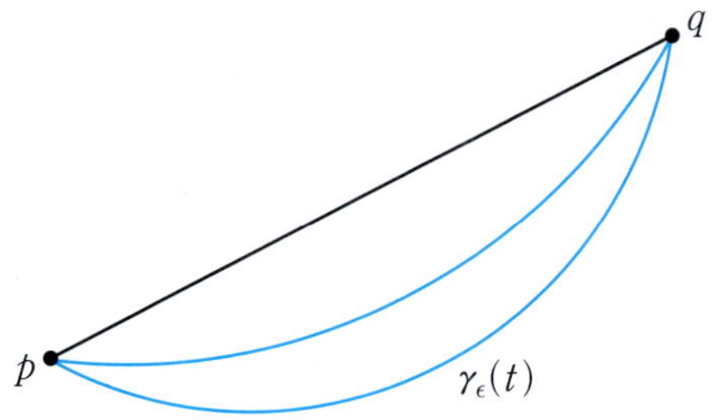

그림 11.4 p, q를 잇는 곡선들

이때 $(\xi_1(t), \xi_2(t))$는 $\gamma(t)$를 따라 정의된 벡터장으로 $(\xi_1(0), \xi_2(a)) = O$을 만족한다. $(\xi_1(t), \xi_2(t))$는 γ를 어떤 방향으로 움직이는가를 나타낸다. 그러므로 $\epsilon = 0$일 때 $\gamma_0(t) = \gamma(t)$이고, 임의의 ϵ에 대해서

$$\gamma_\epsilon(0) = p, \quad \gamma_\epsilon(a) = q$$

이다. 만일 γ가 최단곡선이면 임의의 ϵ에 대해서

$$L(\gamma) \leq L(\gamma_\epsilon)$$

이 성립한다. 그러므로 $L(\gamma_\epsilon)$을 ϵ의 함수로 생각하면 $\epsilon = 0$일 때 최솟값을 갖기 때문에

$$\frac{d}{d\epsilon} L(\gamma_\epsilon)\Big|_{\epsilon=0} = 0 \tag{11.12}$$

이 성립한다.[1] 계산을 간단히 하기 위해서 곡선 γ가 단위속력곡선이라고 가정하자. 즉

$$\left\| \frac{d\gamma}{dt} \right\|^2 = \sum g_{ij} \frac{du_i}{dt} \frac{du_j}{dt} = 1 \tag{11.13}$$

이고 길이는 a이다.

$$L(\gamma) = a$$

이다. 곡선 $\gamma_\epsilon(t)$의 매개변수에 대해서는 아무 가정이 없으므로 $\epsilon \neq 0$일 때에도 $L(\gamma_\epsilon) = a$ 인지는 알 수 없다. 곡선 γ_ϵ의 길이는

$$L(\gamma_\epsilon) = \int_0^a \sqrt{\sum_{i,j} g_{ij}(\gamma_\epsilon(t)) \frac{d(u_i + \epsilon\xi_i)}{dt} \frac{d(u_j + \epsilon\xi_j)}{dt}}\, dt \tag{11.14}$$

---

[1] 이런 계산을 변분법이라고 한다.

이다. 이 식을 ϵ으로 미분하고 $\epsilon = 0$으로 두면 다음을 얻는다.

$$0 = \left.\frac{d}{d\epsilon}L(\gamma_\epsilon)\right|_{\epsilon=0} = \frac{1}{2}\int_0^a \sum_{i,j}\left(\sum_k \frac{\partial g_{ij}}{\partial u_k}\xi_k \frac{du_i}{dt}\frac{du_j}{dt} + 2g_{ij}\frac{d\xi_i}{dt}\frac{du_j}{dt}\right)dt \tag{11.15}$$

여기에서 ξ_i에 대한 미분을 없애기 위하여

$$\frac{d}{dt}\left(\sum_{i,j} g_{ij}\xi_i\frac{du_j}{dt}\right) = \sum_{i,j}\left(\sum_k \frac{\partial g_{ij}}{\partial u_k}\frac{du_k}{dt}\xi_i\frac{du_j}{dt} + g_{ij}\frac{d\xi_i}{dt}\frac{du_j}{dt} + g_{ij}\xi_i\frac{d^2u_j}{dt^2}\right) \tag{11.16}$$

를 $g_{ij}\frac{d\xi_i}{dt}\frac{du_j}{dt}$에 대하여 정리하여 식 (11.15)에 대입하자. 이때 $\xi_i(0) = \xi_i(a) = 0$이므로

$$\int_0^a \frac{d}{dt}\left(\sum_{i,j} g_{ij}\xi_i\frac{du_j}{dt}\right)dt = 0$$

을 이용한다.

$$\begin{aligned} 0 &= \left.\frac{d}{d\epsilon}L(\gamma_\epsilon)\right|_{\epsilon=0} \\ &= \int_0^a \sum_{i,j}\left(\frac{1}{2}\sum_k \frac{\partial g_{ij}}{\partial u_k}\xi_k\frac{du_i}{dt}\frac{du_j}{dt} - \sum_k \frac{\partial g_{ij}}{\partial u_k}\frac{du_k}{dt}\xi_i\frac{du_j}{dt} - g_{ij}\xi_i\frac{d^2u_j}{dt^2}\right)dt \\ &= -\int_0^a \sum_k\left[\sum_j\left(g_{kj}\frac{d^2u_j}{dt^2} + \sum_i\left(\frac{\partial g_{kj}}{\partial u_i} - \frac{1}{2}\frac{\partial g_{ij}}{\partial u_k}\right)\frac{du_i}{dt}\frac{du_j}{dt}\right)\right]\xi_k\,dt \end{aligned} \tag{11.17}$$

식 (11.17)이 임의의 γ_ϵ에 대해 성립하므로 $\xi_1(0) = \xi_2(a) = 0$인 임의의 (ξ_1, ξ_2)에 대해서도 성립한다. 따라서 $k = 1, 2$에 대해서 ξ_k의 계수가 모두 0이어야 한다.

$$\sum_j\left(g_{kj}\frac{d^2u_j}{dt^2} + \sum_i\left(\frac{\partial g_{kj}}{\partial u_i} - \frac{1}{2}\frac{\partial g_{ij}}{\partial u_k}\right)\frac{du_i}{dt}\frac{du_j}{dt}\right) = 0,\ k = 1, 2 \tag{11.18}$$

이 식은 측지선의 방정식 (9.3), (9.4)와 같다. 그러므로 이제 식 (11.18)도 측지선의 방정식이라고 부르자.

식 (11.18)은 양 끝점을 고정한 곡선들 중에서 길이가 가장 짧은 곡선, 즉 최단곡선이 만족시킨다. 그런데 식 (11.18)은 측지선의 방정식이므로 결국 최단곡선은 측지선이다.

보기 11.3 반지름이 1인 구면의 두 점 $p = (1, 0, 0)$과 $q = (0, 0, 1)$을 지나는 대원을 생각하자. 대원의 일부분으로서 p, q를 양 끝점으로 하는 곡선은 두 개 있는데 모두 대원의 일부이기

때문에 측지선이고, 그중 하나의 길이는 나머지보다 길다. 이 보기는 최단곡선은 측지선이지만, 측지선이 항상 최단곡선은 아니라는 사실을 보여준다.

정리 11.1

등거리 사상은 측지선을 측지선으로 보낸다.

측지선의 방정식 (11.18)은 복잡하지만 만일 제1기본형이

$$g_{11} = g_{22} = \lambda, \quad g_{12} = 0$$

이면 아래와 같이 조금 간단해진다.

$$\begin{aligned} \lambda u'' + \frac{1}{2}\frac{\partial \lambda}{\partial u}(u'u' - v'v') + \frac{\partial \lambda}{\partial v}u'v' = 0 \\ \lambda v'' + \frac{1}{2}\frac{\partial \lambda}{\partial v}(v'v' - u'u') + \frac{\partial \lambda}{\partial u}u'v' = 0 \end{aligned} \tag{11.19}$$

보기 11.4 **푸앵카레 반평면**의 측지선을 구해보자. 리만 계량이

$$g_{11} = g_{22} = \lambda(u, v) = \frac{1}{v^2}, \quad g_{12} = 0$$

이므로 측지선의 방정식 (11.19)는 다음과 같다.

$$u'' - \frac{2u'v'}{v} = 0 \tag{11.20}$$

$$v'' - \frac{1}{v}(v'v' - u'u') = 0 \tag{11.21}$$

이제 이 식을 v로 나누고

$$U = \frac{u'}{v}, \; V = \frac{v'}{v} \tag{11.22}$$

라고 하면, (11.20)과 (11.21)은 다음과 같다.

$$U' - UV = 0 \tag{11.23}$$

$$V' + U^2 = 0 \tag{11.24}$$

또 계산을 간단히 하기 위해 측지선 $(u(t), v(t))$의 속력이 1이 되도록 매개변수 t를 택했다고

가정하면

$$\begin{pmatrix} u' & v' \end{pmatrix} \begin{pmatrix} \frac{1}{v^2} & 0 \\ 0 & \frac{1}{v^2} \end{pmatrix} \begin{pmatrix} u' \\ v' \end{pmatrix} = 1$$

이므로

$$U^2 + V^2 = 1 \tag{11.25}$$

이다. (11.23)에서 $u' \neq 0$이라면 ($u' = 0$인 경우는?)

$$\frac{U'}{U} = V = \frac{v'}{v}$$

이므로 0이 아닌 적당한 상수 c에 대하여

$$\ln U = \ln cv$$

즉 $U = cv$이다. 이것을 (11.25)에 대입하면

$$c^2v^2 + \left(\frac{v'}{v}\right)^2 = 1$$

인데 이 미분방정식을 다음과 같이 정리할 수 있다.

$$dt = \frac{dv}{v\sqrt{1 - c^2v^2}}$$

$v = \frac{1}{c}\sin\theta$로 치환하면

$$dt = \frac{d\theta}{\sin\theta} \Rightarrow \frac{dt}{d\theta} = \frac{1}{\sin\theta}$$

이다. $U = cv$이므로

$$\frac{u'}{v} = U = cv$$

에서

$$u' = cv^2 = \frac{1}{c}\sin^2\theta$$

이므로

$$u = \int u'\,dt = \int \frac{1}{c}\sin^2\theta\,dt = \frac{1}{c}\int \sin^2\theta\,\frac{dt}{d\theta}\,d\theta = \frac{1}{c}\int \sin\theta d\theta = -\frac{1}{c}\cos\theta + a$$

이 계산에서 a는 임의의 실수이고 $c \neq 0$이다. 따라서 다음과 같은 측지선의 식을 얻는다.

$$u = -\frac{1}{c}\cos\theta + a, \quad v = \frac{1}{c}\sin\theta$$

만일 $u' = 0$이면, 임의의 상수 a에 대하여

$$u = a$$

를 얻는다. 정리하면 푸앵카레 반평면의 측지선은 그림 11.5에 보이듯이 다음의 두 가지 경우뿐이다.

- x축과 수직으로 만나는 반원($c \neq 0$인 경우)
- x축과 수직으로 만나는 직선($c = 0$인 경우)

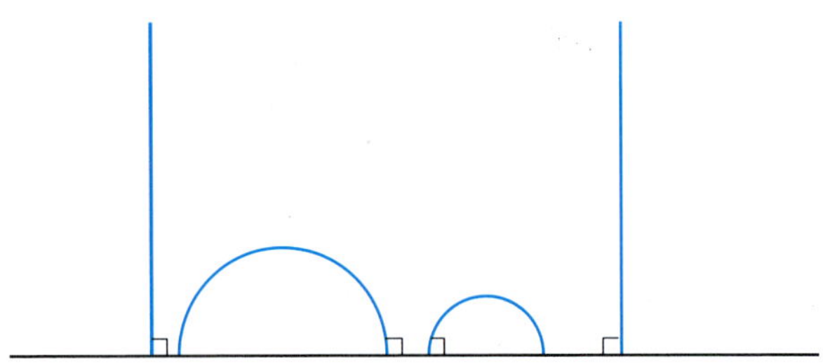

그림 11.5 푸앵카레 반평면의 측지선

문제 11.5 푸앵카레 반평면의 서로 다른 두 점을 택하였을 때, 이 두 점을 지나는 측지선은 유일하다는 것을 보여라.

문제 11.6 푸앵카레 단위원판에서는 어떤 곡선이 측지선이 되는가?

11.4 가우스 곡률

가우스의 놀라운 정리는 제1기본형만 가지고 가우스 곡률을 계산할 수 있다고 말한다. 그러므로 놀라운 정리를 이용하여 리만 곡면의 가우스 곡률을 리만 계량으로 계산되는 양으로 정의할 수 있다.

문제 11.7 쌍곡평면의 가우스 곡률은 어떤 지도를 사용하여 계산하더라도 모든 점에서 -1 임을 보여라. 도움말: 식 (9.25)

문제 11.8 단위원인 지도 $D = \{(x, y) \mid x^2 + y^2 < 1\}$ 에서 아래와 같이 정의된 리만 계량의 가우스 곡률을 각각 계산하여라.

a) $ds^2 = \dfrac{a^2}{(1 - x^2 - y^2)^2}(dx^2 + dy^2)$

b) $ds^2 = \dfrac{a^2}{(1 + x^2 + y^2)^2}(dx^2 + dy^2)$

정리 11.2

두 리만 곡면 (U_1, ds_1^2)과 (U_2, ds_2^2) 사이에 등거리 사상 $\psi : U_1 \to U_2$가 존재한다면 점 $P \in U_1$에서의 가우스 곡률과 점 $\psi(P) \in U_2$에서의 가우스 곡률은 같다.

부록
선형사상과 내적공간

부록에서는 8장에서 사용한 자기수반 선형사상을 간단히 살펴보자. 증명을 포함한 자세한 것은 각자 가장 좋아하는 선형대수학 책을 참고하기로 하자. $\mathbb{R}^n$의 표준내적을 $\langle \cdot, \cdot \rangle$로 나타내기로 한다. 구체적인 보기로 시작하자. 선형사상 $T : \mathbb{R}^3 \to \mathbb{R}$

$$T(x, y, z) = x + 2y + 3z$$

를 생각하자. 선형사상 T는 벡터 $(1, 2, 3) \in \mathbb{R}^3$에 대하여

$$T(x, y, z) = \langle (x, y, z), (1, 2, 3) \rangle$$

으로 쓸 수 있다.

정리 12.1

선형사상 $T : \mathbb{R}^n \to \mathbb{R}$이 주어지면 T에 의존하는 벡터 $A \in \mathbb{R}^n$이 존재하여 임의의 $B \in \mathbb{R}^n$에 대하여

$$T(B) = \langle B, A \rangle$$

를 만족한다. 이때 이러한 벡터 A는 유일하다.

정리 12.2

선형사상 $T : \mathbb{R}^n \to \mathbb{R}^n$이 주어져 있다. 벡터 $A \in \mathbb{R}^n$에 대하여 다음과 같이 정의한 함수 $T_A : \mathbb{R}^n \to \mathbb{R}$는 선형사상이다.

$$T_A(B) = \langle T(B), A \rangle$$

이때 B는 $\mathbb{R}^n$의 임의의 벡터이다.

선형사상 $T_A : \mathbb{R}^n \to \mathbb{R}$에 정리 12.1을 적용하면 임의의 $B \in \mathbb{R}^n$에 대하여

$$T_A(B) = \langle B, A^* \rangle$$

를 만족하는 백터 A^*가 유일하게 존재한다. 그러므로

$$T^*(A) = A^*$$

로 함수 $T^* : \mathbb{R}^n \to \mathbb{R}^n$를 정의할 수 있다. 이때 T^*를 T의 **수반사상** 또는 **동반사상**(adjoint transformation)이라고 한다.

정리 12.3

선형사상 $T : \mathbb{R}^n \to \mathbb{R}^n$이 주어졌을 때, 위와 같이 정의된 수반사상 $T^* : \mathbb{R}^n \to \mathbb{R}^n$은 선형사상이다.

문제 12.1 다음의 주어진 선형사상 $T : \mathbb{R}^2 \to \mathbb{R}^2$의 수반사상 $T^* : \mathbb{R}^2 \to \mathbb{R}^2$를 구하여라.

a) $T(x, y) = (2x + y, x + 2y)$

b) $T(x, y) = (x - 2y, 3x + y)$

정의 12.1

주어진 선형사상 T가 수반사상 T^*와 같을 때, 즉 $T = T^*$일 때, T를 **자기수반 선형사상**(자기동반 선형사상, self-adjoint transformation)이라고 한다.

정리 12.4

선형사상 $T : \mathbb{R}^n \to \mathbb{R}^n$이 자기수반 선형사상이 되는 필요충분조건은 임의의 $A, B \in \mathbb{R}^n$에 대하여

$$\langle T(B), A \rangle = \langle B, T(A) \rangle$$

이다.

정리 12.5

$T : \mathbb{R}^n \to \mathbb{R}^n$은 선형사상이고, $\mathcal{B} = \{A_1, \cdots A_n\}$은 $\mathbb{R}^n$의 정규직교기저이다. 기저 $\mathcal{B}$에 대한 T의 행렬을 M, 수반사상 T^*의 행렬을 N이라고 하면

$$N = M^T$$

이다.

그러므로 선형사상 $T : \mathbb{R}^n \to \mathbb{R}^n$이 자기수반 선형사상이면 **정규직교기저** $\mathcal{B}$에 대한 T의 행렬은 **대칭행렬**이다.

보기 12.1 선형사상 $T : \mathbb{R}^3 \to \mathbb{R}^3$, $T(x, y, z) = (x - y + z, x + y, -2x + z)$는 자기수반 선형사상인가?

정리 12.6 **스펙트럼 정리**

선형사상 $T : \mathbb{R}^n \to \mathbb{R}^n$가 자기수반 선형사상이라고 하자. 그러면

(1) T는 대각화가 가능하며 이 때의 기저를 정규직교기저로 택할 수 있다.

(2) 만약 λ_1, λ_2가 T의 서로 다른 고윳값이고 A_1, A_2가 각각 λ_1, λ_2에 대응하는 고유벡터라면

$$\langle A_1, A_2 \rangle = 0$$

이다.

자기수반 선형사상 $T : \mathbb{R}^n \to \mathbb{R}^n$이 주어졌을 때, 다음과 같이 정의하는 함수 $\phi : \mathbb{R}^n \to \mathbb{R}$를 **2차 형식**(quadratic form)이라고 한다.

$$\phi(A) = \langle A, T(A) \rangle$$

이때, $A \in \mathbb{R}^n$은 임의의 벡터이다. 일반적으로 실수 $a, b, c \in R$에 대하여 이차동차식 $\phi(x, y) = ax^2 + 2bxy + cy^2$로 정의되는 함수가 2차 형식이다.

보기 12.2 2차 형식 $\phi : \mathbb{R}^2 \to \mathbb{R}$, $\phi(x, y) = x^2 + 4xy - 3y^2$를 생각하자. 임의의 벡터 $(x, y) \in \mathbb{R}^2$에 대하여

$$\begin{aligned}\langle (x,y), T(x,y)\rangle &= \begin{pmatrix} x & y \end{pmatrix} \begin{pmatrix} 1 & 2 \\ 2 & -3 \end{pmatrix} \begin{pmatrix} x \\ y \end{pmatrix} \\ &= x^2 + 4xy - 3y^2 = \phi(x,y)\end{aligned}$$

이므로 대칭행렬 $\begin{pmatrix} 1 & 2 \\ 2 & -3 \end{pmatrix}$이 ϕ에 대응되는 자기수반 선형사상이다.

정리 12.7

자기수반 선형사상 $T : \mathbb{R}^n \to \mathbb{R}^n$에 대응하는 이차형식을 $\phi : \mathbb{R}^n \to \mathbb{R}$이라 할 때 다음이 성립한다.

$$\langle A, T(B)\rangle = \frac{1}{2}\left(\phi(A+B) - \phi(A) - \phi(B)\right)$$

이때 $A, B \in \mathbb{R}^n$은 임의의 벡터이다.

정리 12.8 주축 정리

이차형식 $\phi : \mathbb{R}^n \to \mathbb{R}$가 주어졌다. 그러면 정규직교기저 $\mathcal{B} = \{A_1, \cdots, A_n\}$과 실수 $\lambda_1, \cdots, \lambda_n$이 존재하여 임의의 벡터 $A = x_1A_1 + \cdots + x_nA_n$에 대한 ϕ의 값은

$$\phi(A) = \lambda_1 x_1^2 + \cdots + \lambda_n x_n^2$$

이다. 이때, 정규직교기저 $\mathcal{B} = \{A_1, \cdots A_n\}$을 **주축**(principal axis)이라고 한다.

왜 주축이라고 부르는지 다음 보기에서 알 수 있다.

보기 12.3 평면에서 $4x^2 + 6xy - 4y^2 = 5$의 그래프를 그리자.

먼저 이차형식 $\phi(x,y) = 4x^2 + 6xy - 4y^2$를 생각하자. ϕ에 대응되는 자기수반 선형사상은 $\begin{pmatrix} 4 & 3 \\ 3 & -4 \end{pmatrix}$이다. 이 행렬은 고윳값으로 $\lambda_1 = 5$, $\lambda_2 = -5$를 가지고 각각에 대응하는 고유벡터는

$$A_1 = \frac{1}{\sqrt{10}}(3,1),\ A_2 = \frac{1}{\sqrt{10}}(-1,3)$$

이다. 이들은 정규직교기저 $\mathcal{B}$를 이룬다. 벡터 $A \in \mathbb{R}^2$의 정규직교기저 $\mathcal{B}$에 대한 좌표를 (u, v)라고 하면

$$\phi(A) = 5u^2 - 5v^2$$

이므로 주어진 방정식은

$$5u^2 - 5v^2 = 5,$$

즉

$$u^2 - v^2 = 1$$

이다.

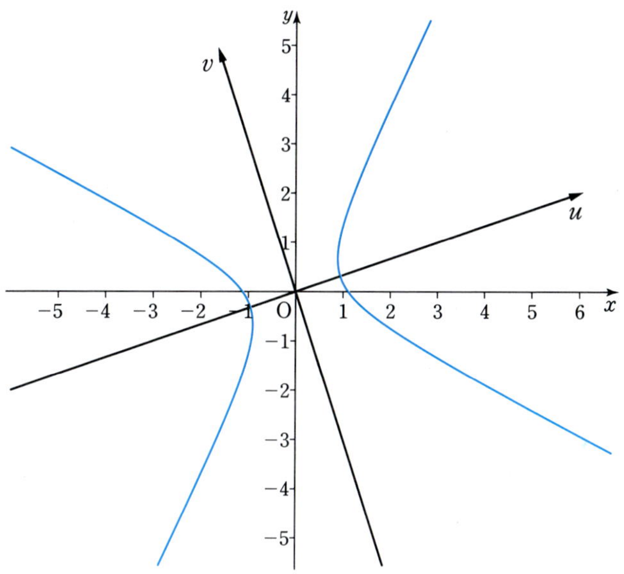

그림 12.1 $4x^2 + 6xy - 4y^2 = 5$의 그래프

보기 12.4 $9x^2 - 24xy + 16y^2 - 40x - 30y = 0$의 그래프를 그리자 (그림 12.2).

이차형식 $\phi(x, y) = 9x^2 - 24xy + 16y^2$의 주축을 찾자. 행렬

$$\begin{pmatrix} 9 & -12 \\ -12 & 16 \end{pmatrix}$$

으로 주어진 자기수반 선형사상을 $T : \mathbb{R}^2 \to \mathbb{R}^2$라고 하자. 즉

$$\phi(x, y) = \langle (x, y), T(x, y) \rangle$$

이다. T의 고윳값은 $\lambda_1 = 0$, $\lambda_2 = 15$이고, 각각에 대응하는 고유벡터는

$$A_1 = \left(\frac{4}{5}, \frac{3}{5}\right), \quad A_2 = \left(-\frac{3}{5}, \frac{4}{5}\right)$$

이다. 이 기저에 대한 좌표를 (u, v)라 하면

$$\begin{pmatrix} x \\ y \end{pmatrix} = \begin{pmatrix} \frac{4}{5} & -\frac{3}{5} \\ \frac{3}{5} & \frac{4}{5} \end{pmatrix} \begin{pmatrix} u & v \end{pmatrix},$$

즉 $x = \frac{4}{5}u - \frac{3}{5}v$, $y = \frac{3}{5}u + \frac{4}{5}$v이다. 따라서 주어진 식을 (u, v)로 표현하면

$$\left(3\left(\frac{4}{5}u - \frac{3}{5}v\right) - 4\left(\frac{3}{5}u + \frac{4}{5}v\right)\right)^2 - 40\left(\frac{4}{5}u - \frac{3}{5}v\right) - -30\left(\frac{3}{5}u + \frac{4}{5}v\right) = 0$$

이고, 정리하면

$$v^2 = 2u$$

포물선이다. 이때,

$$\cos\theta = \langle (1, 0), A_1 \rangle = \frac{4}{5}$$

는 양의 x축과 양의 u축이 이루는 각의 코사인 값이다.

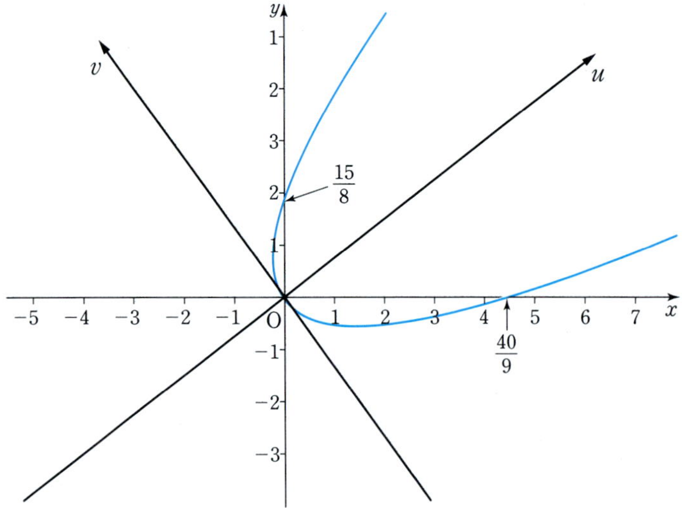

그림 12.2 $9x^2 - 24xy + 16y^2 - 40x - 30y = 0$의 그래프

연습문제 풀이

1.5 연습문제 풀이

1.1 $\mathbf{t}(s) = (\cos\phi(s), \sin\phi(s))$라 두면 $\mathbf{n}_+(s)$는 $\mathbf{t}(s)$를 반시계 방향으로 $\frac{\pi}{2}$만큼 회전한 벡터이므로

$$\mathbf{n}_+(s) = \left(\cos\left(\phi(s) + \frac{\pi}{2}\right), \sin\left(\phi(s) + \frac{\pi}{2}\right)\right) = (-\sin\phi(s), \cos\phi(s))$$

이다. 그러므로

$$\begin{aligned}\mathbf{t}'(s) &= \frac{d\mathbf{t}}{d\phi}\frac{d\phi}{ds} = (-\sin\phi(s), \cos\phi(s))\kappa_\pm(s) \\ &= \left(\cos\left(\phi(s) + \frac{\pi}{2}\right), \sin\left(\phi(s) + \frac{\pi}{2}\right)\right)\kappa_\pm(s) = \kappa_\pm(s)\mathbf{n}_+(s) \\ \mathbf{n}'_+(s) &= \frac{d\mathbf{n}_+}{d\phi}\frac{d\phi}{ds} = (-\cos\phi(s), -\sin\phi(s))\kappa_\pm(s) = -\kappa_\pm(s)\mathbf{t}(s)\end{aligned}$$

이다.

1.2 함수 $f(x)$의 그래프를 정칙매개곡선 $\alpha(x) = (x, f(x))$로 표현하자.
$\alpha'(x) = (1, f'(x))$, $\alpha''(x) = (0, f''(x))$이므로 부호곡률 공식을 사용하면 아래와 같다.

$$\kappa_\pm(x) = \frac{\det(\alpha'(x), \alpha''(x))}{\|\alpha'(x)\|^3} = \frac{f''(x)}{\left(1 + f'(x)^2\right)^{\frac{3}{2}}}$$

1.3 정칙 등위곡선이므로 곡선의 모든 점에서 $\nabla f(x, y) \neq O$이다. 점 $(x, y) \in f^{-1}(0)$에서 편의상 $D_2 f(x, y) \neq 0$이라고 하자. 음함수 정리에 의해서 (x, y)의 근방에서 정의된 미분가

능한 함수 $y=\phi(x)$가 존재하여 주어진 등위곡선을 그래프로 표현한다. 즉 $f(x,\phi(x))=0$ 이다. x로 미분하면 $f_x+f_y\phi'(x)=0$이므로

$$\phi'(x)=-\frac{f_x}{f_y}$$

이다. x에 대하여 한 번 더 미분한다.

$$\phi''(x)=-\frac{(f_{xx}+f_{xy}\phi'(x))f_y-f_x(f_{xy}+f_{yy}\phi'(x))}{f_y^2}=-\frac{f_{xx}f_y^2-2f_{xy}f_xf_y+f_{yy}f_x^2}{f_y^3}$$

문제 1.2의 함수의 그래프로 표현된 곡선의 부호곡률 공식 (1.30)을 이용하면

$$\kappa=\pm\frac{\phi''(x)}{\left(1+\phi'(x)^2\right)^{\frac{3}{2}}}=\pm\frac{\frac{f_{xx}f_y^2-2f_{xy}f_xf_y+f_{yy}f_x^2}{f_y^3}}{\left(1+\left(\frac{f_x}{f_y}\right)^2\right)^{\frac{3}{2}}}=\pm\frac{f_{xx}f_y^2-2f_{xy}f_xf_y+f_{yy}f_x^2}{\left(f_x^2+f_y^2\right)^{\frac{3}{2}}}$$

이때, 부호는 $\kappa>0$이 되도록 선택한다.

1.4 $x=r\cos\theta$, $y=r\sin\theta$, $\alpha(\theta)=(r\cos\theta, r\sin\theta)$로 두자. $r=f(\theta)$이므로

$$\begin{aligned}
\alpha'(\theta)&=\left(\frac{dr}{d\theta}\cos\theta-r\sin\theta, \frac{dr}{d\theta}\sin\theta+r\cos\theta\right)\\
\alpha''(\theta)&=\left(\frac{d^2r}{d\theta^2}\cos\theta-2\frac{dr}{d\theta}\sin\theta-r\cos\theta, \frac{d^2r}{d\theta^2}\sin\theta+2\frac{dr}{d\theta}\cos\theta-r\sin\theta\right)\\
\therefore \|\alpha'(\theta)\|^2&=\left(\frac{dr}{d\theta}\right)^2\cos^2\theta-2r\frac{dr}{d\theta}\cos\theta\sin\theta+r^2\sin^2\theta\\
&\quad+\left(\frac{dr}{d\theta}\right)^2\sin^2\theta+2r\frac{dr}{d\theta}\sin\theta\cos\theta+r^2\cos^2\theta\\
&=\left(\frac{dr}{d\theta}\right)^2+r^2\\
\det(\alpha'(\theta),\alpha''(\theta))&=r^2+2\left(\frac{dr}{d\theta}\right)^2-r\frac{d^2r}{d\theta^2}
\end{aligned}$$

매개곡선의 부호곡률 공식을 사용하면 아래와 같다.

$$\kappa_\pm=\frac{\det(\alpha'(x),\alpha''(x))}{\|\alpha'(x)\|^3}=\frac{r^2+2\left(\frac{dr}{d\theta}\right)^2-r\frac{d^2r}{d\theta^2}}{\left(r^2+\left(\frac{dr}{d\theta}\right)^2\right)^{\frac{3}{2}}}$$

1.5 문제 1.4의 극좌표로 표현된 곡선의 부호곡률 식 (1.32)를 사용하자.

$$\kappa_{\pm} = \frac{r^2 + 2\left(\frac{dr}{d\theta}\right)^2 - r\frac{d^2r}{d\theta^2}}{\left(r^2 + \left(\frac{dr}{d\theta}\right)^2\right)^{\frac{3}{2}}}$$

a) $r = a\theta$를 θ로 미분하면 $\frac{dr}{d\theta} = a$, $\frac{d^2r}{d\theta^2} = 0$이므로,

$$\kappa_{\pm} = \frac{r^2 + 2\left(\frac{dr}{d\theta}\right)^2 - r\frac{d^2r}{d\theta^2}}{\left(r^2 + \left(\frac{dr}{d\theta}\right)^2\right)^{\frac{3}{2}}} = \frac{a^2\theta^2 + 2a^2}{(a^2\theta^2 + a^2)^{\frac{3}{2}}} = \frac{2+\theta^2}{a(1+\theta^2)^{\frac{3}{2}}}$$

b) $r = a(1+\cos\theta)$를 미분하면 $\frac{dr}{d\theta} = -a\sin\theta$, $\frac{d^2r}{d\theta^2} = -a\cos\theta$이므로

$$\kappa_{\pm} = \frac{a^2(1+2\cos\theta+\cos^2\theta) + 2a^2\sin^2\theta + a^2(1+\cos\theta)\cos\theta}{(a^2(1+2\cos\theta+\cos^2\theta) + a^2\sin^2\theta)^{\frac{3}{2}}} = \frac{3}{2a\sqrt{2(1+\cos\theta)}}$$

c) $r = a\cos 2\theta$를 미분하면 $\frac{dr}{d\theta} = -2a\sin 2\theta$, $\frac{d^2r}{d\theta^2} = -4a\cos 2\theta$이므로

$$\kappa_{\pm} = \frac{a^2\cos^2 2\theta + 8a^2\sin^2 2\theta + 4a^2\cos^2 2\theta}{(a^2\cos^2 2\theta + 4a^2\sin^2 2\theta)^{\frac{3}{2}}} = \frac{5+3\sin^2 2\theta}{a(1+3\sin^2 2\theta)^{\frac{3}{2}}}$$

1.6 a) 곡선 $\alpha(t) = (t^3 - t, t^2)$는 $t = 0$일 때 원점을 지난다.

$$\alpha'(t) = (3t^2 - 1, 2t), \quad \alpha''(t) = (6t, 2)$$
$$\therefore \alpha'(0) = (-1, 0), \quad \alpha''(0) = (0, 2)$$

그러므로 $(0,0)$에서의 부호곡률은

$$\kappa_{\pm} = \frac{\det(\alpha'(0), \alpha''(0))}{\|\alpha'(0)\|^3} = -2$$

이므로 곡률원의 반지름은 $\frac{1}{2}$이다. 곡률원의 중심은 부호곡률이 음수이므로 양의 방향의 단위법벡터 $(0,-1)$의 반대 방향에 있으므로

$$\alpha(0) + \frac{1}{\kappa_{\pm}}\mathbf{n}_{+}(0) = -\frac{1}{2}(0,-1) = \left(0, \frac{1}{2}\right)$$

이다.

b) 함수 $f(x,y) = 2x + 3x^2 - 2xy + y^2 + 2y^3 - y$에 대해 주어진 곡선을 $f^{-1}(0)$이라고 하자. 원점 $(0,0)$에서 $D_2 f(0,0) = -1 \neq 0$이므로 음함수 정리에 의해 원점 근방에서 주어진 곡선을 매개곡선으로 표현할 수 있다. 즉 적당한 원점 근방에서 $f(t,\phi(t)) = 0$을 만족하는 함수 $\phi(t)$가 존재하여, 주어진 곡선을 $\alpha(t) = (t,\phi(t))$로 표현할 수 있다. 주어진 곡선 위의 한 점 $\alpha(t)$에서의 곡률원의 중심은 $\alpha(t) + \frac{1}{\kappa_\pm}\mathbf{n}_s(t)$이고 반지름은 $\frac{1}{\kappa}$이므로 원점에서 α의 부호곡률과 단위법벡터장을 구하자. $\alpha(t)$의 단위접벡터장

$$\mathbf{t}(t) = \frac{\alpha'(t)}{\|\alpha'(t)\|} = \frac{1}{\sqrt{1+(\phi'(t))^2}}\Big(1,\phi'(t)\Big)$$

를 구하기 위해 $f(x,y) = 2x + 3x^2 - 2xy + y^2 + 2y^3 - y = 0$을 x에 대하여 미분한다.

$$2 + 6x - 2y - 2x\frac{dy}{dx} + 2y\frac{dy}{dx} + 6y^2\frac{dy}{dx} - \frac{dy}{dx} \tag{1.36}$$

이므로 $(0,0)$에서 $\frac{dy}{dx} = \phi'(0) = 2$를 얻는다. 그러므로 $(0,0)$에서 단위접벡터와 법벡터는 각각

$$\mathbf{t}(0) = \frac{1}{\sqrt{5}}(1,2)$$

$$\mathbf{n}_s(t) = \frac{1}{\sqrt{5}}(-2,1)$$

이다.

부호곡률은

$$\kappa_\pm = \frac{\phi''(t)}{\Big(1+\phi'(t)^2\Big)^{\frac{3}{2}}}$$

이므로 식 (1.36)를 x에 대하여 한 번 더 미분한다.

$$6 - 2\frac{dy}{dx} - 2\left(\frac{dy}{dx} + x\frac{d^2y}{dx^2}\right) + 2\left(\frac{dy}{dx}\right)^2 + 2y\frac{d^2y}{dx^2} + 12y\left(\frac{dy}{dx}\right)^2 + 6y^2\frac{d^2y}{dx^2} - \frac{d^2y}{dx^2} = 0$$

$(0,0)$에서 $\frac{d^2y}{dx^2} = \phi''(0) = 6$이므로 부호곡률은

$$\kappa_\pm = \frac{6}{(1+2^2)^{\frac{3}{2}}} = \frac{6}{5\sqrt{5}}$$

이다. 그러므로 곡률원의 중심은

$$\frac{5\sqrt{5}}{6}\frac{1}{\sqrt{5}}(-2,1) = \left(-\frac{5}{3},\frac{5}{6}\right)$$

이고 반지름은

$$\frac{1}{\kappa} = \frac{5\sqrt{5}}{6}$$

이다.

1.7 a) 곡선 $\alpha(t)$를 단위속력곡선으로 재매개화하여 $\alpha(s)$라 하고

$$\alpha^*(s) = \alpha(s) + \frac{1}{\kappa_\pm(s)}\mathbf{n}_+(s)$$

를 생각하자. 이 식을 s에 대해서 미분하고 $\alpha'(s) = \mathbf{t}(s)$와 $\mathbf{n}'_+(s) = -\kappa_\pm(s)\mathbf{t}(s)$를 이용하여 정리하면 다음을 얻는다.

$$\alpha^{*\prime}(s) = \alpha'(s) + \frac{\mathbf{n}'_+(s)\kappa_\pm(s) - \mathbf{n}_+(s)\kappa'_\pm(s)}{\kappa^2_\pm(s)} = -\frac{\kappa'_\pm(s)}{\kappa^2_\pm(s)}\mathbf{n}_+(s)$$

즉 $\alpha^{*\prime}(s)$는 $\mathbf{n}_+(s)$와 평행하다.

b) $\alpha'(t) = (1-\cos t, \sin t)$, $\alpha''(t) = (\sin t, \cos t)$이므로 부호곡률, 단위접벡터, 양의 방향의 단위법벡터를 차례로 구하면 다음과 같다.

$$\kappa_\pm(t) = \frac{\det(\alpha'(t), \alpha''(t))}{\|\alpha'(t)\|^3} = \frac{-1}{2\sqrt{2(1-\cos t)}}$$

$$\mathbf{t}(t) = \frac{\alpha'(t)}{\|\alpha'(t)\|} = \frac{1}{\sqrt{2(1-\cos t)}}(1-\cos t, \sin t)$$

$$\mathbf{n}_+(t) = \frac{1}{\sqrt{2(1+\cos t)}}\begin{pmatrix} 0 & -1 \\ 1 & 0 \end{pmatrix}\begin{pmatrix} 1-\cos t \\ \sin t \end{pmatrix} = \frac{1}{\sqrt{2(1-\cos t)}}(-\sin t, 1-\cos t)$$

따라서 사이클로이드의 축폐선은 다음과 같다.

$$\begin{aligned}\alpha^*(t) &= (t-\sin t, 1-\cos t) - 2\sqrt{2(1-\cos t)}\frac{1}{\sqrt{2(1-\cos t)}}(-\sin t, 1-\cos t) \\ &= (t+\sin t, -1+\cos t)\end{aligned}$$

1.8 곡선 $\alpha(t)$의 매개변수 t를 호의 길이 변수 s에 대한 함수로 표현하여 단위속력곡선으로 재매개화하자. 즉 $\frac{ds}{dt} = \|\alpha'(t)\| = v(t)$이고, $t = t(s)$를 합성하면 $\alpha(t(s))$는 매개변수 s에 대하여 단위속력곡선이다.

곡선의 한 점 $\alpha(t)$에서 프레네 틀을 t로 미분하자.

$$\begin{aligned}\frac{d}{dt}\mathbf{t} &= \frac{d}{ds}\mathbf{t}\frac{ds}{dt} = v(t)\mathbf{t}' = v(t)\kappa\mathbf{n}\\ \frac{d}{dt}\mathbf{n} &= \frac{d}{ds}\mathbf{n}\frac{ds}{dt} = v(t)(-\kappa\mathbf{t}+\tau\mathbf{b})\\ \frac{d}{dt}\mathbf{b} &= \frac{d}{ds}\mathbf{b}\frac{ds}{dt} = v(t)(-\tau\mathbf{n})\end{aligned}$$

1.9 a) 주어진 곡선을 단위속력곡선으로 재매개화하여 $\alpha(s)$라고 하자. 먼저 모든 s에 대하여 $\mathbf{t}(s)\cdot\mathbf{u}=$상수라고 하자. 벡터 $\mathbf{u}$를 프레네 틀 $\{\mathbf{t},\mathbf{n},\mathbf{b}\}$의 일차결합으로 표현하여 적당한 실수 a,b,c에 대하여

$$\mathbf{u} = a\mathbf{t} + b\mathbf{n} + c\mathbf{b}$$

라고 하자. 이때, $\mathbf{u}$는 단위벡터이므로 $a^2+b^2+c^2=1$이다. $\mathbf{t}(s)\cdot\mathbf{u}=$상수이므로 s로 미분하면 0이다. 즉 $0=\frac{d}{ds}\mathbf{t}(s)\cdot\mathbf{u}=\mathbf{t}'(s)\cdot\mathbf{u}=\kappa\mathbf{n}\cdot\mathbf{u}$인데 $\kappa>0$이므로 $\mathbf{n}\cdot\mathbf{u}=0$이다. 그러므로 $b=0$이다. $a^2+c^2=1$이므로 $a=\mathbf{t}\cdot\mathbf{u}=\cos\theta_0$이라고 하자. 따라서 $\mathbf{u}=\cos\theta_0\mathbf{t}+\sin\theta_0\mathbf{b}$이다. 양변을 s에 대해 미분하면 좌변은 상수벡터 $\mathbf{u}$이므로 0이다.

$$0=\cos\theta_0\mathbf{t}'+\sin\theta_0\mathbf{b}'=\cos\theta_0\kappa\mathbf{n}-\sin\theta_0\tau\mathbf{n}=(\cos\theta_0\kappa-\sin\theta_0\tau)\mathbf{n}$$

$\mathbf{n}\neq O$이므로 $\cos\theta_0\kappa-\sin\theta_0\tau=0$, 즉 $\frac{\tau}{\kappa}=\cot\theta_0$ 상수이다. 그러므로

$$\cos\theta_0=\frac{\tau}{\sqrt{\kappa^2+\tau^2}},\quad \sin\theta_0=\frac{\kappa}{\sqrt{\kappa^2+\tau^2}}$$

$$u=\frac{\tau}{\sqrt{\kappa^2+\tau^2}}\mathbf{t}+\frac{\kappa}{\sqrt{\kappa^2+\tau^2}}\mathbf{b}$$

이다.

이제 역으로 $\frac{\tau}{\kappa}$가 상수라고 가정하자. $\cot\theta_0=\frac{\tau}{\kappa}$인 θ_0에 대하여

$$(\cos\theta_0\mathbf{t}+\sin\theta_0\mathbf{b})'=(\cos\theta_0\kappa-\sin\theta_0\tau)\mathbf{n}=0$$

이므로 $\cos\theta_0\mathbf{t}+\sin\theta_0\mathbf{b}$는 상수벡터이다. 이를 $\mathbf{u}$라고 하자.
그러므로 $\mathbf{t}\cdot\mathbf{u}=\cos\theta_0$는 상수이므로 $\alpha(s)$는 일반나선이다.

b) 주어진 곡선 $\alpha(t) = (ae^t \cos t, ae^t \sin t, be^t)$를 미분하여 다음을 얻는다.

$$\begin{aligned}
\alpha'(t) &= (ae^t(\cos t - \sin t), ae^t(\sin t + \cos t), be^t) \\
\alpha''(t) &= (-2ae^t \sin t, 2ae^t \cos t, be^t) \\
\alpha'''(t) &= (-2ae^t(\sin t + \cos t), 2a^t(\cos t - \sin t), be^t) \\
\alpha'(t)\times\alpha''(t) &= (abe^{2t}(\sin t - \cos t), -abe^{2t}(\cos t + \sin t), 2a^2e^{2t})
\end{aligned}$$

$$\therefore \kappa = \frac{\|\alpha'(t)\times\alpha''(t)\|}{\|\alpha'(t)\|^3} = \frac{a\sqrt{2(2a^2+b^2)}e^{2t}}{((2a^2+b^2)e^{2t})^{\frac{3}{2}}} = \frac{\sqrt{2}a}{(2a^2+b^2)e^t}$$

$$\tau = \frac{\det(\alpha'(t), \alpha''(t), \alpha'''(t))}{\|\alpha'(t)\times\alpha''(t)\|^2} = \frac{2a^2be^{3t}}{2a^2(2a^2+b^2)e^{4t}} = \frac{b}{(2a^2+b^2)e^t}$$

$$\therefore \frac{\tau}{\kappa} = \frac{b}{\sqrt{2}a} \text{ 상수이므로 } \alpha(t)\text{는 일반나선이다.}$$

$\dfrac{\tau}{\kappa} = \dfrac{b}{\sqrt{2}a} = \cot\theta$인 θ에 대하여

$$\mathbf{u} = \cos\theta\mathbf{t} + \sin\theta\mathbf{b} = \frac{b}{\sqrt{2a^2+b^2}}\mathbf{t} + \frac{\sqrt{2}a}{\sqrt{2a^2+b^2}}\mathbf{b}$$

이므로

$$\begin{aligned}
\mathbf{t} &= \frac{\alpha'(t)}{\|\alpha'(t)\|} = \frac{1}{\sqrt{2a^2+b^2}}(a(\cos t - \sin t), a(\sin t + \cos t), b) \\
\mathbf{n} &= \frac{\mathbf{t}'}{\kappa}\|\alpha'(t)\| = \frac{1}{\sqrt{2}a}(a(-\sin t - \cos t), a(\cos t - \sin t), 0) \\
\mathbf{b} &= \mathbf{t}\times\mathbf{n} = \frac{1}{\sqrt{4a^2+2b^2}}(-b(\cos t - \sin t), -b(\sin t + \cos t), 2a)
\end{aligned}$$

$$\therefore \mathbf{u} = (0, 0, 1)$$

1.10 $\alpha(t) = \left(\frac{4}{5}\cos t, 1 - \sin t, -\frac{3}{5}\cos t\right)$는 속도벡터가

$$\alpha'(t) = \left(-\frac{4}{5}\sin t, -\cos t, \frac{3}{5}\sin t\right)$$

이고 $\|\alpha'(t)\| = 1$이므로 단위속력곡선이다.

$$\therefore \mathbf{t} = \alpha'(t) = \left(-\frac{4}{5}\sin t, -\cos t, \frac{3}{5}\sin t\right)$$

$\alpha''(t) = \left(-\frac{4}{5}\cos t, \sin t, \frac{3}{5}\cos t\right)$ 이므로

$$\alpha'(t) \times \alpha''(t) = \left(-\frac{3}{5}, 0, -\frac{4}{5}\right)$$
$$\mathbf{b} = \frac{\alpha' \times \alpha''}{\|\alpha' \times \alpha''\|} = \left(-\frac{3}{5}, 0, -\frac{4}{5}\right)$$
$$\mathbf{n} = \mathbf{b}\times\mathbf{t} = \left(-\frac{4}{5}\cos t, \sin t, \frac{3}{5}\cos t\right)$$

$$\kappa(t) = \frac{\|\alpha' \times \alpha''\|}{\|\alpha'\|^3} = 1$$

$$\alpha'''(t) = \left(\frac{4}{5}\sin t, \cos t, -\frac{3}{5}\sin t\right) = -\alpha'(t)$$

이므로 $\det(\alpha', \alpha'', \alpha''') = 0$이다. $\therefore$ 모든 t에 대해서 $\tau(t) = 0$이다. 그러므로 $\alpha(t)$는 평면에 놓여있고 곡률이 상수 1이므로 반지름이 1인 원이다. 원의 중심은 원의 법선이 모두 중심을 지난다는 성질을 이용하여 두 법선의 교점을 찾으면 된다. $t = 0, \frac{\pi}{2}$에서의 법선 L, M을 구하면

$$L : \alpha(0) + t\alpha''(0) = \left(\frac{4}{5}, 1, -\frac{3}{5}\right) + t\left(-\frac{4}{5}, 0, \frac{3}{5}\right)$$
$$M : \alpha\left(\frac{\pi}{2}\right) + t\alpha''\left(\frac{\pi}{2}\right) = (0,0,0) + t(0,1,0)$$

직선 L, M은 $(0,1,0)$에서 만난다. 따라서 원의 중심은 $(0,1,0)$이다.

1.11 곡선 $\alpha(s)$가 반지름이 r이고 중심이 a인 구면 위에 놓여있다고 하자.

$$(\alpha(s) - a)\cdot(\alpha(s) - a) = r^2$$

양변을 s에 대하여 미분하면 $\alpha'(s) = \mathbf{t}(s)$이므로

$$\mathbf{t}(s)\cdot(\alpha(s) - a) = 0 \tag{1.37}$$

이다. 그러므로 프레네 틀장을 이용하면 α에서 정의된 적당한 실수 함수 x, y에 대하여

$$\alpha(s) - a = x\mathbf{n}(s) + y\mathbf{b}(s)$$

이다. 식 (1.37)을 미분하면

$$\begin{aligned}
&\mathbf{t}'(s)\cdot(\alpha(s) - a) + \mathbf{t}(s)\cdot\mathbf{t}(s) = 0 \\
&\kappa\mathbf{n}(s)\cdot(\alpha(s) - a) + 1 = 0 \\
&\therefore x = \mathbf{n}(s)\cdot(\alpha(s) - a) = \frac{-1}{\kappa}
\end{aligned}$$

위 식을 다시 미분하면

$$\begin{aligned}
&\kappa'\mathbf{n}(s)\cdot(\alpha(s) - a) + \kappa\mathbf{n}'(s)\cdot(\alpha(s) - a) + \kappa\mathbf{n}(s)\cdot\mathbf{t} = 0 \\
&\kappa'\mathbf{n}(s)\cdot(\alpha(s) - a) + \kappa(-\kappa\mathbf{t}(s) + \tau\mathbf{b}(s))\cdot(\alpha(s) - a) = 0 \\
&\kappa'\left(\frac{-1}{\kappa}\right) + \kappa\tau\mathbf{b}(s)\cdot(\alpha(s) - a) = 0 \\
&\frac{\kappa'}{\kappa^2\tau} = \mathbf{b}(s)\cdot(\alpha(s) - a) = y
\end{aligned}$$

그러므로

$$\alpha(s) - a = \frac{-1}{\kappa}\mathbf{n}(s) + \frac{\kappa'}{\kappa^2\tau}\mathbf{b}(s)$$

양변을 미분하고 프레네-세레 정리를 이용하여 정리하면

$$\begin{aligned}
\mathbf{t}(s) &= \left(\frac{-1}{\kappa}\right)'\mathbf{n}(s) - \frac{1}{\kappa}\mathbf{n}'(s) + \left(\frac{\kappa'}{\kappa^2\tau}\right)'\mathbf{b}(s) + \frac{\kappa'}{\kappa^2\tau}\mathbf{b}'(s) \\
&= \frac{\kappa'}{\kappa^2}\mathbf{n}(s) - \frac{1}{\kappa}(-\kappa\mathbf{t} + \tau\mathbf{b}) + \left(\frac{\kappa'}{\kappa^2\tau}\right)'\mathbf{b}(s) - \frac{\kappa'}{\kappa^2\tau}\tau\mathbf{n}(s) \\
&= \mathbf{t}(s) + \left(-\frac{\tau}{\kappa} + \left(\frac{\kappa'}{\kappa^2\tau}\right)'\right)\mathbf{b}(s)
\end{aligned}$$

이다. 이때 $\mathbf{b}$의 계수는 0이므로

$$\frac{\tau}{\kappa} = \left(\frac{\kappa'}{\tau\kappa^2}\right)'$$

을 얻는다.

역으로 $\frac{\tau}{\kappa} = \left(\frac{\kappa'}{\tau\kappa^2}\right)'$을 만족한다고 가정하자. $\alpha(s) + \frac{1}{\kappa}\mathbf{n}(s) - \frac{\kappa'}{\tau\kappa^2}\mathbf{b}(s)$를 미분하면

$$\mathbf{t}(s) - \frac{\kappa'}{\kappa^2}\mathbf{n}(s) + \frac{1}{\kappa}(\kappa\mathbf{t}(s) + \tau\mathbf{b}(s)) - \left(\frac{\kappa'}{\tau\kappa^2}\right)'\mathbf{b} + \frac{\kappa'}{\tau\kappa^2}\tau\mathbf{n}(s) = 0$$

이므로 $\alpha(s) + \frac{1}{\kappa}\mathbf{n}(s) - \frac{\kappa'}{\tau\kappa^2}\mathbf{b}(s)$는 상수벡터이다.

$$\left\|\frac{1}{\kappa}\mathbf{n}(s) - \frac{\kappa'}{\tau\kappa^2}\mathbf{b}(s)\right\|^2 = \frac{1}{\kappa^2} - \left(\frac{\kappa'}{\tau\kappa^2}\right)^2$$

가 $\left(\frac{1}{\kappa^2} - \left(\frac{\kappa'}{\tau\kappa^2}\right)^2\right)' = 0$이므로 상수이다. 그러므로 곡선 $\alpha(s)$는 중심이 $\alpha(s) - \frac{1}{\kappa}\mathbf{n}(s)$ $+\frac{\kappa'}{\tau\kappa^2}\mathbf{b}(s)$이고 반지름의 제곱이 $\frac{1}{\kappa}\mathbf{n}(s) - \frac{\kappa'}{\tau\kappa^2}\mathbf{b}(s)$인 구면에 놓여있다.

1.12 a) 추적선의 한 점 $p = (x_0, y_0)$에서의 접선의 기울기는

$$\left.\frac{dx}{dy}\right|_{(x_0,y_0)} = \frac{\sqrt{1-y_0^2}}{y_0}$$

이때 $\frac{d}{dx}\cosh^{-1}(x) = \frac{1}{\sqrt{x^2-1}}$이다. 따라서 접선의 방정식은

$$x - x_0 = \frac{\sqrt{1-y_0^2}}{y}(y - y_0)$$

x절편을 $q = (x_1, 0)$라고 두면 선분 pq의 길이의 제곱은

$$(x_1 - x_0)^2 + (0 - y_0)^2 = \left(\frac{\sqrt{1-y_0^2}}{y}(0 - y_0)\right)^2 + y_0^2 = 1$$

이다.

b) 추적선을

$$\alpha(t) = \left(\sqrt{1-t^2} - \cosh^{-1}\left(\frac{1}{t}\right), t\right)$$

라고 두자.

$$\alpha'(t) = \left(\frac{\sqrt{1-t^2}}{t}, 1\right)$$

$$\alpha''(t) = \left(\frac{-1}{t^2\sqrt{1-t^2}}, 0\right)$$

이므로 부호곡률은

$$\kappa_\pm = \frac{\det(\alpha'(x), \alpha''(x))}{\|\alpha'(x)\|^3} = \frac{t}{\sqrt{1-t^2}}$$

이다.

2.3 연습문제 풀이

2.1 등주부등식을 타원 $\alpha(t) = a\cos t + b\sin t, 0 \leq t \leq 2\pi$에 적용하면 타원의 길이는

$$l(\alpha) \geq \sqrt{4\pi^2 \mathcal{A}(\alpha)} = 2\pi\sqrt{ab}$$

등식이 성립하는 경우는 $a = b$인 경우뿐이다. 이때 $\mathcal{A}(\alpha)$는 타원 α의 내부의 넓이다.

2.2 구간 $I \subset \mathbb{R}$에서 정의된 곡선 $\alpha(t)$을 구간 $J \subset \mathbb{R}$에서 정의된 미분동형사상 $g : J \to I$, $t = g(u)$를 이용하여 $\tilde{\alpha}(u) = \alpha(g(u)) = \alpha(t)$로 재매개화했다고 하자. 그러면 식 (1.14)로 부터 $\tilde{\kappa}(u) = \kappa(g(u))$이다.

$$\frac{d}{du}\tilde{\kappa}(u) = g'(u)\kappa'(t)$$

에서 g는 미분동형사상이므로 $g'(u) \neq 0$이다. 따라서 $\tilde{\kappa}'(u) = 0$과 $\kappa'(t) = 0$이 필요충분조건이다.

2.3 풀이 1)

$$\begin{aligned}
\gamma'(t) &= (-\sin t - 2\sin 2t, \cos t + 2\cos 2t) \\
\gamma''(t) &= (-\cos t - 4\cos 2t, -\sin t - 4\sin 2t) \\
\kappa(t) &= \frac{x'y'' - x''y'}{((x')^2 + (y')^2)^{3/2}} = \frac{9 + 6\cos t}{(5 + 4\cos t)^{\frac{3}{2}}} \\
\kappa'(t) &= \frac{6\sin t(4 - 2\cos t)}{(5 + 4\cos t)^{\frac{5}{2}}} = 0 \Longleftrightarrow t = 0, \pi
\end{aligned}$$

4정점 정리를 이용하면 정점이 2개뿐이라서 단순 폐곡선이 아니다.

풀이 2) $$1 + 2\cos t = 0 \Longleftrightarrow t = \frac{2\pi}{3}, \frac{4\pi}{3}$$

즉, $t = \dfrac{2\pi}{3}$와 $\dfrac{4\pi}{3}$에서 원점을 두 번 지나가므로 단순 폐곡선이 아니다.

4.6 연습문제 풀이

4.1 접평면 $T_{\mathbf{x}_0}S$에 속하는 임의의 벡터를 $\mathbf{v}$라고 하자. 그러면 곡선 $\alpha : I \to S$가 존재하여 $\alpha(0) = \mathbf{x}_0$와 $\alpha'(0) = \mathbf{v}$를 만족한다. 곡선 $\alpha(t)$는 곡면에 놓여있으므로 모든 t에 대하여 $f(\alpha(t)) = 0$이다. 그러므로 양변을 t로 미분하여

$$0 = (f \circ \alpha)'(0) = \nabla f(\alpha(0)) \cdot \alpha'(0) = \nabla f(\mathbf{x}_0) \cdot \mathbf{v}$$

이므로 $\mathbf{v}$가 $\nabla f(\mathbf{x}_0)$에 수직이다. 그런데 $\mathbf{v}$가 $T_{\mathbf{x}_0}S$에 속하는 임의의 벡터였으므로 $\nabla f(\mathbf{x}_0)$은 접평면 $T_{\mathbf{x}_0}S$에 수직이다. 곡면 S가 정칙 등위곡면이므로 $T_{\mathbf{x}_0}S$는 2차원이다. 따라서 $\nabla f(\mathbf{x}_0)$이 접평면 $T_{x_0}S$의 법벡터이다.

4.2 a) 주면 $X(u, v) = (a\cos u, a\sin u, v)$

$$X_u = (-a\sin u, a\cos u, 0)$$
$$X_v = (0, 0, 1)$$

$$\therefore \begin{pmatrix} E & F \\ F & G \end{pmatrix} = \begin{pmatrix} a^2 & 0 \\ 0 & 1 \end{pmatrix}$$

곡선 $\alpha(t) = X(t, v) = (a\cos t, a\sin t, v)$, $0 < t < 2\pi$에서 $u(t) = t$, $v(t) = v$이므로 $u'(t) = 1$, $v'(t) = 0$이다. 따라서 제1기본형을 이용한 곡선의 길이공식을 이용하면 $\alpha(t)$의 길이는

$$l(\alpha) = \int \left(\begin{pmatrix} u'(t) & v'(t) \end{pmatrix} \begin{pmatrix} E & F \\ F & G \end{pmatrix} \begin{pmatrix} u'(t) \\ v'(t) \end{pmatrix} \right)^{\frac{1}{2}} dt$$

$$= \int_0^{2\pi} \left(\begin{pmatrix} 1 & 0 \end{pmatrix} \begin{pmatrix} a^2 & 0 \\ 0 & 1 \end{pmatrix} \begin{pmatrix} 1 \\ 0 \end{pmatrix} \right)^{\frac{1}{2}} dt = \int_0^{2\pi} a\,dt = 2a\pi$$

곡선 $\beta(t) = X(u,t) = (a\cos u, a\sin u, t)$, $0 < t < 2\pi$에서 $u(t) = u$, $v(t) = t$이므로 $u'(t) = 0$, $v'(t) = 1$이므로 $\beta(t)$의 길이는

$$l(\beta) = \int_0^{2\pi} \left(\begin{pmatrix} 0 & 1 \end{pmatrix} \begin{pmatrix} a^2 & 0 \\ 0 & 1 \end{pmatrix} \begin{pmatrix} 0 \\ 1 \end{pmatrix} \right)^{\frac{1}{2}} dt = \int_0^{2\pi} dt = 2\pi$$

곡선 $\gamma(t) = X(t,t) = (a\cos t, a\sin t, t)$, $0 < t < 2\pi$에서 $u(t) = t$, $v(t) = t$이므로 $u'(t) = 1$, $v'(t) = 1$이므로 $\gamma(t)$의 길이는

$$l(\gamma) = \int_0^{2\pi} \left(\begin{pmatrix} 1 & 1 \end{pmatrix} \begin{pmatrix} a^2 & 0 \\ 0 & 1 \end{pmatrix} \begin{pmatrix} 1 \\ 1 \end{pmatrix} \right)^{\frac{1}{2}} dt = \int_0^{2\pi} \sqrt{a^2+1}\,dt = 2\sqrt{a^2+1}\pi$$

이다.

b) 현수면 $X(u,v) = (\cosh u\cos v, \cosh u\sin v, u)$

$$X_u = (\sinh u\cos v, \sinh u\sin v, 1)$$
$$X_v = (-\cosh u\sin v, \cosh u\cos v, 0)$$

$$\therefore \begin{pmatrix} E & F \\ F & G \end{pmatrix} = \begin{pmatrix} \cosh^2 u & 0 \\ 0 & \cosh^2 u \end{pmatrix}$$

이때 $\sinh^2 u + 1 = \cosh^2 u$이다.

곡선 $\alpha(t) = X(t,v)$ $-1 < t < 1$에서 $u(t) = t$, $v(t) = v$이므로 $u'(t) = 1$, $v'(t) = 0$이므로 $\alpha(t)$의 길이는

$$l(\alpha) = \int_{-1}^{1} \left(\begin{pmatrix} 1 & 0 \end{pmatrix} \begin{pmatrix} \cosh^2 t & 0 \\ 0 & \cosh^2 t \end{pmatrix} \begin{pmatrix} 1 \\ 0 \end{pmatrix} \right)^{\frac{1}{2}} dt = 2\int_0^1 \cosh t\,dt = 2\sinh 1$$

곡선 $\beta(t) = X(u,t)$, $0 < t < 2\pi$에서 $u(t) = u$, $v(t) = t$이므로 $u'(t) = 0$, $v'(t) = 1$

이므로 $\beta(t)$의 길이는

$$l(\beta) = \int_0^{2\pi} \left(\begin{pmatrix} 0 & 1 \end{pmatrix} \begin{pmatrix} \cosh^2 u & 0 \\ 0 & \cosh^2 u \end{pmatrix} \begin{pmatrix} 0 \\ 1 \end{pmatrix} \right)^{\frac{1}{2}} dt = \int_0^{2\pi} \cosh u \, dt = 2\pi \cosh u$$

이다.

4.3 회전면을 아래와 매개곡면으로 표현하자.

$$\begin{aligned} X(x,\theta) &= (x, f(x)\cos\theta, f(x)\sin\theta) \\ X_x &= (1, f'\cos\theta, f'\sin\theta) \\ X_\theta &= (0, -f\sin\theta, f\cos\theta) \\ \therefore F_1 &= \begin{pmatrix} 1+f'^2 & 0 \\ 0 & f^2 \end{pmatrix} \end{aligned}$$

그러므로 넓이 $\mathcal{A}(X)$는

$$\mathcal{A}(X) = \int_0^{2\pi} \int_a^b \sqrt{EG - F^2} \, dx d\theta = \int_0^{2\pi} \int_a^b f(x)\sqrt{1 + f'^2(x)} \, dx d\theta$$

이다.

4.4 원환면 $X(u,v) = \big((a + b\cos u)\cos v,\ (a + b\cos u)\sin v, b\sin u\big)$의 제1기본형을 구하자.

$$\begin{aligned} X_u &= \big(-b\sin u\cos v,\ -b\sin u\sin v, b\cos u\big) \\ X_v &= \big(-(a + b\cos u)\sin v,\ (a + b\cos u)\cos v, 0\big) \\ \therefore \begin{pmatrix} E & F \\ F & G \end{pmatrix} &= \begin{pmatrix} b^2 & 0 \\ 0 & (a + b\cos u)^2 \end{pmatrix} \end{aligned}$$

그러므로 겉넓이 $\mathcal{A}(X)$는

$$\mathcal{A}(X) = \int_0^{2\pi} \int_0^{2\pi} \sqrt{EG - F^2} \, dudv = \int_0^{2\pi} \int_0^{2\pi} b(a + b\cos u) \, dudv = 4ab\pi^2$$

이다.

4.5 라그랑주 승수정리를 사용하자. 함수 $g(x,y,z) = xy + z^2$가 최댓값 혹은 최솟값을 가지는 곡면의 점에서 함수 g와 f의 그래디언트 벡터가 평행하다. 즉 적당한 상수 λ에 대하여

$$\nabla g(x,y,z) = (y,x,2z) = \lambda(2x,2y,2z)$$

이고, 이때 $(x,y,z) \in S$이므로 $x^2 + y^2 + z^2 = 1$이다. 그러므로

$$\begin{aligned} x &= 2\lambda y \\ y &= 2\lambda x \\ z &= \lambda z \\ \Rightarrow xy &= 4\lambda^2 xy \end{aligned}$$

1) 만약 $2\lambda = \pm 1$이면 $z = 0$, $x = \pm y = \pm\frac{1}{\sqrt{2}}$이므로

$$g\left(\pm\frac{1}{\sqrt{2}}, \pm\frac{1}{\sqrt{2}}, 0\right) = \pm\frac{1}{2}$$

이다.

2) 만약 $2\lambda \neq \pm 1$이면 $x = 0 = y$, $z = \pm 1$이므로

$$g(0,0,\pm 1) = 1$$

이다.

그러므로 g의 최댓값은 $(0,0,\pm 1)$에서 1이고, 최솟값은 $\pm\left(\frac{1}{\sqrt{2}}, \frac{-1}{\sqrt{2}}, 0\right)$에서 $\pm\frac{1}{2}$이다.

4.6 반지름이 1인 구면을 함수 $f(x,y,z) = x^2 + y^2 + z^2 - 1$에 대한 등위곡면 $S = f^{-1}(0)$으로 두고, 제1사분면에서 한 꼭짓점이 (x,y,z)인 직육면체가 구면에 내접할 때 겉넓이 함수

$$g(x,y,z) = 2(4xy, 4yz, 4zx)$$

를 생각하자. 라그랑주 승수정리를 적용하면, 겉넓이가 최대인 점에서 두 함수의 그래디언트 벡터가 평행하다. 즉 적당한 상수 λ에 대하여 $\nabla g(x,y,z) = \lambda \nabla f(x,y,z)$이고, 이때 $x,y,z > 0$이고 $(x,y,z) \in S$이므로 $x^2 + y^2 + z^2 = 1$이다.

$$\begin{aligned} \nabla f(x,y,z) &= 2(x,y,z) \\ \nabla g(x,y,z) &= 8(y+z, x+z, x+y) \end{aligned}$$

$$\therefore 4(y+z, x+z, x+y) = \lambda(x, y, z)$$

을 만족해야 하므로

$$\begin{aligned} 4(y+z) &= \lambda x \\ 4(x+z) &= \lambda y \\ 4(x+y) &= \lambda z \\ \Rightarrow 8(x+y+z) &= \lambda(x+y+z) \end{aligned}$$

따라서 $\lambda = 8$이거나 $x+y+z=0$이다. 그러나 $x, y, z > 0$이므로 $x+y+z \neq 0$이므로 $\lambda = 8$이어야 한다. 이때 연립방정식을 풀면 $x = y = z$를 얻는다. 그러므로 한 꼭짓점이 $\left(\frac{1}{\sqrt{3}}, \frac{1}{\sqrt{3}}, \frac{1}{\sqrt{3}}\right)$인 정육면체일 때 겉넓이가 8로 최대이다.

4.7 함수 $f(x,y,z) = xy - z$에 대한 등위곡면 $S = f^{-1}(0)$을 생각하자. 점 $(0,0,5)$에서 곡면 위의 점 (x,y,z)까지의 거리의 제곱을 함수 $d(x,y,z) = x^2 + y^2 + (z-5)^2$ 라고 하자. 라그랑주 승수정리를 적용하면, 거리가 최소가 되는 점은 극점이므로 그 점에서 두 함수 f, d의 그래디언트 벡터가 서로 일차종속이다. 즉 0이 아닌 상수 k가 있어서

$$\begin{aligned} \nabla d &= k \nabla f \\ (2x, 2y, 2(z-5)) &= k(y, x, -1) \end{aligned}$$

$$\begin{aligned} \therefore 2x &= ky \\ 2y &= kx \\ 2(z-5) &= -k \\ \Leftrightarrow 4xy &= k^2 xy \end{aligned}$$

$(x,y,z) \in S$이므로 $xy = z$이다. 그러므로 $xy = z = 0$이거나 $k = \pm 2$이다.

(1) $xy = z = 0$이면 $x = 0$이나 $y = 0$인데 둘 중 하나가 0이면 나머지 하나도 0이다. 그러므로 이 때의 점은 $(0,0,0)$이다.

(2) $k = 2$이면 $x = y$, $z = 4$이고 $xy = z$로부터 $(\pm 2, \pm 2, 4)$를 얻는다.

(3) $k = -2$이면 $x = -y$, $z = 6$인데 $xy = z$를 만족시킬수 없다. 그러므로 이 경우는 해가 없다.

따라서 $(0,0,0)$에서 $(0,0,5)$의 까지의 거리는 5이고 $(\pm 2, \pm 2, 4)$에서 $(0,0,5)$까지의 거리는 3이므로 거리가 가장 가까운 점은 $(\pm 2, \pm 2, 4)$이다.

5.4 연습문제 풀이

5.1 a) 원주면 $X(u,v)=(a\cos u, a\sin u, v)$

$$\begin{aligned} X_u &= (-a\sin u, a\cos u, 0) \\ X_v &= (0,0,1) \\ X_u \times X_v &= (a\cos u, a\sin u, 0) \end{aligned}$$

그러므로 단위법벡터장 $N(u,v)$는 다음과 같다.

$$N(u,v) = \pm\frac{X_u \times X_v}{\|X_u \times X_v\|} = (\cos u, \sin u, 0)$$

b) 현수면 $X(u,v)=(\cosh u\cos v, \cosh u\sin v, u)$

$$\begin{aligned} X_u &= (\sinh u\cos v, \sinh u\sin v, 1) \\ X_v &= (-\cosh u\sin v, \cosh u\cos v, 0) \\ X_u \times X_v &= (-\cosh u\cos v, -\cosh u\sin v, \sinh u\cosh u) \end{aligned}$$

그러므로 단위법벡터장 $N(u,v)$는 다음과 같다.

$$N(u,v) = \pm\frac{X_u \times X_v}{\|X_u \times X_v\|} = \pm\left(\frac{\cos v}{\cosh u}, \frac{\sin v}{\cosh u}, -\frac{\sinh u}{\cosh u}\right)$$

5.2 풀이 1) 함수 $z=f(x,y)$의 그래프로 주어지는 곡면 M을 매개곡면으로 표현하자.

$$\begin{aligned} M(u,v) &= (u,v,f(u,v)) \\ M_u &= (1,0,f_u) \\ M_v &= (0,1,f_v) \\ M_u \times M_v &= (-f_u, -f_v, 1) \end{aligned}$$

그러므로 단위법벡터장은

$$N(u,v) = \pm\frac{(-f_u,-f_v,1)}{\sqrt{f_u^2+f_v^2+1}}$$

이다.

풀이 2) 함수 $g(x,y) = f(x,y) - z$로 정의하고 곡면 $M = g^{-1}(0)$으로 표현하자. 그래디언트 벡터가 접평면에 수직이므로 단위법벡터장은 곡면의 임의의 점 $(x,y,z) \in M$에서 아래와 같이 정의할 수 있다.

$$N(x,y,z) = \pm\frac{\nabla g(x,y,z)}{\|\nabla g(x,y,z)\|} = \pm\frac{(f_x, f_y, -1)}{\sqrt{f_x^2 + f_y^2 + 1}}$$

5.3 먼저 $X(u,v) = (u, v, u^2 + v^2)$의 단위법벡터장 $N(u,v)$를 구하자.

$$\begin{aligned} X_u &= (1, 0, 2u) \\ X_v &= (0, 1, 2v) \\ X_u \times X_v &= (-2u, -2v, 1) \\ N(u,v) &= \frac{(-2u, -2v, 1)}{\sqrt{4u^2 + 4v^2 + 1}} \\ \gamma(t) &= X(\cos t, \sin t) \\ \gamma'(t) &= (-\sin t, \cos t, 0) \\ \gamma''(t) &= (-\cos t, -\sin t, 0) \\ \therefore \kappa_n &= \frac{\gamma''(t) \cdot N}{\|\gamma'(t)\|^2} = \frac{2}{\sqrt{5}} \end{aligned}$$

5.4 문제 5.1 a)에서 구한 원주면의 단위법벡터장은

$$N(u,v) = (\cos u, \sin u, 0)$$

이다.

$$\begin{aligned} \gamma(t) &= X(t,t) = (a\cos t, a\sin t, bt) \\ \gamma'(t) &= (-a\sin t, a\cos t, b) \\ \gamma''(t) &= (-a\cos t, -a\sin t, 0) \\ N(t,t) &= (\cos t, \sin t, 0) \\ \therefore \kappa_n &= \frac{\gamma''(t) \cdot N}{\|\gamma'(t)\|^2} = \frac{-a}{a^2 + b^2} \end{aligned}$$

곡선 $\gamma(t)$는 원나선으로 곡률은 $\kappa = \frac{a}{a^2+b^2}$(보기 1.5 참고)이므로

$$\kappa_g^2 = \kappa^2 - \kappa_n^2 = 0$$

으로부터 측지곡률이 0이다.

5.5 $\kappa^2 = \kappa_g^2 + \kappa_n^2$으로부터 법곡률과 측지곡률이 모두 0이면 곡률이 0이다. 곡률이 0인 곡선은 직선이다.

5.6 a) 직선은 단위벡터 $\mathbf{v}$에 대해서 단위속력곡선 $\gamma(t) = \mathbf{w}+t\mathbf{v}$로 표현할 수 있다. $\gamma''(t) = 0$이므로 법곡률이 $\kappa_n = N\cdot\gamma''(t) = 0$인 점근곡선이다.

b) 주어진 곡선이 단위속력곡선이라고 가정해도 일반화를 잃지 않으므로 단위속력곡선 $\gamma(s)$가 주어졌다고 하자. $\gamma(s)$의 법곡률 $\kappa_n = 0$이 되는 필요충분조건은 $\gamma''(s)\cdot N = 0$이므로 곡면의 단위법벡터장 N이 $\gamma''(s)$와 수직하다는 것이다. $\gamma(s)$의 단위주법벡터장 $\mathbf{n}$은 $\gamma''(s)$와 평행하므로 N은 $\mathbf{n}$과도 수직하다. 따라서 N은 단위부법벡터장 $\mathbf{b}$와 평행하다.

6.4 연습문제 풀이

6.1 단위법벡터장 N은 접벡터 X_u, X_v와 수직이므로 $N\cdot X_u = 0 = N\cdot X_v$이다. 양변을 u와 v에 대해서 차례로 미분하여 다음을 얻는다.

$$\begin{aligned}
N_u\cdot X_u + N\cdot X_{uu} &= 0\\
\therefore -N_u\cdot X_u = N\cdot X_{uu} &= e\\
N_v\cdot X_u + N\cdot X_{uv} &= 0\\
\therefore -N_v\cdot X_u = N\cdot X_{uv} &= f\\
N_v\cdot X_v + N\cdot X_{vv} &= 0\\
\therefore -N_v\cdot X_v = N\cdot X_{vv} &= g
\end{aligned}$$

6.2 $N(\gamma(s))\cdot\gamma'(s)=0$을 s에 대하여 미분하면

$$0=D_{\gamma'(s)}N(\gamma(s))\cdot\gamma'(s)+N(\gamma(s))\cdot\gamma''(s)$$

이다. 따라서

$$\kappa_n=N(\gamma(s))\cdot\gamma''(s)=-D_{\gamma(s)}N(\gamma(s))\cdot\gamma'(s)$$

이다.

6.3 현수면 $X(u,v)=(\cosh u\cos v,\cosh u\sin v,u)$의 제1기본형과 단위법벡터장 $N(u,v)$는 아래와 같다(연습문제 4.2 b), 5.1 b) 풀이 참고).

$$\begin{pmatrix}E & F\\ F & G\end{pmatrix}=\begin{pmatrix}\cosh^2 u & 0\\ 0 & \cosh^2 u\end{pmatrix},\ N(u,v)=\left(-\frac{\cos v}{\cosh u},-\frac{\sin v}{\cosh u},\frac{\sinh u}{\cosh u}\right)$$

$$X_{uu}=(\cosh u\cos v,\cosh u\sin v,0)$$

$$X_{vu}=(-\sinh u\sin v,\sinh u\cos v,0)$$

$$X_{vv}=(-\cosh u\cos v,-\cosh u\sin v,0)$$

$$\therefore\begin{pmatrix}e & f\\ f & g\end{pmatrix}=\begin{pmatrix}-1 & 0\\ 0 & 1\end{pmatrix}$$

이므로 $\alpha(t)=X(u,t)$의 법곡률은 $u(t)=u$, $v(t)=t$이므로 $u'(t)=0$, $v'(t)=1$을 공식에 대입하여

$$\kappa_n=\frac{\begin{pmatrix}u'(t) & v'(t)\end{pmatrix}\begin{pmatrix}e & f\\ f & g\end{pmatrix}\begin{pmatrix}u'(t)\\ v'(t)\end{pmatrix}}{\begin{pmatrix}u'(t) & v'(t)\end{pmatrix}\begin{pmatrix}E & F\\ F & G\end{pmatrix}\begin{pmatrix}u'(t)\\ v'(t)\end{pmatrix}}=\frac{\begin{pmatrix}0 & 1\end{pmatrix}\begin{pmatrix}-1 & 0\\ 0 & 1\end{pmatrix}\begin{pmatrix}0\\ 1\end{pmatrix}}{\begin{pmatrix}0 & 1\end{pmatrix}\begin{pmatrix}\cosh^2 u & 0\\ 0 & \cosh^2 u\end{pmatrix}\begin{pmatrix}0\\ 1\end{pmatrix}}$$

$$=\operatorname{sech}^2 u$$

곡선 $\beta(t)=X(t,v)$의 법곡률은 $u(t)=t$, $v(t)=v$이므로 $u'(t)=1$, $v'(t)=0$을 공식에 대입하여

$$\kappa_n = \frac{\begin{pmatrix} u'(t) & v'(t) \end{pmatrix} \begin{pmatrix} e & f \\ f & g \end{pmatrix} \begin{pmatrix} u'(t) \\ v'(t) \end{pmatrix}}{\begin{pmatrix} u'(t) & v'(t) \end{pmatrix} \begin{pmatrix} E & F \\ F & G \end{pmatrix} \begin{pmatrix} u'(t) \\ v'(t) \end{pmatrix}} = \frac{\begin{pmatrix} 1 & 0 \end{pmatrix} \begin{pmatrix} -1 & 0 \\ 0 & 1 \end{pmatrix} \begin{pmatrix} 1 \\ 0 \end{pmatrix}}{\begin{pmatrix} 1 & 0 \end{pmatrix} \begin{pmatrix} \cosh^2 u & 0 \\ 0 & \cosh^2 u \end{pmatrix} \begin{pmatrix} 1 \\ 0 \end{pmatrix}}$$

$$= -\text{sech}^2 u$$

6.4 곡선 $\gamma(t) = X(u(t), v(t))$가 곡면 $X(u,v)$에 놓였다고 하자. 법곡률은

$$\kappa_n(\gamma(t)) = \frac{\begin{pmatrix} u'(t) & v'(t) \end{pmatrix} \begin{pmatrix} e & f \\ f & g \end{pmatrix} \begin{pmatrix} u'(t) \\ v'(t) \end{pmatrix}}{\begin{pmatrix} u'(t) & v'(t) \end{pmatrix} \begin{pmatrix} E & F \\ F & G \end{pmatrix} \begin{pmatrix} u'(t) \\ v'(t) \end{pmatrix}}$$

이므로

$$\kappa_n(\gamma(t)) = 0 \Longleftrightarrow \begin{pmatrix} u'(t) & v'(t) \end{pmatrix} \begin{pmatrix} e & f \\ f & g \end{pmatrix} \begin{pmatrix} u'(t) \\ v'(t) \end{pmatrix} = 0$$

$$e = -\frac{1}{u\sqrt{1+u^2}}$$
$$f = 0$$
$$g = \frac{u}{\sqrt{1+u^2}}$$

따라서

$$\frac{-(u'(t))^2}{u\sqrt{1+u^2}} + \frac{u(v'(t))^2}{\sqrt{1+u^2}} = 0$$
$$\frac{u'(t)}{u(t)} = \pm v'(t)$$
$$\ln u(t) = \pm v(t) + c$$

$\therefore \ln u(t) = \pm v(t) + c$를 만족하는 모든 곡선의 법곡률이 0이다.

6.5 원기둥의 제1기본형과 제2기본형은 다음과 같다.

$$\mathcal{F}_I = \begin{pmatrix} 1 & 0 \\ 0 & 1 \end{pmatrix}, \quad \mathcal{F}_{II} = \begin{pmatrix} 1 & 0 \\ 0 & 0 \end{pmatrix}$$

이때 단위법벡터장은 $N(u,v) = (-\cos u, -\sin u, 0)$이다.

$$\mathcal{F}_I^{-1}\mathcal{F}_{II} = \begin{pmatrix} 1 & 0 \\ 0 & 0 \end{pmatrix}$$

이미 대각화되어 있으므로 고윳값은 $\lambda = 1, 0$이다.
$\lambda = 1$일 때 고유벡터는 $\mathbf{v}_1 = 1X_u + 0X_v = (-\sin u, \cos u, 0)$
$\lambda = 0$일 때 고유벡터는 $\mathbf{v}_2 = 0X_u + 1X_v = (0, 0, 1)$
따라서 원기둥의 임의의 점 $X(u_0, v_0)$에서 주곡률은 $\kappa_1 = 1, \kappa_2 = 0$이고 각각의 주방향은 $\mathbf{v}_1 = (-\sin u, \cos u, 0)$, $\mathbf{v}_2 = (0, 0, 1)$이다.

6.6 원환면 $X(u,v) = ((R + r\cos u)\cos v, (R + r\cos u)\sin v, r\sin u)$의 제1기본형과 제2기본형은 다음과 같다.

$$\mathcal{F}_I = \begin{pmatrix} r^2 & 0 \\ 0 & (R + r\cos u)^2 \end{pmatrix}, \quad \mathcal{F}_{II} = \begin{pmatrix} r & 0 \\ 0 & (R + r\cos u)\cos u \end{pmatrix}$$

이때 단위법벡터장은 $N(u,v) = -\frac{X_u \times X_v}{\|X_u \times X_v\|} = (\cos u \cos v, \cos u \sin v, \sin u)$이다.

$$\mathcal{F}_I^{-1}\mathcal{F}_{II} = \begin{pmatrix} \frac{1}{r} & 0 \\ 0 & \frac{\cos u}{R + r\cos u} \end{pmatrix}$$

이미 대각화되어 있으므로 고윳값은 $\lambda = \frac{1}{r}, \frac{\cos u}{R + r\cos u}$이다.
$\lambda = \frac{1}{r}$일 때 고유벡터는 $\mathbf{v}_1 = 1X_u + 0X_v = (-r\sin u \cos v, -r\sin u \sin v, r\cos u)$이다.
$\lambda = \frac{\cos u}{R + r\cos u}$일 때 고유벡터는 $\mathbf{v}_2 = 0X_u + 1X_v = (-(R + r\cos u)\sin v, (R + r\cos u)\cos v, 0)$이다. 따라서 원환면의 점 $X(u_0, v_0)$에서 주곡률은

$$\kappa_1 = \frac{1}{r}, \quad \kappa_2 = \frac{\cos u_0}{R + r\cos u_0}$$

이고 각각의 주방향은

$$\mathbf{v}_1 = (-r\sin u_0 \cos v_0, -r\sin u_0 \sin v_0, r\cos u_0)$$
$$\mathbf{v}_2 = (-(R + r\cos u_0)\sin v_0, (R + r\cos u_0)\cos v_0, 0)$$

이다.

7.4 연습문제 풀이

7.3 의구를 매개곡면

$$X(u,v) = \left(\int_0^u \sqrt{1-e^{-2u}}du, e^{-u}\cos v, e^{-u}\sin v\right)$$

라고 하자.

$$\begin{aligned}
X_u &= \left(\sqrt{1-e^{-2u}}, -e^{-u}\cos v, -e^{-u}\sin v\right)\\
X_v &= (0, -e^{-u}\sin v, e^{-u}\cos v)\\
X_u \times X_v &= \left(-e^{-2u}, -e^{-u}\sqrt{1-e^{-2u}}\cos v, -e^{-u}\sqrt{1-e^{-2u}}\sin v\right)\\
N &= \left(e^{-u}, \sqrt{1-e^{-2u}}\cos v, \sqrt{1-e^{-2u}}\sin v\right)\\
\mathcal{F}_I &= \begin{pmatrix} 1 & 0 \\ 0 & e^{-2u} \end{pmatrix}\\
X_{uu} &= \left(\frac{e^{-2u}}{\sqrt{1-e^{-2u}}}, e^{-u}\cos v, e^{-u}\sin v\right)\\
X_{uv} &= (0, e^{-u}\sin v, -e^{-u}\cos v)\\
X_{vv} &= (0, -e^{-u}\cos v, -e^{-u}\sin v)\\
\mathcal{F}_{II} &= \begin{pmatrix} \frac{e^{-u}}{\sqrt{1-e^{-2u}}} & 0 \\ 0 & -e^{-u}\sqrt{1-e^{-2u}} \end{pmatrix}
\end{aligned}$$

따라서 가우스 곡률은

$$K = \det \mathcal{F}_I^{-1} \mathcal{F}_{II} = -1$$

이다.

7.4 원뿔 $X(u, v) = (u\cos v, u\sin v, u)$에 대해서

$$\begin{aligned} X_u &= (\cos v, \sin v, 1) \\ X_v &= (-u\sin v, u\cos v, 0) \\ X_{uu} &= O \Longrightarrow e = 0 \\ X_{uv} &= (-\sin v, \cos v, 0) \\ X_u \times X_v &= (-u\cos v, -u\sin v, u) \end{aligned}$$

$$X_{uv} \cdot (X_u \times X_v) = 0\text{이므로} \quad f = X_{uv} \cdot N = 0$$

이다. 그러므로 가우스 곡률은

$$K = \frac{eg - f^2}{EG - f^2} = 0$$

이다.

7.5 함수 $y = f(x)$를 x축을 중심으로 회전시켜 얻은 곡면을 $X(x, \theta) = (x, f(x)\cos\theta, f(x)\sin\theta)$라 하자.

$$\begin{aligned} X_x &= (1, f'\cos\theta, f'\sin\theta) \\ X_\theta &= (0, -f\sin\theta, f\cos\theta) \\ \therefore \mathcal{F}_1 &= \begin{pmatrix} 1 + f'^2 & 0 \\ 0 & f^2 \end{pmatrix} \\ X_t \times X_\theta &= (f'f, -f\cos\theta, -f\sin\theta) \\ |X_t \times X_\theta|^2 &= f^2(f'^2 + 1) \\ \therefore N &= \frac{1}{\sqrt{1 + f'^2}}(f', -cos\theta, -\sin\theta) \\ X_{xx} &= (0, f''\cos\theta, f''\sin\theta) \\ X_{\theta\theta} &= (0, -f\cos\theta, -f\sin\theta) \end{aligned}$$

$$\therefore \mathcal{F}_2 = \frac{1}{\sqrt{1+f'^2}} \begin{pmatrix} -f'' & 0 \\ 0 & f \end{pmatrix}$$

이므로 가우스 곡률은

$$K = \frac{-f''(x)}{(1+f'^2(x))^2}$$

이다.

7.6 나선면 $X(u,v) = (u\cos v, u\sin v, cv)$에 대해서

$$\begin{aligned}
X_u &= (\cos v, \sin v, 0) \\
X_v &= (-u\sin v, u\cos v, c) \\
X_{uu} &= O \\
X_{uv} &= (-\sin v, \cos v, 0) \\
X_{vv} &= (-u\cos v, -u\sin v, 0) \\
N &= \frac{X_u \times X_v}{\|X_u \times X_v\|} = \left(\frac{c\sin v}{\sqrt{c^2+u^2}}, \frac{-c\cos v}{\sqrt{c^2+u^2}}, \frac{u}{\sqrt{c^2+u^2}} \right) \\
\mathcal{F}_I &= \begin{pmatrix} 1 & 0 \\ 0 & u^2+c^2 \end{pmatrix} \\
\mathcal{F}_{II} &= \begin{pmatrix} 0 & \frac{-c}{\sqrt{u^2+c^2}} \\ \frac{-c}{\sqrt{u^2+c^2}} & 0 \end{pmatrix} \\
\therefore \mathcal{F}_I^{-1}\mathcal{F}_{II} &= \begin{pmatrix} 1 & 0 \\ 0 & \frac{1}{u^2+c^2} \end{pmatrix} \begin{pmatrix} 0 & \frac{-c}{\sqrt{u^2+c^2}} \\ \frac{-c}{\sqrt{u^2+c^2}} & 0 \end{pmatrix} \\
&= \begin{pmatrix} 0 & * \\ * & 0 \end{pmatrix}
\end{aligned}$$

그러므로 평균곡률이 $H = \mathrm{tr}\mathcal{F}_I^{-1}\mathcal{F}_{II} = 0$이므로 극소곡면이다.

7.7 에너퍼 곡면

$$X(u,v) = \left(u - \frac{u^3}{3} + uv^2, v - \frac{v^3}{3} + u^2v, u^2 - v^2 \right)$$

에 대해서

$$
\begin{aligned}
X_u(u,v) &= (1-u^2+v^2, 2uv, 2u)\\
X_v(u,v) &= (2uv, 1+u^2-v^2, -2v)\\
\therefore \mathcal{F}_I &= \begin{pmatrix} (1+u^2+v^2)^2 & 0 \\ 0 & (1+u^2+v^2)^2 \end{pmatrix}\\
X_{uu}(u,v) &= (-2u, 2v, 2)\\
X_{uv}(u,v) &= (2v, 2u, 0)\\
X_{vv}(u,v) &= (2u, -2v, -2)\\
X_u \times X_v &= (1+u^2+v^2)(-2u, 2v, 1-u^2-v^2)\\
N(u,v) &= \frac{1}{1+u^2+v^2}(-2u, 2v, 1-u^2-v^2)\\
\therefore \mathcal{F}_{II} &= \begin{pmatrix} 2 & 0 \\ 0 & -2 \end{pmatrix}
\end{aligned}
$$

그러므로 평균곡률이

$$H = \mathrm{tr} F_I^{-1} F_{II} = 0$$

이므로 극소곡면이다.

7.8 a) 선직면 $X(u,v) = \alpha(u) + v\mathbf{w}(u)$를 v로 미분하자.

$$
\begin{aligned}
X_v &= \mathbf{w}(u)\\
X_{vv} &= 0 \Longrightarrow g = 0
\end{aligned}
$$

그러므로 가우스 곡률은

$$K = \frac{eg - f^2}{EG - f^2} = \frac{-f^2}{EG - F^2} \le 0$$

이다. 여기서

$$
\begin{aligned}
EG - F^2 &= (X_u \cdot X_u)(X_v \cdot X_v) - (X_u \cdot X_v)^2\\
&= \|X_u\|^2 \|X_v\|^2 (1 - \cos^2\theta) > 0
\end{aligned}
$$

이다. 이때 θ는 X_u와 X_v의 사잇각이다.

b) 선직면의 가우스 곡률 $K = \frac{-f^2}{EG-f^2}$ 이 0이 되는 필요충분조건은

$$
\begin{aligned}
&X_u = \alpha'(u) + v\mathbf{w}'(u) \\
&X_{uv} = \mathbf{w}'(u) \\
&f = X_{uv}\cdot N = 0 \\
&\quad\Longleftrightarrow \mathbf{w}'(u)\cdot(X_u \times X_v) = \mathbf{w}'(u)\cdot((\alpha'(u) + v\mathbf{w}'(u)) \times \mathbf{w}(u)) = 0 \\
&\quad\Longleftrightarrow \mathbf{w}'(u)\cdot(\alpha'(u) \times \mathbf{w}(u)) = 0 \quad (*)
\end{aligned}
$$

이다.

$\mathbf{w}(u) = \mathbf{n}(u)$ 이면, $\mathbf{w}'(u) = \mathbf{n}'(u) = -\kappa\mathbf{t}(u) + \tau\mathbf{b}(u)$ 이므로 (프레네-세레 정리)

$$(*)\ 0 = (-\kappa\mathbf{t}(u) + \tau\mathbf{b}(u))(\|\alpha'(u)\|\mathbf{t}(u) \times \mathbf{n}(u)) \Longleftrightarrow \tau\mathbf{b}(u)(\|\alpha'(u)\|\mathbf{t}(u) \times \mathbf{n}(u)) = 0$$

$$\therefore \tau = 0$$

$\mathbf{w}(u) = \mathbf{b}(u)$ 이면, $\mathbf{w}'(u) = \mathbf{b}'(u) = -\tau\mathbf{n}(u)$ 이므로 (프레네-세레 정리)

$$(*)\ 0 = -\tau\mathbf{n}(u) \cdot (\|\alpha'(u)\|\mathbf{t}(u) \times \mathbf{b}(u))$$

$$\therefore \tau = 0$$

그러므로 벡터장 $\mathbf{w}(u)$ 가 α 의 단위주법벡터장 $\mathbf{n}$ 이거나 단위부법벡터장 $\mathbf{b}$ 일 때, 선직면 X 의 가우스 곡률 $K = 0$ 인 필요충분조건이 α 가 $\tau = 0$, 즉 평면 곡선이다.

7.9 C 를 공간에서 매개곡선 $\alpha(u) = (u, 0, u^3)$ 으로 두자. 곡면 M 은 선직면으로

$$X(u,v) = \alpha(u) + v(0,1,2) = (u, v, u^3 + 2v)$$

로 표현할 수 있다.

$$
\begin{aligned}
&X_u = (1, 0, 3u^2) \\
&X_v = (0, 1, 2) \\
&X_{uv} = 0 = X_{vv} \Longrightarrow f = 0 = g
\end{aligned}
$$

그러므로 가우스 곡률은

$$K=\frac{eg-f^2}{EG-f^2}=0$$

이다.

7.10 $\gamma(s)$가 단위속력곡선이므로 $\gamma''(0)$은 $\gamma'(0)=\mathbf{v}$에 수직이고 평면 Π_ψ에 포함되므로 $\gamma''(0)$과 곡면의 단위법벡터가 이루는 각은 $\frac{\pi}{2}-\psi$이다. 정리 5.1을 이용하여

$$\kappa_n=\kappa\cos\left(\frac{\pi}{2}-\psi\right)=\kappa\sin\psi$$

을 얻는다.

7.11 주어진 제1기본형과 제2기본형을 가지는 곡면이 존재한다면 정리 7.4의 Codazzi-Mainardi 방정식을 만족해야 한다. 특별히 식 (7.20)

$$f_v-g_u=e\Gamma_{22}^1+f(\Gamma_{22}^2-\Gamma_{12}^1)-g\Gamma_{12}^2$$

에서 좌변은 $f_v-g_u=0$인데 우변은 0이 아니므로 모순이다. 그러므로 주어진 제1기본형과 제2기본형을 가지는 곡면은 존재하지 않는다.

7.12 b) $F=f=0$이므로 제1기본형과 제2기본형이 모두 대각행렬로 표현된다.

$$\mathcal{F}_I^{-1}\mathcal{F}_{II}=\begin{pmatrix}E&0\\0&G\end{pmatrix}^{-1}\begin{pmatrix}e&0\\0&g\end{pmatrix}=\begin{pmatrix}\frac{e}{E}&0\\0&\frac{g}{G}\end{pmatrix}$$

그러므로 주곡률 $\kappa_1=\frac{e}{E}$, $\kappa_2=\frac{g}{G}$이다.

c) κ_1을 v에 대해 미분하고 a) Codazzi-Mainardi 방정식을 이용하여 $e_v=\frac{1}{2}E_v\left(\frac{e}{E}+\frac{g}{G}\right)$를 치환하여 다음과 같이 보인다.

$$\begin{aligned}\frac{\partial\kappa_1}{\partial v}&=\frac{e_vE-eE_v}{E^2}=\frac{E_vE(\kappa_1+\kappa_2)-2eE}{2E^2}=\frac{E_v}{E}\left(\frac{1}{2}(\kappa_1+\kappa_2)-\frac{e}{E}\right)\\&=\frac{E_v}{2E}(\kappa_2-\kappa_1)\end{aligned}$$

두 번째 식도 κ_2를 u에 대해 미분하고 a) Codazzi-Mainardi 방정식을 이용하여 $g_u=\frac{1}{2}G_u\left(\frac{e}{E}+\frac{g}{G}\right)$를 치환하여 증명할 수 있다.

8.4 연습문제 풀이

8.1 N_u, N_v는 N과 수직이므로 접벡터이다. 따라서 다음과 같이 접평면의 기저 $\{X_u, X_v\}$의 일차결합으로 쓸 수 있다. 즉 적당한 실수 $a_{ij}(i,j=1,2)$가 존재하여

$$N_u = a_{11}X_u + a_{12}X_v, \quad X_v = a_{21}X_u + a_{22}X_v$$

이다.

$$\begin{aligned} N_u \times N_v &= (a_{11}X_u + a_{12}X_v) \times (a_{21}X_u + a_{22}X_v) \\ &= (a_{11}a_{22} - a_{12}a_{21})X_u \times X_v \quad \text{(식 (8.4)에 의해서)} \\ &= \det\left(\mathcal{F}_I^{-1}\mathcal{F}_{II}\right) X_u \times X_v = K\left(X_u \times X_v\right) \end{aligned}$$

8.2 a) 평면을 함수 $f(x,y,z) = ax + by + cz + d$의 등위곡면 $X = f^{-1}(0)$으로 표현하자. 단위법벡터장은 $\mathbf{x} = (x,y,z) \in X$에 대해서

$$N(\mathbf{x}) = -\frac{\nabla f(\mathbf{x})}{\|\nabla f(\mathbf{x})\|} = -\left(\frac{a}{n}, \frac{b}{n}, \frac{c}{n}\right)$$

이때 $n = \sqrt{a^2+b^2+c^2}$이다. N을 성분으로 $N = (N_1, N_2, N_3)$이라고 쓰면, 임의의 접벡터 $\mathbf{v} \in T_{\mathbf{x}}X$에 대해서

$$\mathcal{S}(\mathbf{v}) = -D_{\mathbf{v}}N(\mathbf{x}) = (\nabla N_1(\mathbf{x}) \cdot \mathbf{v}, \nabla N_2(\mathbf{x}) \cdot \mathbf{v}, \nabla N_3(\mathbf{x}) \cdot \mathbf{v})$$

$i = 1,2,3$에 대해서 N_i가 상수함수이므로 $\nabla N_i(\mathbf{x}) = 0$이다. 그러므로 평면의 모양연산자는 O이다.

b) 원기둥을 함수 $f(x,y,z) = x^2 + y^2 - a^2$의 등위곡면 $X = f^{-1}(0)$으로 표현하자. 단위법벡터장은 $\mathbf{x} = (x,y,z) \in X$에 대해서 $\nabla f(\mathbf{x}) = (2x, 2y, 0)$이므로

$$N(\mathbf{x}) = -\frac{\nabla f(\mathbf{x})}{\|\nabla f(\mathbf{x})\|} = \frac{1}{a}(x,y,0)$$

이다. 접평면은 3차원 공간에 놓여 있으므로 접벡터 $\mathbf{v}$도 3차원 벡터이다. 그러므로 임의의 접벡터 $\mathbf{v} \in T_{\mathbf{x}}X$는 원점이 $\mathbf{x}$인 3차원 공간의 표준기저에 대해서 $\mathbf{v} = (v_1, v_2, v_3)$

으로 표현하자.

$$\mathcal{S}(\mathbf{v}) = -D_{\mathbf{v}}N(\mathbf{x}) = \frac{1}{a}D_{\mathbf{v}}(x,y,0) = \frac{1}{a}((1,0,0)\cdot\mathbf{v}, (0,1,0)\cdot\mathbf{v}, 0) = \frac{1}{a}(v_1, v_2, 0)$$

이다.

8.3 정리 8.3을 이용하자. 함수 $f(x,y,z) = \frac{x^2}{a^2} + \frac{y^2}{b^2} + \frac{z^2}{c^2}$에 대해 타원면은 등위곡면 $X = f^{-1}(1)$으로 표현된다. 그래디언트 벡터를 이용하여 곡면의 법벡터장 $Z(\mathbf{x})$를 정의하자.

$$Z(\mathbf{x}) = \frac{1}{2}\nabla f(\mathbf{x}) = \left(\frac{x}{a^2}, \frac{y}{b^2}, \frac{z}{c^2}\right)$$

이때, 점 $\mathbf{x} = (x,y,z) \in X$이므로 x, y, z가 동시에 0인 경우는 없다. 그러므로 편의상 $x \neq 0$라고 하자. 접평면 $T_{\mathbf{x}}(X)$의 기저를

$$\left\{\mathbf{v} = \left(\frac{y}{b^2}, -\frac{x}{a^2}, 0\right), \mathbf{w} = \left(\frac{z}{c^2}, 0, -\frac{x}{a^2}\right)\right\}$$

으로 선택하자.

$$D_{\mathbf{v}}Z = \begin{pmatrix} \frac{1}{a^1} & 0 & 0 \\ 0 & \frac{1}{b^2} & 0 \\ 0 & 0 & \frac{1}{c^2} \end{pmatrix} \begin{pmatrix} \frac{y}{b^2} \\ -\frac{x}{a^2} \\ 0 \end{pmatrix}$$

$$D_{\mathbf{w}}Z = \begin{pmatrix} \frac{1}{a^1} & 0 & 0 \\ 0 & \frac{1}{b^2} & 0 \\ 0 & 0 & \frac{1}{c^2} \end{pmatrix} \begin{pmatrix} \frac{z}{c^2} \\ 0 \\ -\frac{x}{a^2} \end{pmatrix}$$

$$\det\begin{pmatrix} D_{\mathbf{v}}Z \\ D_{\mathbf{w}}Z \\ Z \end{pmatrix} = \begin{pmatrix} \frac{y}{a^2b^2} & -\frac{x}{a^2b^2} & 0 \\ \frac{z}{a^2c^2} & 0 & -\frac{x}{a^2c^2} \\ \frac{x}{a^2} & \frac{y}{b^2} & \frac{z}{c^2} \end{pmatrix} = \frac{y}{a^2b^2}\frac{xy}{a^2b^2c^2} + \frac{x}{a^2b^2}\left(\frac{z^2}{a^2c^4} + \frac{x^2}{a^4c^2}\right)$$

$$= \frac{x}{a^4b^2c^2}\left(\frac{x^2}{a^2} + \frac{y^2}{b^2} + \frac{z^2}{c^2}\right) = \frac{x}{a^4b^2c^2}$$

$$\det\begin{pmatrix} \mathbf{v} \\ \mathbf{w} \\ Z \end{pmatrix} = \frac{x}{a^2}\left(\frac{x^2}{a^4} + \frac{y^2}{b^4} + \frac{z^2}{c^4}\right)$$

$$\therefore K(\mathbf{x}) = \frac{x}{a^4b^2c^2}\frac{a^2}{x}\frac{1}{\left(\frac{x^2}{a^4} + \frac{y^2}{b^4} + \frac{z^2}{c^4}\right)^2} = \frac{1}{a^2b^2c^2\left(\frac{x^2}{a^4} + \frac{y^2}{b^4} + \frac{z^2}{c^4}\right)^2}$$

8.4 $\mathcal{S} = \begin{pmatrix} a & b \\ c & d \end{pmatrix}$의 특성 다항식을 생각하자.

$$\begin{aligned}
\det(\mathcal{S} - tI) = \det \begin{pmatrix} a-t & b \\ c & d-t \end{pmatrix} &= (a-t)(d-t) - bc \\
&= t^2 - t(a+d) + ad - bc \\
&= t^2 - \mathrm{tr}(\mathcal{S})t + \det\mathcal{S} \\
&= t^2 - 2Ht + K
\end{aligned}$$

$$\therefore \mathcal{S}^2 - 2H\mathcal{S} + K = 0$$

8.5 N_1과 N_2를 각각 곡면 X와 Y의 단위법벡터장이라 하자. 두 곡면이 곡선 $\gamma(s)$에서 수직으로 만나므로 $N_1 \perp N_2$이고 $N_1 \perp \gamma'(s)$이므로 $N_2 = N_1 \times \gamma'(s)$라고 하자. ($N_2 = -N_1 \times \gamma'(s)$라면 Y의 단위법벡터장을 $-N_2$로 선택하면 된다.) 조건 (1) 곡선 $\gamma(s)$가 주곡선이므로 모든 s에 대해서 $\gamma'(s) \in T_{\gamma(s)}X$는 주벡터이므로 X의 모양연산자 $\mathcal{S}_1$의 고유벡터이다. 따라서 고윳값 κ에 대해서

$$\mathcal{S}_1(\gamma'(s)) = -D_{\gamma'(s)}N_1 = -\kappa\gamma'(s)$$

이다. Y의 모양연산자 $\mathcal{S}_2$에 대해서

$$\begin{aligned}
\mathcal{S}_2(\gamma'(s)) = -D_{\gamma'(s)}N_2 &= -D_{\gamma'(s)}(N_1 \times \gamma'(s)) \\
&= -(D_{\gamma'(s)}N_1) \times \gamma'(s) - N_1 \times D_{\gamma'(s)}\gamma'(s) \\
&= -\kappa\gamma'(s) \times \gamma'(s) - N_1 \times \gamma''(s) = 0
\end{aligned}$$

이때 조건 (2) $\gamma''(s)$가 N_1과 평행하므로 $N_1 \times \gamma''(s) = 0$을 이용하였다. 그러므로 모든 s에 대해서 $\gamma'(s) \in T_{\gamma(s)}Y$가 Y의 모양연산자 $\mathcal{S}_2$의 고유벡터이고 고윳값은 0이다. 즉 모든 s에 대해서 $\gamma'(s) \in T_{\gamma(s)}Y$가 Y의 점 $\gamma(s)$에서의 주벡터이고 주곡률은 0이므로 가우스 곡률도 0이다.

8.7 $$\begin{aligned}
\|\mathbf{v}+\mathbf{w}\|^2 - \|\mathbf{v}-\mathbf{w}\|^2 &= (\mathbf{v}+\mathbf{w})^T\mathcal{F}_I(\mathbf{v}+\mathbf{w}) - (\mathbf{v}-\mathbf{w})^T\mathcal{F}_I(\mathbf{v}-\mathbf{w}) \\
&= (\mathbf{v}^T\mathcal{F}_I\mathbf{v} + \mathbf{w}^T\mathcal{F}_I\mathbf{v} + \mathbf{v}^T\mathcal{F}_I\mathbf{w} + \mathbf{w}^T\mathcal{F}_I\mathbf{w}) \\
&\quad - (\mathbf{v}^T\mathcal{F}_I\mathbf{v} - \mathbf{w}^T\mathcal{F}_I\mathbf{v} - \mathbf{v}^T\mathcal{F}_I\mathbf{w} + \mathbf{w}^T\mathcal{F}_I\mathbf{w}) \\
&= 2\mathbf{w}^T\mathcal{F}_I\mathbf{v} + 2\mathbf{v}^T\mathcal{F}_I\mathbf{w}
\end{aligned}$$

$$= 4\mathbf{v}^T \mathcal{F}_I \mathbf{w}$$

8.8 $\mathcal{F}_I = \mathcal{F}_I^T$, $\mathcal{F}_{II} = \mathcal{F}_{II}^T$ 이므로

$$\mathcal{S}^T \mathcal{F}_I = (\mathcal{F}_I^{-1} \mathcal{F}_{II})^T \mathcal{F}_I = \mathcal{F}_{II}^T (\mathcal{F}_I^{-1})^T \mathcal{F}_I = \mathcal{F}_{II}^T = \mathcal{F}_I (\mathcal{F}_I^{-1})^T \mathcal{F}_I = \mathcal{F}_I \mathcal{S}$$

이다.

8.9 a) 곡선 $\gamma(s)$가 단위속력곡선이라고 하자. $\gamma''(s) = \kappa \mathbf{n}$이므로 $i = 1, 2$에 대해 법곡률

$$\kappa_i = \gamma''(s) \cdot N_i = \kappa \mathbf{n} \cdot N_i$$

이다.

$$\therefore \kappa_1 N_2 - \kappa_2 N_1 = \kappa\left((\mathbf{n} \cdot N_1) N_2 - (\mathbf{n} \cdot N_2) N_1\right) = \kappa (N_1 \times N_2) \times \mathbf{n}$$

b) 두 곡면 X_1, X_2가 곡선 γ에서 만나는 각이 θ이므로 N_1과 N_2가 이루는 각도 θ이다. a)를 이용하여

$$\|\kappa_1 N_2 - \kappa_2 N_1\|^2 = \kappa^2 \|(N_1 \times N_2) \times \mathbf{n}\|^2$$

좌변은

$$(\kappa_1 N_2 - \kappa_2 N_1) \cdot (\kappa_1 N_2 - \kappa_2 N_1) = \kappa_1^2 + \kappa_2^2 - 2\kappa_1 \kappa_2 N_1 \cdot N_2 = \kappa_1^2 + \kappa_2^2 - 2\kappa_1 \kappa_2 \cos\theta$$

이고, 우변은

$$\kappa^2 \|(N_1 \times N_2) \times \mathbf{n}\|^2 = \kappa^2 \|N_1 \times N_2\|^2 \|\mathbf{n}\|^2 \sin^2 \frac{\pi}{2} = \kappa^2 \|N_1\|^2 \|N_2\|^2 \sin^2\theta = \kappa^2 \sin^2\theta$$

이다. 여기서 $\gamma'(s) \perp N_1, N_2$이므로 $\gamma'(s)$는 $N_1 \times N_2$와 평행하다. $\gamma'(s) \perp \mathbf{n}$이므로 $N_1 \times N_2 \perp \mathbf{n}$을 이용하였다. 그러므로

$$\kappa_1^2 + \kappa_2^2 - 2\kappa_1 \kappa_2 \cos\theta = \kappa^2 \sin^2\theta$$

이다.

8.10 a) 단위접벡터 $\mathbf{v}(\theta) = \cos\theta\mathbf{v}_1 + \sin\theta\mathbf{v}_2 \in T_{\mathbf{x}_0}X$에 대하여 법곡률은

$$\begin{aligned}\kappa_n(\mathbf{v}(\theta)) = \mathbf{v}(\theta)^T\mathcal{F}_{II}\mathbf{v}(\theta) &= (\cos\theta\mathbf{v}_1 + \sin\theta\mathbf{v}_2)^T\mathcal{F}_{II}(\cos\theta\mathbf{v}_1 + \sin\theta\mathbf{v}_2)\\ &= \cos^2\theta\mathbf{v}_1^T\mathcal{F}_{II}\mathbf{v}_1 + \sin^2\theta\mathbf{v}_2^T\mathcal{F}_{II}\mathbf{v}_2 + \cos\theta\sin\theta(\mathbf{v}_1^T\mathcal{F}_{II}\mathbf{v}_2 + \mathbf{v}_2^T\mathcal{F}_{II}\mathbf{v}_1)\\ &= \cos^2\theta\kappa_1 + \sin^2\theta\kappa_2\end{aligned}$$

이다. 여기서

$$\begin{aligned}\mathbf{v}_1^T\mathcal{F}_{II}\mathbf{v}_2 &= \mathbf{v}_1^T\mathcal{F}_I\mathcal{F}_I^{-1}\mathcal{F}_{II}\mathbf{v}_2\\ &= \mathbf{v}_1^T\mathcal{F}_I\mathcal{S}(\mathbf{v}_2)\\ &= \mathbf{v}_1^T\mathcal{F}_I(\lambda_2\mathbf{v}_2)\ (\lambda_2\text{가 } \mathbf{v}_2\text{에 대한 모양연산자의 고윳값이라 하자.})\\ &= \lambda_2\mathbf{v}_1\mathcal{F}_I\mathbf{v}_2 = 0\ (\{\mathbf{v}_1, \mathbf{v}_2\}\text{는 접평면의 정규직교기저이므로 서로 수직이다.})\\ \mathbf{v}_2^T\mathcal{F}_{II}\mathbf{v}_1 &= (\mathbf{v}_1^T\mathcal{F}_{II}\mathbf{v}_2)^T = \mathbf{v}_1^T\mathcal{F}_{II}\mathbf{v}_2 = 0\end{aligned}$$

을 이용했다.

b) a)의 식 (8.21)을 이용하여

$$\frac{1}{2\pi}\int_0^{2\pi}\kappa_n(\mathbf{v}(\theta))d\theta = \frac{1}{2\pi}\int_0^{2\pi}(k_1\cos^2\theta + k_2\sin^2\theta)d\theta = \frac{1}{2}(\kappa_1 + \kappa_2) = H(\mathbf{x}_0)$$

이다.

9.4 연습문제 풀이

9.2 반지름이 1인 구면 $X(u, v) = (\cos u\cos v, \sin u\cos v, \sin v)$의 제1기본형은

$$\begin{pmatrix} E & F\\ F & G\end{pmatrix} = \begin{pmatrix}\cos^2 v & 0\\ 0 & 1\end{pmatrix}$$

이다. 구면의 놓인 단위속력곡선 $\gamma(s) = X(u(s), v(s))$가 측지선이라고 하자. $\gamma(s)$가 단위속력곡선이므로

$$1 = \|\gamma'(s)\|^2 = \begin{pmatrix} u'(t) & v'(t) \end{pmatrix} \begin{pmatrix} \cos^2 v & 0 \\ 0 & 1 \end{pmatrix} \begin{pmatrix} u'(s) \\ v'(s) \end{pmatrix} = u'(s)^2 \cos^2 v + v'(s)^2$$

이고, 구면의 측지선의 방정식 (9.4)을 만족시켜야 한다.

$$\frac{d}{ds}\left(\cos^2 v u'(s)\right) = 0$$

$$\therefore \cos^2 v(s) u'(s) = c \text{ (상수)}$$

만약 $c = 0$, 즉 $u'(s) =$이면 $u(s) =$ 상수이므로 $\gamma(s)$는 경선으로 대원(의 일부)이다.

만약 $c \neq 0$이면

$$u'(s) = \frac{c}{\cos^2 v(s)}$$

을 단위속력곡선이라는 조건에 대입하여 다음을 얻는다.

$$v'(s)^2 = 1 - \frac{c^2}{\cos^2 v}$$

$$\begin{aligned} \frac{v'(s)^2}{u'(s)^2} &= \cos^2 v(s)(c^{-2}\cos^2 v(s) - 1) \\ u'(s)^2 &= \frac{v'(s)^2}{\cos^2 v(s)(c^{-2}\cos^2 v(s) - 1)} \\ u'(s) &= \pm\frac{v'(s)}{\cos v(s)\sqrt{c^{-2}\cos^2 v(s) - 1}} \end{aligned}$$

양변을 s에 대해 적분하면 적당한 상수 u_0가 존재하여

$$\begin{aligned} \pm(u(s) - u_0) &= \int \frac{1}{\cos\theta\sqrt{c^{-2}\cos^2\theta - 1}} d\theta \quad (v(s) = \theta \text{치환}) \\ &= \int \frac{1}{\sqrt{c^{-2} - 1 - t^2}} dt \quad (\tan\theta = t \text{치환}) \\ &= \sin^{-1}\left(\frac{t}{\sqrt{c^{-2} - 1}}\right) \\ \therefore \pm\sqrt{c^{-2} - 1}&\sin(u(s) - u_0) = t = \tan\theta \end{aligned}$$

그러므로 곡선 $\gamma(s) = (x, y, z) = (\cos u \cos v, \sin u \cos v, \sin v)$로 놓으면 x, y, z는 아래와 같은 관계를 만족한다.

$$z = ax + by$$

이때 $a = \mp\sqrt{c^{-2} - 1}\sin u_0, \quad b = \pm\sqrt{c^{-2} - 1}\cos u_0$이다. 따라서 곡선 γ는 구면의 중심을 지나는 평면과 구면이 만나는 곡선으로 대원(의 일부)이다.

9.3 a) 나선면 $X(u, v) = (u\cos v, u\sin v, v)$의 제1기본형은

$$\mathcal{F}_I = \begin{pmatrix} 1 & 0 \\ 0 & u^2 + 1 \end{pmatrix}$$

이다. $\gamma(s) = X(u(s), v(s))$가 단위속력곡선이므로

$$\begin{aligned} 1 = \|\gamma'(s)\|^2 &= \begin{pmatrix} u'(t) & v'(t) \end{pmatrix} \begin{pmatrix} 1 & 0 \\ 0 & u^2(t) + 1 \end{pmatrix} \begin{pmatrix} u'(s) \\ v'(s) \end{pmatrix} \\ &= (u'(s))^2 + (1 + u^2(s))(v'(s))^2 \end{aligned}$$

이다.

b) $\gamma(s) = X(u(s), v(s))$가 측지선이면 측지선의 방정식 (9.3), (9.4)를 만족시켜야 한다.

$$\begin{aligned} &u''(s) = u(s)v'(s)^2 \quad (*) \\ &\frac{d}{ds}\left((u(s)^2 + 1)v'(s)\right) = 0 \quad (**) \end{aligned}$$

(**)로부터 적당한 상수 a에 대하여

$$(u(s)^2 + 1)v'(s) = a$$

즉

$$v'(s) = \frac{a}{1 + u(s)^2} \quad (***)$$

이다.

c) a)로부터

$$u'(s)^2 = 1 - \frac{a^2}{1 + u(s)^2}$$

이므로,

$$\frac{v'(s)}{u'(s)} = \pm\frac{a}{\sqrt{(1-a^2+u(s)^2)(1+u(s)^2)}}$$

이다.

$a=0$이면 (***)로부터 $v'(s)=0$이므로 측지선은 직선이다.

$a=1$이면 $\frac{v'(s)}{u'(s)} = \pm\frac{1}{u(s)\sqrt{1+u(s)^2}}$이다. 그러므로 적당한 상수 c_0에 대하여 아래와 같다.

$$v(s) = c_0 \mp \sinh^{-1}\frac{1}{u(s)}$$

9.4 회전면 $X(t,\theta) = (x(t), y(t)\cos\theta, y(t)\sin\theta)$

a)

$$\alpha'_\theta(t) = (x'(t), y'(t)\cos\theta, y'(t)\sin\theta)$$

$$\beta'_t(\theta) = (0, -y(t)\sin\theta, y(t)\cos\theta)$$

$$\therefore \alpha'_\theta(t)\cdot\beta'_t(\theta) = 0$$

b) 곡선 α_θ의 임의의 점을 $p=\alpha_\theta(t)$라 하면 p에서의 접평면은 $T_pX = \langle\alpha'_\theta(t), \beta'_t(\theta)\rangle$이다. 곡선 α_θ가 측지선임을 보이기 위해서 다음 두 식을 증명하면 된다.

$$\alpha''_\theta(t)\cdot\alpha'_\theta(t) = 0$$

$$\alpha''_\theta(t)\cdot\beta'_t(\theta) = 0$$

$\|\alpha'(t)\| = x'(t)^2 + y'(t)^2 = 1$이므로 양변을 미분하면

$$x''(t)x'(t) + y''(t)y'(t) = 0$$

이다. 따라서

$$\begin{aligned}\alpha''_\theta(t)\cdot\alpha'_\theta(t) &= (x''(t), y''(t)\cos\theta, y''(t)\sin\theta)\cdot(x'(t), y'(t)\cos\theta, y'(t)\sin\theta)\\ &= x''(t)x'(t) + y''(t)y'(t) = 0\end{aligned}$$

이다. 마지막으로

$$\alpha''_\theta(t)\cdot\beta'_t(\theta) = (x''(t), y''(t)\cos\theta, y''(t)\sin\theta)\cdot(0, -y(t)\sin\theta, y(t)\cos\theta) = 0$$

이다. 그러므로 곡선 α_θ가 측지선이다.

c) 곡선 β_t의 임의의 점을 $p = \beta_t(\theta)$라 하면 p에서의 접평면은 $T_pX = \langle \alpha'_\theta(t), \beta'_t(\theta) \rangle$이다. 곡선 β_t가 측지선임을 보이기 위해서 다음 두 식을 증명하면 된다.

$$\beta''_t(\theta)\cdot\alpha'_\theta(t) = 0$$
$$\beta''_t(\theta)\cdot\beta'_t(\theta) = 0$$

$$\begin{aligned}
\beta''_t(\theta)\cdot\beta'_t(\theta) &= (0, -y(t)\cos\theta, -y(t)\sin\theta)\cdot(0, -y(t)\sin\theta, y(t)\cos\theta) = 0 \\
\beta''_t(\theta)\cdot\alpha'_\theta(t) &= (0, -y(t)\cos\theta, -y(t)\sin\theta)\cdot(x'(t), y'(t)\cos\theta, y'(t)\sin\theta) \\
&= -y(t)y'(t) = 0 \\
&\iff y'(t) = 0 \quad \because y(t) > 0
\end{aligned}$$

그러므로 β_t가 측지선이라는 것과 곡선 $\alpha(t) = (x(t), y(t))$의 기울기가 0이라는 것이 동치이다.

9.5 따름정리 9.3에 의해서 $F = 0$일 때 곡면 $X(s,t)$의 가우스 곡률은

$$K = -\frac{1}{2\sqrt{EG}}\left\{\frac{\partial}{\partial s}\left(\frac{G_s}{\sqrt{EG}}\right) + \frac{\partial}{\partial t}\left(\frac{E_t}{\sqrt{EG}}\right)\right\} = -\frac{1}{2e^{u(s,t)}}\left(\frac{\partial}{\partial s}u_s + \frac{\partial}{\partial t}u_t\right)$$

$$\therefore -2Ke^{u(s,t)} = \triangle u$$

이다.

10.4 연습문제 풀이

10.2 점 P와 Q가 적도에 놓여 있으므로 북극점 N과 잇는 측지선은 모두 적도와 직각으로 만난다. 두 점 P, Q 사이의 거리가 $\frac{\pi}{2}$이므로 N에서 두 측지선도 직각으로 만난다. 따라서 측지삼각형 T는 세 내각이 모두 직각이다. 가우스-보네 정리를 적용하면

$$\iint K d\Sigma + \int_{\partial X} \kappa_g ds = \text{내각의 합} - \pi = \frac{\pi}{2}$$

T의 경계를 이루는 선분이 모두 측지선이므로 $\int_{\partial X} \kappa_g ds = 0$이고, 반지름이 1인 구의 가우스 곡률은 상수 1이므로 따라서

$$\frac{\pi}{2} = \iint K d\Sigma = \iint d\Sigma = \text{삼각형 } T\text{의 넓이}$$

이다.

10.4 a) xy-평면에 주어진 함수 $y = f(x) = \sqrt{1-x}$, $0 \le x \le 1$을 x축을 중심으로 회전시켜 얻은 곡면을

$$X(x,\theta) = (x, f(x)\cos\theta, f(x)\sin\theta) \tag{10.16}$$

라 하자.

$$\begin{aligned} X_x &= (1, f'\cos\theta, f'\sin\theta) \\ X_\theta &= (0, -f\sin\theta, f\cos\theta) \\ \therefore F_1 &= \begin{pmatrix} 1+f'^2 & 0 \\ 0 & f^2 \end{pmatrix} \\ X_t \times X_\theta &= (f'f, -f\cos\theta, -f\sin\theta) \\ |X_t \times X_\theta|^2 &= f^2(f'^2+1) \\ \therefore N &= \frac{1}{\sqrt{1+f'^2}}(f', -cos\theta, -\sin\theta) \\ X_{xx} &= (0, f''\cos\theta, f''\sin\theta) \\ X_{\theta\theta} &= (0, -f\cos\theta, -f\sin\theta) \\ \therefore F_2 &= \frac{1}{\sqrt{1+f'^2}}\begin{pmatrix} -f'' & 0 \\ 0 & f \end{pmatrix} \end{aligned} \tag{10.17}$$

이므로 가우스 곡률은

$$K = \frac{-f''}{(1+f'^2)^2} \tag{10.18}$$

이다.

$$f'(x) = \frac{1}{2\sqrt{1-x}}$$
$$f''(x) = \frac{1}{4(1-x)^{\frac{3}{2}}}$$

이므로

$$\text{가우스 곡률 } K = \frac{4}{(4(1-t)+1)^2}$$
$$\text{전가우스 곡률 } \iint K d\Sigma = 2\int_0^{\theta}\int_0^1 (4(1-t)+1)^{-\frac{3}{2}} dt d\theta = 2\pi\left(1-\frac{1}{\sqrt{5}}\right)$$

경계를 이루는 곡선은

$$\gamma(\theta) = (1, \cos\theta, \sin\theta)$$

이고, 이 곡선을 따라 곡면의 단위법벡터장은 $N(0,\theta) = \frac{1}{\sqrt{5}}(1, 2\cos\theta, 2\sin\theta)$이므로 곡선의 임의의 점에서의 측지곡률은

$$\kappa_g(\gamma(\theta)) = \ddot{\gamma}\dot{N} \times \dot{\gamma} = \det\begin{pmatrix} 0 & -\cos\theta & -\sin\theta \\ \frac{1}{\sqrt{5}} & \frac{2\cos\theta}{\sqrt{5}} & \frac{2\sin\theta)}{\sqrt{5}} \\ 0 & -\sin\theta & \cos\theta \end{pmatrix} = \frac{1}{\sqrt{5}}$$

$$\therefore \int_{\partial X} \kappa_g ds = \int_{\gamma} \frac{1}{\sqrt{5}} ds = \frac{2\pi}{\sqrt{5}}$$

b) $$\iint K d\Sigma + \int_{\partial X} \kappa_g ds = 2\pi\left(1-\frac{1}{\sqrt{5}}\right) + \frac{2\pi}{\sqrt{5}} = 2\pi\chi(X)$$

이다. 이때 곡면 X는 원판과 위상동형으로 오일러 지표는 $\chi(X) = 1$이다.

10.5 곡면 X는 원환면과 위상동형이므로 X의 오일러 특성수는 $\chi(X) = 0$이다. 그러므로 전곡률은

$$\iint K d\Sigma = 2\pi\chi(X) = 0$$

이다.

공식 모음

1. 평면의 정칙곡선 $\alpha(t)=(x(t),y(t))$의 부호곡률

$$\kappa_{\pm}(t)=\frac{d\phi}{ds}=\frac{x'(t)y''(t)-x''(t)y'(t)}{\|v(t)\|^3}=\frac{\det\begin{pmatrix}x'(t) & x''(t)\\ y'(t) & y''(t)\end{pmatrix}}{\|v(t)\|^3}$$

여기서 $v(t)=(x'(t),y'(t))$는 속도벡터이다.

2. 공간의 정칙곡선 $\gamma:I\to\mathbb{R}^3$의 단위접벡터장 $\mathbf{t}$, 단위주법벡터장 $\mathbf{n}$, 단위부법벡터장 $\mathbf{b}$, 곡률 κ, 비틀림률 τ라고 하자.

$$\mathbf{t}=\frac{\gamma'}{\|\gamma'\|},\quad \mathbf{n}=\mathbf{b}\times\mathbf{t},\quad \mathbf{b}=\frac{\gamma'\times\gamma''}{\|\gamma'\times\gamma''\|}$$
$$\kappa(t)=\frac{\|\gamma'\times\gamma''\|}{\|\gamma'\|^3},\quad \tau(t)=\frac{(\gamma'\times\gamma'')\cdot\gamma'''}{\|\gamma'\times\gamma''\|^2}$$

3. 프레네-세레 공식 Frenet-Serret formula
공간 $\mathbb{R}^3$의 단위속력곡선 $\alpha(s)$에 대하여

$$\begin{pmatrix}\mathbf{t}'(s)\\ \mathbf{n}'(s)\\ \mathbf{b}'(s)\end{pmatrix}=\begin{pmatrix}0 & \kappa(s) & 0\\ -\kappa(s) & 0 & \tau(s)\\ 0 & -\tau(s) & 0\end{pmatrix}\begin{pmatrix}\mathbf{t}(s)\\ \mathbf{n}(s)\\ \mathbf{b}(s)\end{pmatrix}$$

$\alpha(t)$가 정칙 곡선이고 $v=\|\alpha'(t)\|$라고 하면

$$\begin{pmatrix}\mathbf{t}'(t)\\ \mathbf{n}'(t)\\ \mathbf{b}'(t)\end{pmatrix}=\begin{pmatrix}0 & \kappa v & 0\\ -\kappa v & 0 & \tau v\\ 0 & -\tau v & 0\end{pmatrix}\begin{pmatrix}\mathbf{t}(t)\\ \mathbf{n}(t)\\ \mathbf{b}(t)\end{pmatrix}$$

4. 곡면 $X:U\subset\mathbb{R}^2\to\mathbb{R}^3$에 들어있는 곡선 $\gamma(t)$의 법곡률과 측지곡률은 아래와 같다. 이

때 N은 곡면의 단위법벡터장이다.

$$\kappa_n = \frac{\gamma''(t)\cdot N}{\|\gamma'(t)\|^2}$$
$$\kappa_g = \frac{\det(N, \gamma'(t), \gamma''(t))}{\|\gamma'(t)\|^3}$$

5. 임의의(즉 단위속력곡선이라는 가정이 없이) 곡선 $\beta(t) = X(u(t), v(t))$의 법곡률

$$\kappa_n(\beta(t)) = \frac{\begin{pmatrix} u'(t) & v'(t) \end{pmatrix} \begin{pmatrix} e & f \\ f & g \end{pmatrix} \begin{pmatrix} u'(t) \\ v'(t) \end{pmatrix}}{\begin{pmatrix} u'(t) & v'(t) \end{pmatrix} \begin{pmatrix} E & F \\ F & G \end{pmatrix} \begin{pmatrix} u'(t) \\ v'(t) \end{pmatrix}}$$

이때 E, F, G와 e, f, g는 각각 $\beta(t)$가 놓인 곡면의 제1기본형과 제2기본형이다.

6. 방향을 정할 수 있는 곡면 X의 한 점 $p \in X$의 접평면 T_pX에서 정의된 모양연산자 $\mathcal{S}$의 고유벡터 $\mathbf{v}_1$, $\mathbf{v}_2$가 접평면의 정규직교기저를 이룬다고 하자. 접평면 T_pX의 임의의 단위접벡터는 주어진 정규직교기저 $\{\mathbf{v}_1, \mathbf{v}_2\}$를 이용하여 $\mathbf{v}(\theta) = \cos\theta\mathbf{v}_1 + \sin\theta\mathbf{v}_2 \in T_pX$로 쓸 수 있다. 이때 $\theta \in [0, 2\pi]$이고, $k_i(i = 1, 2)$는 $\mathbf{v}_i$의 법곡률 $\kappa_n(\mathbf{v}_i)$이다. 단위접벡터 $\mathbf{v}(\theta)$의 법곡률이 아래와 같다.

$$\kappa_n(\mathbf{v}(\theta)) = k_1 \cos^2\theta + k_2 \sin^2\theta$$

7. 국소적 가우스-보네 정리
곡면 Σ의 삼각형 γ에 대하여

$$\iint_{\text{int}(\gamma)} K d\Sigma + \int_\gamma \kappa_g ds = 2\pi - \text{외각의 합} = \text{내각의 합} - \pi$$

8. 대역적 가우스-보네 정리
종수가 $g \geq 0$인 방향을 정할 수 있는 폐곡면 Σ에 대하여

$$\iint_\Sigma K d\Sigma = 2\pi\chi(\Sigma) = 2\pi(2 - 2g)$$

참고 문헌

[1] 고성은, 문명호, 다변수 미적분학, 건국대학교 출판부, 2001.

[2] 금종해, 선형대수학, 경문사, 2001.

[3] 김홍종, 미적분학 1^+, 2^+, 서울대학교 출판문화원.

[4] 대한수학회소식 제196호, 2021년 3월.

[5] 문명호, 박종일, 위상수학입문, 경문사, 2005.

[6] 윤갑진, 미분기하학, 개정판, 경문사, 2016.

[7] H. S. M. Coxeter, *The non-Euclidean Symmetry of Escher' s Picture 'Circle Limit III'*, Leonardo, 12 (1979), 19-25, 32.

[8] M. DoCarmo, *Differential geometry of curves and surfaces*, Prientice Hall, 1976.

[9] J. McCleary, *Geometry from a differentiable viewpoint.* Second edition. Cambridge University Press, Cambridge, 2013.

[10] Mathias Merian the elder from Historische Chronica Frankfurt 1630. 출처: commons.wikimedia.org

[11] J. R. Munkres, *Topology, A First Course*, Prentice Hall, 1975.

[12] B. O'Neil, 이승훈 한동승 옮김, 미분기하학, 경문사, 2003.

[13] A. Pressley, *Elementary Differential Geometry*, 2nd ed. Springer, 2010.

[14] J. Stewart, *Calculus*, Metric version 8E, Cengage Learning, 2015.

[15] K. Tapp, *Differential Geometry of Curves and Surfaces*, Springer, 2016.

이 목록은 본문에 직접 인용한 것[1, 2, 3, 4, 7, 10]과 본문을 이해하는 데 필요한 수학적 지식을 얻을 수 있는 책[5, 11, 12, 14]과 학부생이 읽기 좋은 다른 미분기하 책[6, 8, 9, 13, 15]을 몇 가지 모은 것이다.

찾아보기

미분기하학 I+II

지은이 고성은 · 김영주
펴낸이 조경희
펴낸곳 경문사
펴낸날 2022년 6월 1일 1판 1쇄
등 록 1979년 11월 9일 제1979-000023호
주 소 04057, 서울특별시 마포구 와우산로 174
전 화 (02)332-2004 팩스 (02)336-5193
이메일 kyungmoon@kyungmoon.com

값 17,000원

ISBN 979-11-6073-479-9